U0172531

殿堂等八鋪作副階六鋪作 雙槽斗底槽準此下雙槽同 草架側樣第十一

殿堂下檐枓科七彩單翹重昂上檐枓科十一彩重翹三下昂金柱枓科五翹十一彩大木架有枓科者尺寸以口分定之如枓口三寸即枓科之口分六份定柱徑一尺八寸以枓口六十分定柱高一丈八尺額枋同柱徑大柁以柱徑每尺加二定厚以厚每尺加三定高其九架梁挨次以二成遞減挑檐桁三口分定徑正心桁四口份半定徑檐椽以枓口一分半定徑出檐三採者以枓口二十三分定之此殿進深面寬以枓科攢數定之尺寸依進深分步架若干頭步以五舉定規舉架依步得瓜柱之尺寸七舉至九舉照隔舉步分加高得尺寸若干由大木及枓科規矩得之餘仿此

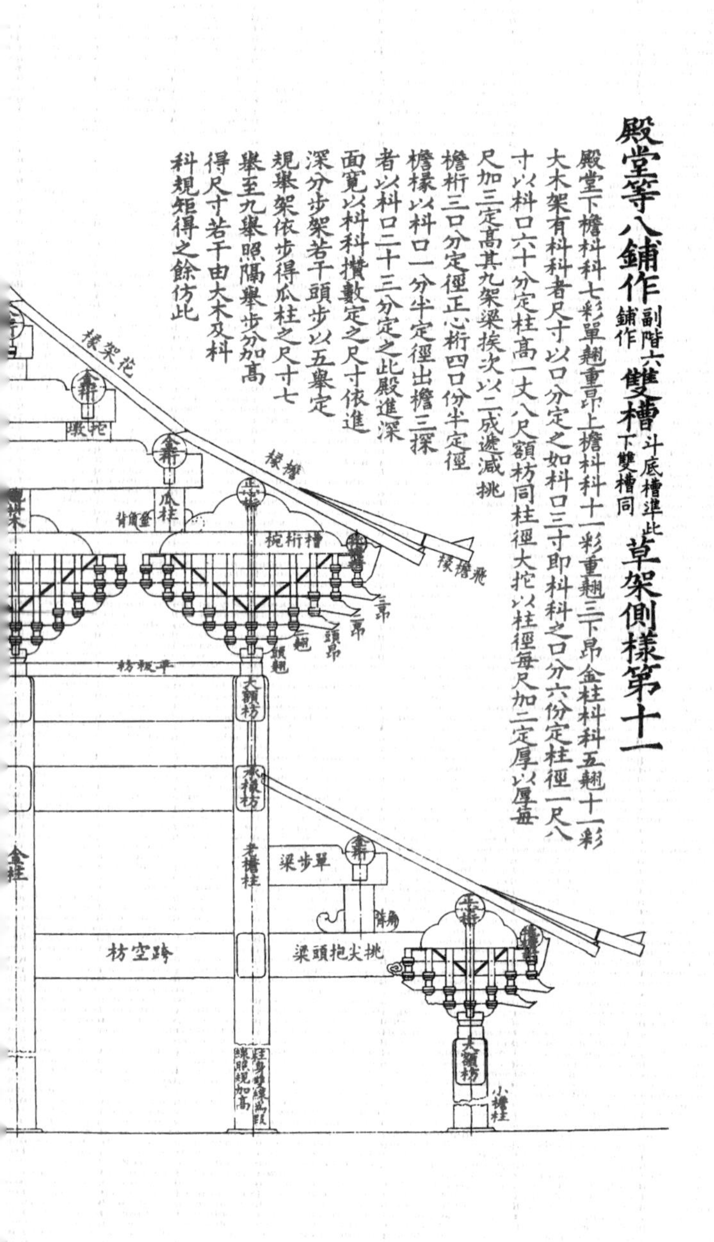

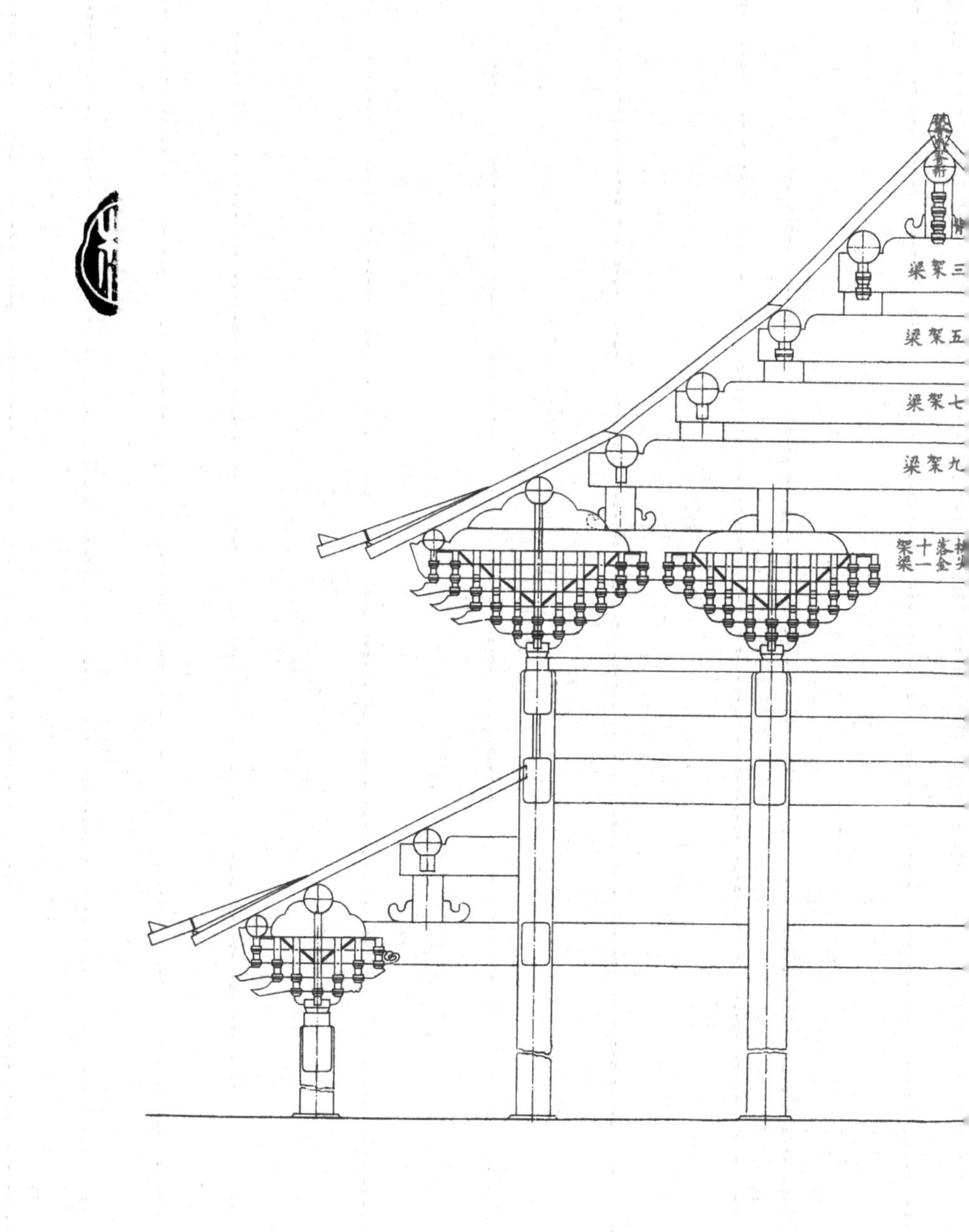

三架梁
五架梁
七架梁
九架梁
十一架梁

間廿二行適為同卷第二葉全葉疑係鈔手偶爾遺漏或所據之本即無此葉以視丁本以訛傳訛不可同日而語餘如圖繪精美標註詳明宋刊面目躍然如見直可與倫敦永樂大典殘本媲美遠非四庫本丁本所可企及也

民國廿二年四月上浣與謝剛主單士元二君以石印丁本校故宮鈔本凡六日畢事

新寧劉敦楨記

六三年六月過錄劉士能先生手批陶蘭泉刊本　熹年謹記

六四年春過錄朱桂辛先生手批陶湘刊本　熹年識

○二零一五年用故宮本四庫本張蓉鏡本以朱筆再校一過加○以别于劉批陶本之紅筆

國家古籍整理出版專項經費資助項目

合校本

〔宋〕李誡 編修

傅熹年 校注

中國建築工業出版社

合校本序

《營造法式》是北宋官方頒布發行的具有建築法規性質的一部法典，內分總釋（名辭解釋）、制度（具體做法）、工限（用工定額）、料例（用料定額）、圖樣（具體圖形）五個部分，全面反映了北宋時期建築藝術、技術、施工的水平，是總結了當時建築設計與施工經驗的最重要官方文獻。編定的主要目的是以所定技術標準和工料定額用為工程驗收規範，以控制官方建築工程的施工質量和工費，具有很高的技術經濟價值。對後世傳統建築的發展也具有較深遠的影響，是我國最重要的古代建築典籍之一。

二十世紀二十年代以來，《營造法式》開始得到學術界的重視，曾兩次印行，建築史學家也紛紛進行研究，取得重大成果。在梁思成先生的《營造法式注釋》（卷上）、劉敦楨先生的《故宮鈔本營造法式校勘記》和對陶湘刊本的校注和批註、陳明達先生的《營造法式大木作制度研究》緒論中都有很深入、精闢的分析，並作了大量研究和圖文整理工作。

梁思成先生在《營造法式注釋》（卷上）序中說：「我們這一次的整理，主要把《法式》用今天一般工程技術人員讀得懂的語文和看得清楚的、準確的、科學的圖樣加以注釋，而不重在版本的考証校勘之學。」在他們引導下，很多學者在這方面進行了深入研究，發表了大量論文、專著，並在對法式內容準確理解的基礎上完成了大量圖釋工作，法式圖樣中關於壕寨、石作、大木作部分已基本用現代繪圖進行表現，並改正了一些誤圖，對小木作、彩畫作等方面也已開始在圖釋的基礎上進行深入研究，這是在研究我國古代建築技術和藝術方面取得的重大成就。

但經學者數十年來研究探討，發現近年通行的一九一九年石印的南京圖書館藏錢唐丁氏舊藏本和一九二五年陶湘刊本《營造法式》既有其優點，但也在文字和圖樣中發現一些明顯的脫文、誤字、誤畫之處，需經反復比較、推算，始得其解。但因無原文、原圖為顯證，終是憾事。這就需要補充做一些當年尚未進行的圖文考證工作，主要就是梁先生所說的「版本的考証校勘之學」，通過對各種版本文字和圖樣的梳理、比較、校勘，俟可能解決在九百餘年流傳中產生的一些脫文、誤字和誤圖，形成一部較完整的反映原書全貌的文本，以利於進一步進行研究。本研究專題即主要從事在對現存各版本考證的基礎上進行《營造法式》的文字校勘工作。

下面先簡單介紹《營造法式》的編修過程，並梳理流傳下來的古代、近代各種傳本的情況。

此書的編修過程和主要目的

北宋中後期實行變法，為控制大量政府工程建設的開支，使國家的建設工程規範化，並防止貪污浪費，需要制定官方的建築工程驗收規範和用工、用料定額。在宋神宗熙甯時（一〇六八至一〇七七年）曾命將作監編修《營造法式》，至宋哲宗元祐六年（一〇九一年）編成。但因所編「祗是料狀，別無變造用材制度，其間工料太寬，關防無術」，無法滿足通過規範做法和工料定額控制政府工程經費和進行驗收的需要，很不適用，遂在哲宗紹聖四年（一〇九七年）又命將作少監李誡重新修編。重編的《營造法式》於北宋哲元符三年（一一〇〇年）完成，經審核後，在徽宗崇寧二年（一一〇三年）批准，並刻成小字本頒行全國。李誡在《總論作看詳》中說，全書「總釋（對建築各部分名稱的異同及其發展源流的考証）並總例（對書中所用基本名詞和計量單位的限定解釋）共二卷，制度十五卷[1]（標準建築形式及結構構造做法），功限一十卷（用工定額），料例並工作等第（用料定額及等第）共三卷，圖樣六卷（對涉及各制度主要內容的圖釋），目錄一卷，總三十六卷[2]，計三百五十七篇，共三千五百五十五條。（但現存制度為十三卷，全書為三十四卷。）內四十九篇、二百八十三條係於經史等群書中檢尋考究……已於前項逐門看詳立文外，其三百八篇三千二百七十二條系自來工作相傳，並是經久可以行用之法，與諸作諳會經歷造作工匠詳悉講求規矩，比較諸作利害，隨物之大小有增減之法，各於諸項制度、功限、料例內翔行修立……或有須於書圖可見規矩者，皆別立圖樣，以明制度。」可知它是針對舊本的缺點加以改進編成，以解決舊本的「工料太寬，關防無術」問題，主要用為工程驗收的技術標準和控制工料定額，是全面反映了北宋末年官式建築設計、結構、構造、施工特點和工料定額的建築技術專著。因為編定《營造法式》的目的主要是用為施工驗收規範，而驗收一般不涉及整體建築，主要是對諸工種的各項具體工程項目乃至重要構件等從制度、功限、料例三方面進行驗收，故書中沒有從正面系統完整地闡明建築物的整體設計方法，而著重詳列各工種的單項工程。它雖不是一部完整的建築設計規範，但通過對書中所列各種制度做法和按比例的變造制度的綜合研究並與實物對照，專家們卻仍可從中反推出蘊含在其中的一系列重要的設計方法規律、比例關係，是我們較全面瞭解宋代建築技術水準和官式建築的設計施工情況的極重要參考。梁思成先生的《營造法式注釋》（卷上）、陳明達先生的《營造法式大木作制度研究》緒論是這方面的代表性成果。

《營造法式》在歷代的流傳情況

在《營造法式》編定後，宋代至少印行過三次。據書前「劄子」所載，在北宋崇寧二年（一一〇三年）已批准刻成小字本頒行全國，是為此書的第一次印行，世稱「崇寧本」。

崇寧本久已不傳，只北宋時期晁載之在所撰《續談助》的卷五《營造法式》條中曾摘錄《營造法式》原文約八千字，摘錄時間為崇寧五年（一一〇六年），上距崇寧本《營造法式》刊行僅三年，可知是據剛刊行的崇寧小字本本摘錄的，這是現存反映崇寧本《營造法式》特點的唯一史料。關於《營造法式》的卷數，在現存各本《營造法式》的「看詳」中都說，該書「總三十六卷」，但按目錄排序，各本都只有三十四卷，故現存諸本是否缺失二卷，是一需要探討的問題。現存晁載之在崇寧五年（一一〇六年）所著《續談助》中有對《營造法式》的卷次、卷數的最早記載。其中所記卷九為佛道帳，卷十為牙腳帳，又記載「自卷十六至二十五並土木等功限，自卷二十六至二十八並諸作用釘、膠等料用例。自卷二十九至三十四並制度圖樣」，所記內容和卷次都與現存各本相同。可以推知在其卷一至十五中，卷三至卷十五為制度，即制度只能有十三卷，則其卷一至卷二應為總釋、總例。晁氏所據是崇寧二年（一一〇三年）成書後的第一次刻本，當屬可信史料。可知今本「看詳」所記制度「十五卷」之「五」應為「三」字之誤。這證明《營造法式》全書正文實為三十四卷，所謂「總三十六卷」是把看詳、目錄各一卷一併計入。現存的《營造法式》是全本，卷數沒有缺失。這是晁載之《續談助》卷五所摘錄之《營造法式》的最重要學術價值之一。

在南宋建立後，已知曾經二次重刻《營造法式》，第一次是紹興十五年（一一四五年）在平江府（今蘇州市）重刻，此事見於現存各本後的平江府重刊題記，世稱「紹興本」。第二次重刻之事史籍不載，是據二十世紀在清內閣大庫殘檔中發現的宋刻本《營造法式》殘卷，殘葉上的刻工名字推定的。（宋代刻書大都在版心下方刻有刻工的名字，即表明責任，也用以計工費。）這些刻工人名又大都見於南宋紹定間（一二二八至一二三三年）平江府所刻其他書中，上距紹興十五年第一次重刻已有八十幾年，同一批刻工不可能工作這樣長的時間，因知這些殘卷、殘葉是南宋紹定間平江府的第二次重刻本，世稱「紹定本」。「崇寧本」和「紹興本」現均不傳，「紹定本」是目前僅存的《營造法式》宋刻本，只殘存三卷半，共四十一葉，由國家圖書館收藏，近年中華書局已影印收入《古逸叢書三編》中。

南宋亡後，《營造法式》已不具工程驗收作用，故元、明時期沒有重刻過《營造法式》。但據《南雍志》記載，宋代《營造法式》的殘版明代中期在南京國子監中尚存有六十面，其中雜有明代補刻之版。據現存的紹定本《營造法式》中有明代補版的情況，可能它就是明代用此版印刷的。此外，《營造法式》宋刻本在明代流傳的記載也很少，除《文淵閣書目》記載明代內閣曾藏有二部外，只明末著名藏書家錢謙益的絳雲樓、毛晉的汲古閣各藏有一部刻本，著錄於兩家的藏書目錄中。錢謙益絳雲樓藏本在一六五〇年燒毀，毛晉汲古閣藏本入清後即失載，當也不存。

明初所編《永樂大典》中收入了《營造法式》，現在只殘存卷三十四彩畫圖樣一卷，編入《永樂大典》第一萬八千二百四十四卷，（其中缺失一葉四圖。）據圖中所附刻工人名可知也是源於宋紹定刻本。其餘收藏家如無錫趙琦美藏本是刻本、鈔本合配本，寧波範欽天一閣藏本是手抄本。

入清後，未見有人收藏宋刻《營造法式》的記載。乾隆時據範欽天一閣藏本《營造法式》錄入《四庫全書》，據所摹天宮壁藏圖上的刻工名，天一閣本仍源於宋紹定刊本。天一閣本原缺卷三十一大木作圖樣一卷，四庫本即據《永樂大典》

本補入。明趙琦美藏本在當時為著名善本，在明末歸錢謙益絳雲樓收藏，在錢謙益得到宋刊本後，即在清初把此本轉讓給錢曾述古堂收藏，世稱「述古堂本」。此本在錢曾以後即不見記載，當已不存，但曾有傳本流傳，世稱「傳鈔述古堂本」，到清代中葉已成為稀見之本。道光元年（一八二一年）張蓉鏡據張金吾從著名書肆陶氏五柳居收得的一部傳鈔述古堂本《營造法式》工楷精鈔一本，當時號稱善本，卷後所附名家提拔都大加贊賞。清末著名藏書家丁丙八千卷樓、鬱松年宜稼堂曾各藏一部《營造法式》，其行款及跋文均同張蓉鏡本，可知均源於張蓉鏡本。張蓉境本後歸翁同龢，現藏上海圖書館，丁丙本現藏南京圖書館，鬱松年宜稼堂本現藏日本靜嘉堂文庫。另外近代大藏書家常熟瞿氏和烏程蔣氏也各藏有舊抄本，瞿本今藏國家圖書館，蔣本現在台灣。此外，一九三二年在故宮博物院發現一部較早的傳鈔述古堂本，學界稱為「故宮本」，是現存清代鈔本中最完整和最有價值的一本。在清代目錄書中，只有清末藏書家長沙葉德輝在其《觀古堂書目》中曾記載清道光年間山西人楊墨林在其所刊《連筠簃叢書》中刊有《營造法式》，葉德輝之侄葉定侯在一九五〇年代還曾對筆者說此書他曾親見，有文無圖，但至今尚未發現收藏此本的記載和實物，只能存疑。這是自宋至清八百年間《營造法式》刊刻及鈔傳的大體情況。

《營造法式》在歷時八百年的流傳過程中出現了很多版本，但它們之間在版式、體例，甚至是內容上都存在一些明顯的差異和一些誤字、誤圖、闕文，這就給建築學屆的研究帶來一些困擾，學者頗以為憾。朱啟鈐、劉敦楨等老一代學者都曾對此做過部分校定、批註。

我自一九六三年以來即從事這項工作，先後收集到劉敦楨、朱啟鈐二先生批校陶刻本、劉敦楨先生校故宮本等重要文本，並先後用國家圖書館所藏宋刊殘本、四庫全書本、清前期抄本、故宮博物院藏清初抄本等四種善本進行校勘，積累了一定的資料，希望能在此基礎上綜合前人成果，進一步進行整理、校勘、標點，校訂出一部更接近於原貌並反映了前輩學者研究成果的文本。

本研究專題即根據上述設想，主要從事在對現存各版本考證的基礎上進行《營造法式》的文字校勘工作。

進行校勘就需要有一個底本，近年通行本中，一九二五年陶湘刊本在錢塘丁氏藏清鈔本基礎上利用當時能得到的四庫全書本、常熟瞿氏藏清鈔本、烏程蔣氏藏清鈔本等善本進行校勘，並按新發現的宋刊本殘葉的行格刊行，圖文均較為完整，且版式寬大，便於加校注，故選定它為校勘底本，利用現存的重要善本，包括國家圖書館藏南宋紹定刊本殘卷（傳世僅存南宋刊本）、文津閣四庫全書本（源於明範氏天一閣藏鈔本，範氏本也源於南宋紹定本）、鐵琴銅劍樓瞿氏舊藏清前期鈔本、明鈔本《續談助》中源於北宋崇寧二年（一一〇三年）成書後最初刊本的摘抄本等四種和故宮博物院藏清鈔本（源於清初錢曾藏傳抄宋本）、上海圖書館藏張蓉鏡鈔本（據傳抄錢曾本影寫）等二種，共五個重要傳本和一個摘抄本進行校刊，並收錄梁思成先生《營造法式注釋》（卷上）、劉敦楨先生批陶湘刊本、劉敦楨先生校故宮本（此為一九六三年承劉先生慨允熹年過錄於自藏石印丁本上者。在校訂時，又參閱了《劉敦楨全集》第十卷《宋·李明仲營造法式校勘記錄》的內容）、朱啟鈐先生批校陶湘本的批註（據王世襄先生傳鈔本）、梁思成先生《營造法式注釋》（卷上）本中的注文對文本校訂的內容，對《營造法式》卷一至二十八的文字部分進行合校，補入缺文，羅列諸本異同，並附前輩學者的評議，希望能在此基礎上綜合現存重要傳本和前輩研究成果，進行整理、校勘、標點、校訂出一部更接近於原貌並反映了前輩學者研究成果的較完備的本子。對一些目前尚難有定論者，也儘量列舉諸本異同及諸前輩意見，以供進一步研究參考。

法式卷二十八至三十四為圖樣，只能直接在陶本圖上校勘，與合校的陶本另行發表。

在校本後並附以對上述六種《營造法式》善本的著錄和概述，以利於讀者更進一步進行研究。其中國家圖書館藏明鈔本晁補之《續談助》和上海圖書館藏張蓉鏡本《營造法式》都是尚未公開發表的善本，承館方鼎力支持，使校勘資料完整無憾，謹此表示衷心的感謝。

二〇一六年三月　傅熹年謹記

〔1〕但現存制度為十三卷，「總釋、總例二卷」即其中的第一、二卷。故所記「十五卷」可能把「看詳」和「目錄」計入。

〔2〕現存全書為三十四卷。可能是編成上報時曾把「看詳」和「目錄」計入卷數，而刊行時又未計入，遂有三十六卷与三十四卷的差異。

圖一《營造法式》合校底本書影一

間廿二行適爲同卷第二葉全葉疑係鈔手偶爾遺漏或所據之本即無此葉
以視丁本以訛傳訛不可同日而語餘如圖繪精美標註詳明宋刊面目躍然如見
直可與倫敦永樂大典殘本媲美遠非四庫本丁本所可企及也
民國廿二年四月上沅與謝剛主單士元二君以石印丁本校故宮鈔本
凡六日畢事　新寧劉敦楨記

六三年六月過錄劉士能先生手批陶蘭泉刊本　熹年謹記

六四年春過錄朱桂辛先生手批陶湘刊本　熹年識

○二零一五年用故宮本四庫本張蓉鏡本以朱筆再校一過加○以別于劉批陶本之紅筆

營造法式

宋・李誡 編修

二零一五年過錄劉敦楨先生校故宮本批陶本朱啟鈐先生批陶本于此新印陶本
上並用故宮本四庫本張蓉鏡本再校一過　同年十月末　傅熹年謹記

榮寶齋出版社

圖二 《營造法式》合校底本書影二

聖旨依續準都省指揮只錄送在京官司竊緣上件法式
係營造制度工限等關防功料最爲要切內外皆合通行
臣今欲乞用小字鏤版依海行敕令頒降取進止正月十
八日三省同奉
聖旨依奏

二〇一五年八月二十日過錄劉敦楨先生批閱本於此 嘉年

二〇一五年八月二十日起過錄朱啟鈐先生批閱本於此 嘉年

營造法式看詳
通直郎管修蓋皇弟外第專一提舉修蓋班直諸軍營房等臣李誡奉
聖旨編修

方圜平直 取徑圍
定功 取正
定平 牆
舉折 諸作異名
總諸作看詳

方圜平直
周官考工記圜者中規方者中矩立者中垂衡者中水鄭
司農注云治材居材如此乃善也

法式看詳 一

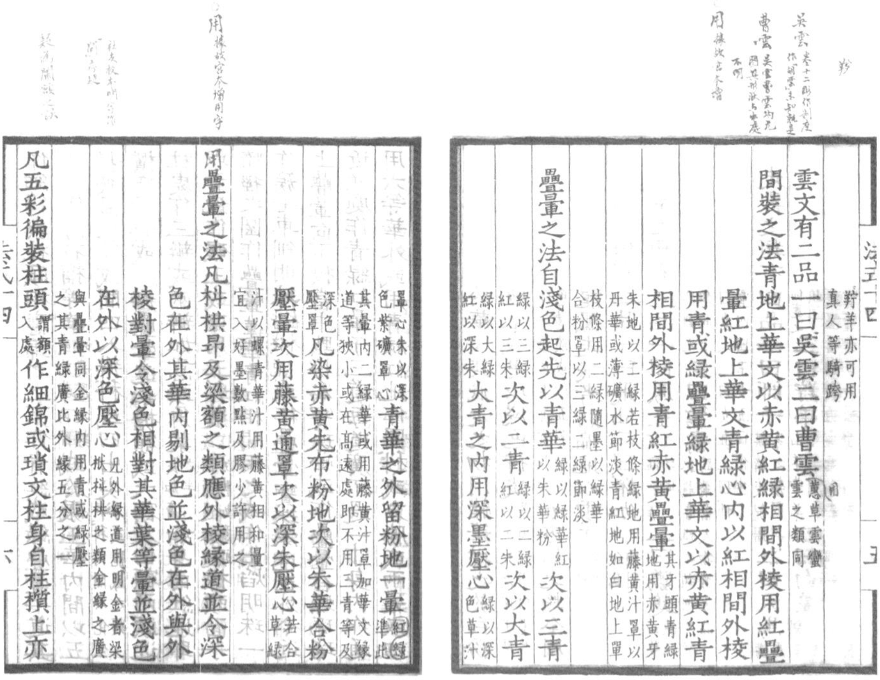

羚羊亦可用真人等騎跨
雲文有二品一曰吳雲二曰曹雲蕙草雲蠻雲之類同
間裝之法青地上華文以赤黃紅綠相間外棱用紅疊
暈紅地上華文青綠心內以紅相間外棱
用青或綠疊暈綠地上華文以赤黃紅青
相間外棱用青紅赤黃疊暈其牙頭青綠地用赤黃牙
朱地以二綠若枝條綠地用藤黃汁罩以
丹華或薄礦水節淡青紅地如白地上單
枝條用二綠隨墨以綠華
合粉罩以三綠二綠節淡
疊暈之法自淺色起先以青華綠以綠華紅以朱華粉次以三青
綠以三綠紅以三朱次以二青綠以二綠紅以二朱次以大青
綠以大綠紅以深朱大青之內用深墨壓心綠以深色草汁
暈心朱以深色紫礦罩心青華之外留粉地一暈紅綠準此
其暈內二綠華或用藤黃汁罩加華文緣
道等狹小或在高遠處即不用三青等及
深色壓罩凡染赤黃先布粉地次以朱華合粉
壓暈次用藤黃通罩次以深朱壓心若合草綠
汁以螺青華汁用藤黃相和量
宜入好墨數點及膠少許用之
用疊暈之法凡枓栱昂及梁額之類應外棱緣道並令深
色在外其華內剔地色並淺色在外與外
棱對暈令淺色相對其華葉等暈並淺色
在外以深色壓心凡外緣道用明金者梁栿枓栱之類金緣之廣
與疊暈同金緣內用青或綠壓之其青綠廣比外緣五分之一
凡五彩徧裝柱頭謂額入處作細錦或瑣文柱身自柱櫍上亦

圖三《營造法式》合校底本書影三

校例

一　各部分排字頂格、提行、退格處有宋本部分依宋本格式，無宋本部分依故宮本格式。因注文不能排雙行，只能連排，無法保持每行二十二字（個別處二十一字）之原貌。

二　正文用三號字，注文用五號字。

三　各家批註、校注前加編號，用五號字。

四　卷中提行以「凡」字起首者，其凡字均加重作「**凡**」。

五　凡「分」字旁加「•」者，系指材分的「分」。

六　此校本以陶湘刻本為底本，用下列諸本合校：

〔1〕國家圖書館藏南宋紹定年间刊本残卷（簡称「宋本」，據一九九二年古逸叢書影印本）。

〔2〕故宮博物院藏清代傳鈔錢曾述古堂藏鈔本（簡称「故宮本」，據二〇〇九年故宮博物院影印本）。

〔3〕上海圖書館藏清道光元年張蓉鏡影寫本（簡称「張本」，據上海圖書館提供電子版）。

〔4〕國家圖書館藏文津阁四庫全書本（簡称「四庫本」，據商務印書館影印本）。

〔5〕國家圖書館藏瞿氏鉄琴銅劍樓舊藏清中期鈔本（簡稱「瞿本」，據熹年一九六四年校本）。

〔6〕劉敦楨先生批陶湘刻本（簡稱「劉批陶本」，據熹年一九六三年過錄本）。

〔7〕劉敦楨先生校故宮本批註（批在南京圖書館藏八千卷樓丁氏鈔本上，簡稱「劉校故宮本」，間有涉及對丁本之校改。

〔8〕朱啓鈐先生批註陶湘刻本（簡稱「朱批陶本」，據熹年一九六四年轉錄王世襄先生過錄本）。

〔9〕梁思成先生撰《營造法式注釋》（卷上）（據《梁思成全集》（第七卷））。

〔10〕國家圖書館藏明姚咨傳鈔南宋刊晁載之《續談助》中所摘鈔的北宋崇寧本的內容（簡稱「續談助本」，據國家圖書館提供電子版）。

〔11〕校者注前加「熹年謹按」。

目録

二六

附録

現存諸本《營造法式》簡介

〔1〕熹年謹按：現存諸本《營造法式》中，「看詳」所在位置不同：故宮本在「目錄」之後；張本、丁本、陶本在「序」後，「目錄」之前；四庫本在「卷三十四」後，為「附錄」。因故宮本最接近宋刊面貌，故此處從故宮本，列於「目錄」之後，下接正文卷一。

二零一五年過錄劉敦楨先生校故宮本批陶本朱啟鈐先生批陶本於此新印陶本上並用故宮本四庫本張蓉鏡本再校一過 同年十月末 傅熹年謹記

宋·李誡 編修

營造法式

進新修營造法式序〔1〕

臣聞上棟下宇，易為大壯之時；正位辨方，禮實太平之典。共工命於舜日，大匠始於漢朝，各有司存，按為功緒。況
神畿之千里，加
禁闕之九重，內財
宮寢之宜，外定
廟朝之次，蟬聯庶府，棊列百司。櫼櫨枅柱之相枝，規矩準繩之先治，五材並用，百堵皆興。惟時鳩僝之工，遂考翬飛之室。而斲輪之手，巧或失真；董役之官，才非兼技。不知以材而定分，乃或倍斗而取長。弊積因循，法疎檢察，非有治三宮之精識，豈能新一代之成規！

溫詔下頒，成書入奏，空靡歲月，無補涓塵。恭惟

皇帝陛下仁儉生知，睿明天縱；

淵靜而百姓定，綱舉而衆目張。官得其人，事為之制。丹楹刻桷，淫巧

既除；菲食卑宮，淳風斯復。乃

詔百工之事，更資千慮之愚。臣考閱舊章，稽參衆智。功分三等，第為精粗之差[2]；役辨四時，用度長短之晷。以至木議剛柔，而理無不順；土評遠邇，而力易以供；類例相從，條章具在。研精覃思，顧述者之非工；按牒披圖，或將來之有補。

通直郎、管修蓋皇弟外第、專一提舉修蓋班直諸軍營房等編修臣李誡謹昧死上。

〔1〕熹年謹按：故宫本依次為「劄子」「序」「目錄」「看詳」「正文」。張本、丁氏八千卷樓本依次為「劄子」「序」「看詳」「目錄」。四庫本無「目錄」，「看詳」在卷末為「附錄」，今依故宫本。

〔2〕熹年謹按：張本及丁本均誤「差」為「著」，已據故宫本、文津四庫本改正。

劄子

編修營造法式所準崇寧二年正月十九日

敕：通直郎試將作少監、提舉修置外學等李誡劄子奏〔1〕：契勘〔2〕熙寧中敕令將作監編修《營造法式》，至元祐六年方成書。準紹聖四年十一月二日

敕，以元祐《營造法式》祇是料狀，別無變造用材制度，其間工料太寬，關防無術。〔3〕三省同奉

聖旨，差〔4〕臣重別編修。臣考究經史羣書，並勒人匠逐一講說，編修海行〔5〕《營造法式》。元符三年內成書，送所屬看詳〔6〕，別無未盡未便，

遂具

進呈。奉

聖旨：依。續準都省〔7〕指揮〔8〕：祗錄送在京官司。竊緣上件法式係營造制度工限等，關防功料，最為要切，內外皆合通行。臣今欲乞用小字鏤版，依海行勅令頒降。取進止。正月十八日，三省同奉

聖旨：依奏。

〔1〕熹年謹按：故宮藏傳鈔錢曾述古堂本、上海圖書館藏張蓉鏡鈔本、文津閣四庫本均以此篇居首，次為序。而國家圖書館藏瞿氏鐵琴銅劍樓舊藏鈔本則序在前，劄子在後，次序有異。但故宮本、張本均前無標題「劄子」二字，唯四庫本首標「劄子」。此處依故宮本順序，但據四庫本增標題「劄子」二字，以清眉目。

〔2〕熹年謹按：（元）徐元瑞《吏學指南》卷二「契勘」條云：「謂事應推驗而行者」。

〔3〕熹年謹按：（宋）李燾《續資治通鑑長編》卷四百七十一、哲宗元祐七年三月條云：「詔將作監編修到《營造法式》共二百五十一冊，內淨條一百一十六冊，許令頒降。」即此本也。

〔4〕朱批陶本：「看詳」十一頁末後結語云「委臣重別編修」。此處曰「差」、曰「著」，似引聖旨中語。按宋代曰「差」、元代曰「著」，應從「差」字。劉校故宮本：疑為「差」字。

〔5〕熹年謹按：（元）徐元瑞《吏學指南》卷二「海行」條云：「謂公事天下可以奉行者，故曰海行」。

〔6〕熹年謹按：（元）徐元瑞《吏學指南》卷二「看詳」條云：「謂審視辭理，善為處決者」。此處之「看詳」指李誡編修完成後報主管單位審定。從所云「別無未盡未便」之語，可知已經主管單位批准。

〔7〕熹年謹按：（元）徐元瑞《吏學指南》卷一「都省」條云：「漢以僕射總理六尚書，謂之都省」。

〔8〕熹年謹按：（元）徐元瑞《吏學指南》卷二「指揮」條云：「示意曰指，戒敕曰揮。猶以指披斥事務」。

營造法式目錄

通直郎管修蓋皇弟外第專一提舉修蓋班直諸軍營房等臣李誡奉

聖旨編修

第一〔1〕

城
柱礎
取正
栱
爵頭
鋪作
梁
陽馬
斜柱

牆
定平
材
飛昂
枓
平坐
柱
侏儒柱

第二

總釋下

石作制度

第四　大木作制度一

第五

大木作制度二

第六

小木作制度一

版門 雙扇版門、獨扇版門

烏頭門

軟門 牙頭護縫軟門、合版軟門

破子櫺窗

睒電窗

版櫺窗

截間版帳

照壁屏風骨 截間屏風骨、四扇屏風骨

隔截横鈐立旌

露籬

版引檐

水槽

井屋子

地棚

第七

小木作制度二

第八

小木作制度三

第十三

瓦作制度

結瓦〔2〕〔3〕〔4〕　用瓦

壘屋脊　用鴟尾

用獸頭等

泥作制度

壘牆　用泥

畫壁　立竈 轉煙、直拔

釜鑊竈　茶爐

壘射垛

第十四

彩畫作制度

第十五

塼作制度

石作功限

總造作功

柱礎

角石　角柱

殿階基

地面石　壓闌石

殿階螭首

殿內鬬八

踏道

單鉤闌　重臺鉤闌、望柱

螭子石

門砧限　臥立柣、將軍石、止扉石

地栿石

流盃渠

壇

卷輂水窗

水槽

馬臺

井口石

山棚鋜脚石

幡竿頰

贔屓碑

笏頭碣

第十七

大木作功限一

第十八

大木作功限二

殿閣外檐轉角鋪作用栱枓等數

殿閣身內轉角鋪作用栱枓等數

樓閣平坐轉角鋪作用栱枓等數

第十九

大木作功限三

殿堂梁柱等事件功限

城門道功限　樓臺鋪作準殿閣法

倉廒庫屋功限　其名件以七寸五分材為祖計之，更不加減。常行散屋同。
常行散屋功限　官府廊屋之類同。
跳舍行牆功限
望火樓功限
營屋功限　其名件以五寸材為祖計之。
拆修挑拔舍屋功限　飛檐同。
薦拔抽換柱等功限

第二十

小木作功限一

版門（獨扇版門、雙扇版門）　烏頭門

軟門（牙頭護縫軟門、合版用楅軟門）　破子櫺窗

睒電窗　版櫺窗

截間版帳　照壁屏風骨（截間屏風骨、四扇屏風骨）

隔截橫鈐立旌　露籬

版引檐　水槽

井屋子　地棚

第二十一

小木作功限二

第二十二

第二十三

小木作功限四

轉輪經藏　壁藏

第二十四

諸作功限一

雕木作　旋作

鋸作　竹作

石作制度圖樣

第三十

大木作制度圖樣上

第三十一

大木作制度圖樣下

廳堂等 自十架椽至四架椽 間縫內用梁柱第十五

第三十二

小木作制度圖樣

門窗格子門等第一 垂魚附　平棊鉤闌等第二

殿閣門亭等牌第三　佛道帳經藏第四

雕木作制度圖樣

混作第一　栱眼內雕插第二

格子門等腰華版第三　平棊華盤第四

雲栱等雜樣第五

第三十三

彩畫作制度圖樣上

五彩雜華第一　五彩瑣文第二
飛仙及飛走等第三　騎跨仙眞第四
五彩額柱第五　五彩平棊第六
碾玉雜華第七　碾玉瑣文第八
碾玉額柱第九　碾玉平棊第十

第三十四

彩畫作制度圖樣下

刷飾制度圖樣

丹粉刷名件第一

黃土刷飾名件第二

〔1〕熹年謹按：陶本卷次下均有「卷」字，故宮本、丁本無，今依故宮本。後同。

〔2〕劉批陶本：《玉篇》⿱宀瓦，泥瓦屋也。丁本及四庫本凡「瓦作」「結瓦」「用瓦」「廈瓦」「施瓦」「瓦畢」，皆作⿸厂瓦。按：⿸厂瓦為⿱宀瓦之俗字，應改⿱宀瓦，餘仍作瓦。

〔3〕朱批陶本：⿱宀瓦，動詞也，讀上聲。又，「施瓦」「結瓦」皆當作⿱宀瓦。瓦，名詞也，讀本音。塼瓦之瓦當作瓦。《法式》⿱宀瓦、瓦不分，最易混淆。遇⿱宀瓦字時，可將瓦左上加圈，讀上聲以區分之。

〔4〕熹年謹按：宋本卷十三第一葉為宋刊原版，其「⿸厂瓦作制度」「結⿸厂瓦」均作「⿸厂瓦」故沿用不改。後同。

〔5〕劉校故宮本：丁本、故宮本均誤作「紋」，依後文改作「絞」。

營造法式看詳〔1〕〔2〕〔3〕

通直郎管修蓋皇弟外第專一提舉修蓋班直諸軍營房等臣李誡奉

聖旨編修

方圜平直　取徑圍

定功　取正

定平　牆

舉折　諸作異名

總諸作看詳

〔1〕劉校故宮本：故宮本「看詳」在後，「目錄」在前。

〔2〕熹年謹按：瞿本同故宮本，「看詳」在後，「目錄」在前；張本、丁本、陶本「看詳」在前，「目錄」在後；四庫本「看詳」在卷末，為「附錄」。此依故宮本，「看詳」排「目錄」之後。

〔3〕熹年謹按：此處之「看詳」與前文「劄子」中之「看詳」性質有所不同，具體可參閱下文「總諸作看詳」部分之注文。

方圜平直

《周官考工記》：圜者中規，方者中矩，立者中垂，衡者中水。鄭司農注云：治材居材，如此乃善也。

《墨子》：子墨子言曰：天下從事者不可以無法儀，雖至百工，從事者亦皆有法。百工為方以矩，為圜以規，直以繩，衡以水[1][2]，正以垂[3]，無巧工不巧工，皆以此為法。巧者能中之，不巧者雖不能中，依放以從事，猶愈於已。

《周髀算經》：昔者周公問於商高曰：數安從出？商高曰：數之法出於圜方。圜出於方，方出於矩，矩出於九九八十一。萬物周事，而圜方用焉；大匠造制，而規矩設焉。或毀方而為圜，或破圜而為方；方中為圜者謂之圜方，圜中為方者謂之方圜也。

韓子曰：無規矩之法，繩墨之端，雖班〔4〕爾不能成方圓。

看詳：諸作制度皆以方圜平直為準，至如八稜之類及攲、斜、羨、《禮圖》云：羨為不圜之貌，璧羨以為量物之度也。鄭司農云：羨，猶延也。以善切，其衺一尺而廣狹焉。陊，《史記·索隱》云：陊，謂狹長而方去其角也。陊，丁果切。俗作墮，非。亦用規矩取法。今謹按《周官·考工記》等修立下條：

諸取圜者以規，方者以矩，直者抨繩取則，立者垂繩取正，橫者定水取平。

〔1〕劉批陶本：《墨子·法儀篇》無「衡以水」三字。

〔2〕朱批陶本：今本《墨子》錯落實多，不可盡從。李明仲好蓄古書，所引必有所據。如下文《周髀算經》比今本多二句，意義較勝，是其例也。「衡以水」不可刪。

〔3〕劉校故宮本：《考工記》原文作「懸」，宋代避始祖玄朗偏諱，改懸為「垂」。後同。

〔4〕劉批陶本：故宮本、丁本均作「班尒」。然《韓非子》卷四作「雖王爾不能以成方圓」「班爾」應作「王爾」。

熹年謹按：文津四庫本同故宮本。張本作「班亦」，為「班爾」之誤，故不改。

取徑圍

《九章算經》李淳風注云：舊術求圜，皆以周三徑一為率。若用之求圜周之數，則周少而徑多，徑一周三，理非精密，蓋術從簡要，略舉大綱而言之。今依密率，以七乘周二十二而一即徑，以二十二乘徑七而一即周。

看詳：今來諸工作已造之物及制度以周徑為則者，如點量大小，須於周內求徑，或於徑內求周。若用舊例，以圍三徑一、方五斜七為據，則疎略頗多。今謹按《九章算經》及約斜長等密率修立下條：

諸徑圍斜長依下項：

圜徑七，其圍二十有二。

方一百，其斜一百四十有一。

八棱徑六十，每面二十有五，其斜六十有五。

六棱徑八十有七，每面五十，其斜一百。

圜徑內取方：一百中得七十有一。

方內取圜：徑一得一。八棱、六棱取圜準此。

定功

《唐六典》：凡役有輕重，功有短長。注云：以四月、五月、六月、七月為長功，以二月、三月、八月、九月為中功，以十月、十一月、十二月、正月為短功。

看詳：夏至日長，有至六十刻者；冬至日短，有止於四十刻者。若一等定功，則枉棄日刻甚多。今謹按《唐六典》修立下條：

諸稱功者，謂中功，以十分為率。長功加一分，短功減一分。

諸稱長功者，謂四月、五月、六月、七月；中功謂二月、三月、八月、九月；短功謂十月、十一月、十二月、正月。

右三項並入總例。

取正

《詩》：定之方中。又：揆之以日。注云：定，營室也。方中，昬正四方也。揆，度也。度日出日入，以知東西。南視定，北準極，以正南北。

《周禮·天官》唯王建國，辨方正位。〔1〕

《考工記》：置槷以垂〔2〕視以景，為規識日出之景與日入之景；夜考之極星，以正朝夕。鄭司農注云：自日出而畫其景端，以至日入既，則為規，測景兩端之內規之，規之交，乃審也。度兩交之間，中屈之以指槷，則南北正。日中之景最短者也。極星謂北辰。〔3〕

《管子》：夫繩扶撥以為正。

《字林》：梀，時釧切。垂臬望也。

《刊謬證俗音字》〔4〕〔5〕：今山東匠人猶言垂繩視正為梀。

看詳：今來凡有興造，既以水平定地平面，然後立表、測景、望星，以正四方，正與經傳相合。今謹按《詩》及《周官·考工記》等修立下條：

取正之制：先於基址中央日內置圜版，徑一尺三寸六分。當心立表，高四寸，徑一分。畫表景之端，記日中最短之景，次施望筒，於其上望日星，以正四方。

望筒：長一尺八寸，方三寸。用版合造。兩罨頭開圜眼，徑五分。筒身當中兩壁用軸安於兩立頰之內。其立頰自軸至地高三尺，廣三寸，厚二寸。晝望以筒指南，令日景透北。夜望以筒指北，于筒南望，令前後兩竅內正見北辰極星。然後各垂繩墜下，記望筒兩竅心於地以為南〔6〕〔7〕，則四方正。

若地勢偏衺，既以景表望筒取正四方，或有可疑處，則更以水池景表較之。其立表高八尺，廣八寸，厚四寸，上齊，後斜向下三寸。安於池版之上。其池版長一丈三尺，中廣一尺。於一尺之內，隨表之廣刻線兩道；一尺之外，開水道環四周，廣深各八分。用水定平，令日景兩邊不出刻線，以池版所指及立表心為南，則四方正。安置令立表在南，池版在北。其景夏至順線長三尺，冬至長一丈二尺。其立表內向池版處用曲尺較，令方正。

〔1〕劉批陶本：似應另行。

〔2〕熹年謹按：此條故宮本、張本、丁本、瞿本均連上行，故劉批「應另行」，依體例，應從劉批另行。

〔3〕劉批陶本：應作「懸」，避宋諱改「垂」。

〔4〕熹年謹按：此段與十三經注疏本《周禮·考工記》文多不同，當是出自當時古本。

〔5〕劉批陶本：《匡謬正俗》唐顏師古撰，見《四庫總目》。

〔6〕朱批陶本：匡，宋人避廟諱改作「刊」。《刊謬證俗音字》本書中屢引，疑北宋時自有此一書。

〔7〕劉批陶本：諸本均作「以為南」，然既記兩竅心於地，則應加「北」字。

朱批陶本：南下不應有「北」字，與下條對勘自明。

定平

《周官·考工記》：匠人建國，水地以垂〔1〕。鄭司農注云：於四角立植而垂，以水望其高下，高下既定，乃為位而平地。

《莊子》：水靜則平，中準，大匠取法焉。

《管子》：夫準，壞險以為平。

《尚書大傳》：非水無以準萬里之平。

《釋名》：水，準也。平準物也。

何晏《景福殿賦》：唯工匠之多端，固萬變之不窮；讎天地以開基，並列宿而作制。制無細而不協於規景，作無微而不違於水臬。五臣注云：水臬，水平也。

看詳：今來凡有興建，須先以水平望基四角所立之柱，定地平面，然後可以安置柱石，正與經傳相合。今謹按《周禮·考工記》修立下條：

定平之制：既正四方，據其位置，於四角各立一表，當心安水平。其水平長二尺四寸，廣二寸五分，高二寸。下施立椿，長四尺。安鐏在內。上面橫坐水平，兩頭各開池，方一寸七分，深一寸三分，或中心更開池者，方深同。身內開槽子，廣深各五分，令水通過。於兩頭池子內各用水浮子一枚，用三池者，水浮子或亦用三枚。方一寸五分，高一寸二分，刻上頭令側薄，其厚一分，浮於池內。望兩頭水浮子之首，遙對立表處，於表身內畫記，即知地之高下。若槽內如有不可用水處，即於椿子當心施墨線一道，上垂繩墜下，令繩對墨線心，則上槽自平，與用水同。其槽底與墨線兩邊用曲尺較令方正。

凡定柱礎取平，須更用眞〔2〕尺較之。其眞尺長一丈八尺，廣四寸，厚二寸五分。當心上立表，高四尺。廣厚同上。於立表當心自上至下施墨線一道，垂繩墜下，令繩對墨線心，則其下地面自平。其眞尺身上平處與立表上墨線兩邊亦用曲尺較令方正。

〔1〕熹年謹按：「水地以垂」十三經注疏本作「水地以縣」，「縣」「玄」同音，蓋宋人避宋帝偏諱改「縣」為「垂」也。

〔2〕劉校故宮本：丁本作「貢尺」，據故宮本改作「真尺」。
熹年謹按：四庫本亦作「真尺」。張本誤「真」為「貢」，丁本乃沿張本之誤。

牆

《周官·考工記》：匠人為溝洫，牆厚三尺，崇三之。鄭司農注云：高厚以是為率，足以相勝。

《尚書》：既勤垣墉。

《詩》：崇墉圪圪。

《春秋左氏傳》：有牆以蔽惡。

《爾雅》：牆謂之墉。

《淮南子》：舜作室，築牆、茨屋，令人皆知去巖穴。各有室家，此其始也。

《說文》：堵，垣也。五版為一堵。㙩，周垣也。埒，卑垣也。壁，垣也。垣蔽曰牆。栽，築牆長版也。今謂之膊版。榦，築牆端木也。今謂之牆師。

《尚書大傳》：天子賁墉，諸侯疏杼。注云：賁，大也，言大牆正道直也。

疎，衰也。杼亦牆也。言衰殺其上，不得正直。

《釋名》：牆，障也，所以自障蔽也。垣，援也，人所依止，以為援衛也。墉，容也，所以隱蔽形容也。壁，辟也，辟禦風寒也。

《博雅》[1]：𡐿、力雕切，隊、音篆，墉、院，音犯淵聖御名（垣）也。[2]廦，音壁，又即壁切，牆垣也。

《義訓》：尾，音乇，樓牆也。穿垣謂之腔，音空，為垣謂之厽，音累。周謂之𡐿，音了，𡐿謂之寏。音垣。

看詳：今來築牆制度，皆以高九尺、厚三尺為祖。雖城壁與屋牆、露牆各有增損，其大概皆以厚三尺崇三之為法，正與經傳相合。今謹按《周官·考工記》等羣書修立下條：

築牆之制：每牆厚三尺，則高九尺，其上斜收比厚減半。若高增三尺，則厚加一尺，減亦如之。

凡露牆：每牆高一丈，則厚減高之半，其上收面之廣比高五分之一。若高增一尺，其厚加三寸。減亦如之。其用葽橛並準築城制度。

凡抽絍牆：高厚同上。其上收面之廣比高四分之一。若高增一尺，其厚加二寸五分。如在屋下，只加二寸。劄削並準築城制度。

右三項並入壕寨制度。

〔1〕熹年謹按：《廣雅》魏張揖撰。隋代避煬帝楊廣諱，改為《博雅》。後同。

〔2〕熹年謹按：《博雅》原文作「墩、力雕切，隊、音篆，墉、院，垣也。」垣與北宋欽宗趙桓名同音，故注云「音犯淵聖御名」。但欽宗稱「淵聖」在南宋初，故此句應是南宋重刊《營造法式》時所改，北宋時初刻本不如此。四庫本即作「墩、力雕切，隊、音篆，墉、院也，辟音壁，又即壁切，牆垣也。」

舉折

《周官·考工記》：匠人為溝洫，葺屋三分，瓦屋四分。鄭司農注云：各分其修，以其一為峻。

《通俗文》：屋上平曰陠。必孤切。

《刊[1]謬正俗音字》：陠，今猶言陠峻也。

皇朝景文公宋祁《筆録》：今造屋有曲折者謂之庯峻。齊魏間以人有儀矩可喜者謂之庯峭，蓋庯峻也。今謂之舉折。

看詳：今來舉屋制度，以前後撩檐方心相去遠近分為四分；自撩[2]檐方背，上至脊槫背上，四分中舉起一分。雖殿閣與廳堂及廊屋之類略有增加，大抵皆以四分舉一為祖，正與經傳相合。今謹按《周官·考工記》修立下條：

舉折之制：先以尺為丈，以寸為尺，以分為寸，以氂為分，以毫為氂，側畫所建之屋於平正壁上；定其舉之峻慢，折之圜和，然後可見屋內梁柱之高下，卯眼之遠近。今俗謂之定側樣，亦曰點草架。

舉屋之法：如殿閣、樓臺，先量前後撩檐方心相去遠近，分為三分；若餘屋柱頭作，或不出跳者，則用前後檐柱心。從撩檐方背至脊槫背舉起一分。如量深三丈即舉起一丈之類。如甋瓦廳堂，即四分中舉起一分；又通以四分所得丈尺每一尺加八分。若甋瓦廊屋及瓪瓦廳堂，每一尺加五分。或瓪瓦廊屋之類，每一尺加三分。若兩椽屋不加，其副階或纏腰並二分中舉一分。

折屋之法：以舉高尺丈，每尺折一寸，每架自上遞減半為法。如舉高二丈，即先從脊槫背上取平，下至撩檐方背，其上第一縫折二尺；又從上第一縫槫背取平，下至撩檐方背，於第二縫折一尺。若椽數多，即逐縫取平，皆下至撩檐方背，每縫並減上縫之半。如第一縫二尺，第二縫一尺，第三縫五寸，第四縫二寸五分之類。如取平，皆從槫心抨繩令緊為則。如架道不勻，即約度遠近，隨宜加減。以脊槫及撩檐方為準。

若八角或四角鬭尖亭榭，自撩檐方背舉至角梁底，五分中舉一分。至上簇角梁，即二分中舉一分。若亭榭只用瓪瓦者，即十分中舉四分。

簇角梁之法：用三折。先從大角梁背〔3〕自撩檐方心量向上，至根桿卯心，取大角梁背一半，立上折簇梁，斜向根桿舉分盡處。其簇角梁上下並出卯。中下折簇梁同。次從上折簇梁盡處，量至撩檐方心，取大角梁背一半，立中折簇梁，斜向上折簇梁當心之下。又次從撩檐方心立下折簇梁，斜向中折簇梁當心近下。令中折簇梁上一半與上折簇梁一半之長同。其折分並同折屋之制。唯量折以曲尺於絃上取方量之。用瓪瓦者同。

右入大木作制度。

〔1〕熹年謹按：此書本名《匡謬正俗音字》，宋人避太祖諱，改「匡」為「刊」。

〔2〕熹年謹按：陶本作「檫」，据故宮本、四庫本、張本改作「撩」。

〔3〕劉校故宮本：諸本均作「大角背」，依文義与建築結构，應為「大角梁背」。

諸作異名

今按羣書修立《總釋》，已具法式淨條〔1〕第一、第二卷內，凡四十九篇，總二百八十三條。今更不重録。

看詳：屋室等名件其數實繁，書傳所載各有異同，或一物多名，或方俗語滯，其間亦有訛謬相傳、音同字近者，遂轉而不改，習以成俗。今謹按羣書及以其曹所語，參詳〔2〕去取，修立總釋二卷。今於逐作制度篇目之下，以古今異名載於注內，修立下條：

牆：其名有五：一曰牆，二曰墉，三曰垣，四曰土尞，五曰壁。

右入壕寨制度。

柱礎：其名有六：一曰礎，二曰礩，三曰磶，四曰磌，五曰礎，六曰磉。今謂之石碇。

右入石作制度

材：其名有三：一曰章，二曰材，三曰方桁。

栱：其名有六：一曰開，二曰槉，三曰欂，四曰曲枅，五曰欒，六曰栱。

飛昂：其名有五：一曰櫼，二曰飛昂，三曰英昂，四曰斜角，五曰下昂。

爵頭：其名有四：一曰爵頭，二曰耍頭，三曰胡孫頭，四曰蜉蜒頭。

枓：其名有五：一曰楶，二曰栭，三曰櫨，四曰楷，五曰枓。

平坐：其名有五：一曰閣道，二曰墱道，三曰飛陛，四曰平坐，五曰鼓坐。

梁：其名有三：一曰梁，二曰宗廇，三曰欐。

柱：其名有二：一曰楹，二曰柱。

陽馬：其名有五：一曰觚棱，二曰陽馬，三曰闕角，四曰角梁，五曰梁抹。

侏儒柱：其名有六：一曰梲，二曰侏儒柱，三曰浮柱，四曰棳，五曰上楹，六曰蜀柱。

斜柱：其名有五：一曰斜柱，二曰梧，三曰迕，四曰枝樘，五曰叉手。

棟：其名有九：一曰棟，二曰桴，三曰檼，四曰棼，五曰甍，六曰極，七曰槫，八曰檁，九曰櫋。

搏風：其名有二：一曰榮，二曰搏風。

柎：其名有三：一曰柎，二曰複棟，三曰替木。

椽：其名有四：一曰桷，二曰椽，三曰榱，四曰橑。短椽其名有二：一曰棟，二曰禁楄。

檐：其名有十四：一曰宇，二曰檐，三曰樀，四曰楣，五曰屋垂，六曰梠，七曰櫺，八曰聯櫋，九曰橝，十曰庌，十一曰廡，十二曰槾，十三曰梍，十四曰庮。

舉折：其名有四：一曰陠，二曰峻，三曰陠峭，四曰舉折。

右入大木作制度。

烏頭門：其名有三：一曰烏頭大門，二曰表楬，三曰閥閱。今呼為欞星門。

平棊：其名有三：一曰平機，二曰平橑，三曰平棊。俗謂之平起。其以方椽施素版者，謂之平闇。

鬭八藻井：其名有三：一曰藻井，二曰圜泉，三曰方井。今謂之鬭八藻井。

鉤闌：其名有八：一曰櫺檻，二曰軒檻，三曰櫳，四曰梐牢，五曰闌楯，六曰柃，七曰階檻，八曰鉤闌。

拒馬叉子：其名有四：一曰梐枑，二曰梐拒，三曰行馬，四曰拒馬叉子。

屏風：其名有四：一曰皇邸，二曰後版，三曰扆，四曰屏風。

露籬：其名有五：一曰欏，二曰栅，三曰木豦，四曰藩，五曰落，今謂之露籬。

右入小木作制度。

塗：其名有四：一曰垷，二曰墐，三曰塗，四曰泥。

右入泥作制度。

階：其名有四：一曰階，二曰陛，三曰陔，四曰墒。

右入塼作制度。

瓦：其名有二：一曰瓦，二曰㼽。

塼：其名有四：一曰甓，二曰瓴甋，三曰㲉，四曰鹿瓦甎。

右入窯作制度。

〔1〕熹年謹按：此處之「淨條」即指《營造法式》正文三十四卷。其第一、二卷總釋內之正文二百八十三條，是根據文獻及有關專業檔經過選擇（「去取」）而確定的。

〔2〕熹年謹按：元徐元瑞《吏學指南》卷二「參詳」條云：「謂子細尋究也」。

總諸作看詳

看詳：先準

朝旨，以《營造法式》舊文祇是一定之法，及有營造，位置盡皆不同，臨時不可考據，徒為空文，難以行用，先次更不施行，委臣重別編修。今編修到海行《營造法式》總釋並總例共二卷，制度一十三卷[1]，功限一十卷，料例並工作等第共三卷，圖樣六卷，目録一卷，總三十六卷[2]，計三百五十七篇，共三千五百五十五條。內四十九篇、二百八十三條係於經史等羣書中檢尋考究到，或制度與經傳相合，或一物而數名各異，已於前項逐門看詳立文外[3]，其三百八篇、三千二百七十二條係自來工作相傳，並是經久可以行用之法。〔4〕與諸作諳會經歷造作〔5〕工匠詳悉講究〔6〕規矩，比較諸作利害，隨物之大小有增減之法。謂如版門制度以高一尺為法，積至二丈四尺〔7〕。如料栱等功限以第六等材為法，若材增減一等，其功限各有加減法之類。各於逐項制度、功限、料例內創行修立，並不曾參用舊文，即別無開具看詳〔8〕，因依其逐作造作名件〔9〕內或有須於畫圖可見規矩者，皆別立圖樣，以明制度。

〔1〕熹年謹按：據《續談助》，本書崇寧初印本即載卷三至十五為制度，計一十三卷，此處原文為「制度一十五卷」，誤，故據《續談助》改為一十三卷。

〔2〕熹年謹按：據此「總諸作看詳」所記，各部分累計，包括「目録」一卷，实為三十五卷。如計入此「看詳」一卷，則為三十六卷，始與所云「總三十六卷」相合。最早記載此書者為北宋晁載之《續談助》，當出於北宋崇寧二年最初刊本。其中曾摘錄其總釋及制度，後有崇寧五年跋云：「卷九佛道帳無鈔，卷十牙腳帳等、卷十一、十二

並無鈔。自卷十六至二十五並土木等功限，自卷二十六至二十八並諸作用釘膠等料例，自卷二十九至三十四並制度圖樣。」跋中所記各卷之卷次與今本同。且既云卷十六至二十五為功限，則其前卷一至十五應為總釋二卷，制度一十三卷。所記卷次至三十四卷止，則「目錄」及「看詳」當時應未計入卷數。南宋初晁公武《郡齋讀書志》應即據此著錄為三十四卷。

南宋末陳振孫《直齋書錄解題》著錄則為三十四卷，「看詳」一卷，當是漏記「目錄」一卷，故與本書所記三十六卷異。據故宮本「目錄」所載，全書為第一至第三十四，則「目錄」、「看詳」、「序」均未計入卷數，與晁公武《郡齋讀書志》著錄之三十四卷相合。

〔3〕熹年謹按：此即指卷一、二總釋中共四十九篇，二百八十三條部分。因「係于經史等群書中檢尋考究……已于前項諸門看詳立文」，可知此部分之「看詳」是李誡以文獻考證結合現實情況和官定制度所闡述的標準定義和基本概念，與「劄子」中之指由有關方面審定之「看詳」性質不同。宋代一些具有某些法規性的書和檔往往在正文外另附具有概括性總說性質的「看詳」。關於此種「看詳」的性質、作用，天津大學建築學院王其亨教授進行過廣泛深入的研究，廣引文獻，撰有《營造法式「看詳」的意義》的專文加

以闡述，載于《建築師》二〇一二年四期，可供參考。

〔4〕熹年謹按：據「目錄」統計，其卷一、二總釋共四十九篇，與「總諸作看詳」所載同。其卷三至卷三十四各項制度據「目錄」統計為三百〇八篇，（其卷二十八按用釘料例、用膠料例、諸作等第計為三篇）與總諸作「看詳」所載亦同。可知現存《營造法式》完整無缺。

〔5〕熹年謹按：（元）徐元瑞《吏學指南》卷二「造作」條云：「謂督量工程，確其物料也」。

〔6〕熹年謹按：（元）徐元瑞《吏學指南》卷二「講究」條云：「謂發明義理、探求始終也」。

〔7〕熹年謹按：故宮本、張本作「三丈四尺」，而卷六版門條正文作「二丈四尺」，據正文改。文津四庫本作「二丈四尺」，不誤。

〔8〕此段所說「其三百八篇、三千二百七十二條」即指卷三至卷二十八正文中的內容。「因系自來工作相傳，並是經久可以行用之法，與諸作諳會經歷造作工匠詳悉講究規矩……各於逐項制度、功限、料例內創行修立」。因其中「不曾參用舊文」，故「別無開具看詳」。據此可知《法式》正文屬已由官方「創行修立」的具體做法，與屬於定義與概念範圍問題的「看詳」不同，故不再「開具看詳」。

〔9〕熹年謹按：（元）徐元瑞《吏學指南》卷二「名件」條云：「舉物之為名，分事之為件」。

營造法式卷第一

通直郎管修蓋皇弟外第專一提舉修蓋班直諸軍營房等臣李誡奉聖旨編修

總釋上

宮　闕

殿堂附　樓

亭　臺榭

城　牆

柱礎

取正

栱

爵頭

鋪作

梁

陽馬

斜柱

定平

材

飛昂

料

平坐

柱

侏儒柱

宮

《易繫辭》：上古穴居而野處，後世聖人易之以宮室，上棟下宇，以待風雨。

《詩》：作于楚宮，揆之以日，作于楚室。

《禮記》〔1〕：儒有一畝之宮，環堵之室。

《爾雅》：宮謂之室，室謂之宮。皆所以通古今之異語，明同實而兩名。室有東西廂曰廟，夾室前堂。無東西廂有室曰寢。但有大室。西南隅謂之奧，室中隱奧處。西北隅謂之屋漏，《詩》曰：尚不媿於屋漏，其義未詳。東北隅謂之宧，宧見《禮》，亦未詳。東南隅謂之窔。《禮》曰：歸室聚窔。窔亦隱闇。

《墨子》：子墨子曰：古之民〔2〕未知為宮室，時就陵阜而居，穴而處。下潤濕傷民，故聖王作為宮室〔3〕。為宮室之法曰：高足以辟潤濕，邊〔4〕足以圉風寒，上足以待霜雪雨露，牆之高足以別男女之禮。

《白虎通義》：黃帝作宮。

《世本》：禹作宮。

《說文》：宅，所托也。

《釋名》：宮，穹也，屋見於垣上，穹崇然也。室，實也，言人物實滿其中也。寢，寢也，所寢息也。舍，於中舍息也。屋，奥也，其中溫奥也。宅，擇也，擇吉處而營之也。

《風俗通義》：自古宮、室一也。漢來尊者以為號，下乃避之也。

《義訓》：小屋謂之廑，音近。深屋謂之庝，音同。偏舍謂之㢈，音亶。㢈謂之㢋，音次。宮室相連謂之謻，直移切。因巖成室謂之广，音儼。壞室謂之庘，音壓。夾室謂之廂，塔下室謂之龕，龕謂之椌，音空。空室謂之㝩㝗，上音康，下音郎。深謂之戡戡，音躭。頹謂之敳𢾹，上音批，下音鋪。不平謂之庯庩。上音逋，下音途。

〔1〕劉批陶本：「禮儒」應作「禮記儒有」，見《禮記·儒行》第四十一。據改。

〔2〕熹年謹按：陶本、張本、丁本「民」誤「名」，據故宮本、文津四庫本改正。

〔3〕劉批陶本：應增「為宮室」三字，見《墨子》辭過第六。

〔4〕熹年謹按：文津四庫本、故宮本、張本、丁本、陶本脱「為宮室」三字。「邊」誤「旁」。均據《墨子》本書改正。

闕

《周官·太宰》：以正月示治法于象魏。

《禮》[1]：天子諸侯臺門。天子外闕兩觀，諸侯內闕一觀。[2]

《爾雅》：觀謂之闕。宮門雙闕也。

《白虎通義》：門必有闕者何，闕者，所以釋門別尊卑也。

《風俗通義》：魯昭公設兩觀於門，是謂之闕。

《說文》：闕，門觀也。

《釋名》：闕，闕也，在門兩旁，中央闕然為道也。觀，觀也，於上觀望也。

《博雅》：象魏，闕也。

崔豹《古今注》：闕，觀也。古者每門樹兩觀於前，所以標表宮門也。

其上可居，登之可遠觀。人臣將朝，至此則思其所闕，故謂之闕。其上皆丹堊，其下皆畫雲氣、僊靈、奇禽、怪獸，以昭示四方焉。[3]

《義訓》：觀謂之闕，闕謂之皇。

[1] 劉批陶本：按所引為《公羊·昭二十五年傳》何休解詁文。《禮記·禮器》僅有「天子諸侯臺門」，無下二句。

[2] 朱批陶本：明仲所引禮經多此二句，大可寶貴，應照前說，保留原文，以裨後學。

[3] 熹年謹按：此條諸本均有奪誤，故改引用該書原文。

殿 堂附

《蒼頡篇》：殿，大堂也。徐堅注云：商周以前其名不載，《秦本紀》始曰作前殿。

《周官·考工記》：夏后氏世室，堂修二七，廣四修一。商〔1〕人重屋，堂修七尋，堂崇三尺。周人明堂，東西九筵，南北七筵，堂崇一筵。鄭司農注云：修，南北之深也。夏度以步，今堂修十四步，其廣益以四分修之一，則堂廣十七步半。商度以尋，周度以筵。六尺曰步，八尺曰尋，九尺曰筵。

《禮記》：天子之堂九尺，諸侯七尺，大夫五尺，士三尺。

《墨子》：堯、舜堂高三尺。

《說文》：堂，殿也。

《釋名》：堂猶堂堂，高顯貌也。殿，殿鄂也。

《尚書大傳》：天子堂九雉，諸侯七雉，伯子男五雉。雉長三丈〔2〕。

《博雅》：堂堭，殿也。

《義訓》：漢曰殿，周曰寢。

〔1〕劉批陶本：「商人重屋」，宋人避太祖之父弘殷之諱，改「殷」為「商」。

〔2〕熹年謹按：陶本、丁本、張本、故宮本均作「雉長三尺」，唯文津四庫本作「雉長三丈」。查《尚書大傳》卷三正文作：「天子堂九雉，諸侯七雉，伯子男五雉。雉長三丈，度高以高，度長以長」。周禮疏、詩疏。「鄭玄曰：雉長三丈，高一丈，則墻高一丈。儀禮疏」。下文城條引《考工記》亦云「雉長三丈，高一丈」，因據《尚書大傳》改。

樓

《爾雅》：狹而修曲曰樓。

《淮南子》：延樓棧道，雞棲井幹。

《史記》：方士言于武帝曰，黃帝為五城十二樓，以候神人。帝乃立神臺井幹樓，高五十丈。

《說文》：樓，重屋也。

《釋名》：樓，謂〔1〕〔2〕牖戶之間有射孔，慺慺然也。

〔1〕朱批陶本：丁本「謂」下有「之」字，社友合校本謂「之」宜衍。鄙意應作「樓謂之慺」。

〔2〕熹年謹按：據文津四庫本改。文津四庫本與《釋名》原文同。張本亦衍「之」字。

亭

《説文》：亭，民所安定也。亭有樓，從高省，從丁聲也。

《釋名》：亭，停也，人所停集也。

《風俗通義》：謹按，春秋國語有寓望，謂今亭也。漢家因秦，大率十里一亭。亭，留也。今語有亭留、亭待，蓋行旅宿食之所館也。亭亦平也，民有訟諍，吏留辨處，勿失其正也。

臺榭

《老子》：九層之臺，起於累土。

《禮記·月令》：五月，可以居高明，可以處臺榭。

《爾雅》：無室曰榭。榭即今堂堭。

又：觀[1]四方而高曰臺，有木曰榭。積土四方者。

《漢書》：坐皇堂上。室而無四壁曰皇。

《釋名》：臺，持也，築土堅高，能自勝持也。

[1] 熹年謹按：傳世宋刊本《爾雅》無「觀」字，而宋刊本《太平御覽》卷一七七「臺上」引文又有「觀」字，因知宋時此句即有歧異也，故不改。

城

《周官·考工記》：匠人營國，方九里，旁三門。國中九經九緯，經塗九軌。王宮門阿之制五雉，宮隅之制七雉，城隅之制九雉。國中，城內也。經緯，塗也。經緯之塗皆容方九軌。軌謂轍廣，凡八尺，九軌積七十二尺。雉長三丈，高一丈，度高以高，度廣以廣。

《春秋·左氏傳》：計丈尺、揣高卑、度厚薄、仞溝洫、物土方、議遠邇、量事期、計徒庸、慮材用、書糇〔1〕糧以令役，此築城之義也。

《公羊傳》：城雉者何？五版而堵，五堵而雉，百雉而城。天子之城千雉，高七雉；公、侯百雉，高五雉；子、男五十雉，高三雉。

《禮·月令》：每歲孟秋之月補城郭，仲秋之月築城郭。

《管子》：內之為城，外之為郭。

《吳越春秋》：鯀築城以衛君，造郭以守民。

《說文》：城，以盛民也。墉，城垣也。堞，城上女垣也。

《五經異義》：天子之城高九仞，公侯七仞，伯五仞，子男三仞。

《釋名》：城，盛也，盛受國都也。郭，廓也，廓落在城外也。城上垣謂之睥睨，言于孔中睥睨非〔2〕常也。亦曰陴，言陴助城之高也。亦曰女牆，言其卑小，比之於城，若女子之于丈夫也。

《博物志》：禹作城，強者攻，弱者守，敵者戰。城郭自禹始也。

〔1〕劉校故宮本：丁本作「餱」，故宮本作「糇」，從故宮本。熹年謹按：文津閣四庫本亦作「糇」。張本則誤作「餱」。

〔2〕熹年謹按：「非」字故宮本、文津四庫本、丁本均誤作「之」，此據《釋名》原文改。

牆

《周官·考工記》：匠人為溝洫，牆厚三尺，崇三之。高厚以是為率，足以相勝。

《尚書》：既勤垣墉。

《詩》：崇墉屹屹。

《春秋左氏傳》：有牆以蔽惡。

《爾雅》：牆謂之墉。

《淮南子》：舜作室，築牆、茨屋，令人皆知去巖穴。各有室家，此其始也。

《說文》：堵，垣也。五版為一堵。墩，周垣也。埒，卑垣也。壁，垣也。垣蔽曰牆。栽，築牆長版也。今謂之膊版。幹，築牆端木也。今謂之牆師。

《尚書大傳》：天子賁墉，諸侯疏杼。賁，大也，言大牆正道直也。疏，猶衰也。杼亦牆也。言衰殺其上，不得正直。

《釋名》：牆，障也，所以自障蔽也。垣，援也，人所依止以為援衛也。墉，容也，所以隱蔽形容也。壁，辟也，所以辟禦風寒也。

《博雅》：㙩、力雕切，隊、音篆，墉、院，音犯淵聖御名。也。〔1〕廦，音壁，又即壁反，牆垣也。

《義訓》：厇，音乇，樓牆也。穿垣謂之腔。音空。為垣謂之厽。音累。周謂之㙩。音了。㙩謂之䆫。音垣。

〔1〕熹年謹按：《博雅》原文作「㙩、隊、墉、院，垣也。」垣与桓音近，而「桓」為宋欽宗名，故南宋翻刻營造法式時以「音犯淵聖御名」代替「垣」字。

柱礎

《淮南子》：山雲蒸，柱礎潤。

《説文》：櫍，之日切。柎也。柎，闌足也。榰，章移切。柱砥也。古用木，今以石。

《博雅》：礎、碣、音昔。磌，音真，又徒年切。磌也。鑱，音讒。謂之鈹。音披。鐫，醉全切，又子兖切。謂之鏨。慚敢切。

《義訓》：礎謂之碱，仄六切。碱謂之礩，礩謂之碣，碣謂之磉。音顙，今謂之石錠。音頂。

定平

《周官·考工記》：匠人建國，水地以縣〔1〕。於四角立植而垂，以水望其高下，高下既定，乃為位而平地。

《莊子》：水靜則平，中準，大匠取法焉。

《管子》：夫准，壞險以為平。

〔1〕劉批陶本：諸本之「垂」字應作「懸」。

熹年謹按：《考工記》原文作「縣」（即懸），下文取正條引《考工記》之文亦同，當是宋人避宋帝「玄」之偏諱，改「懸」為「垂」。

取正

《詩》：定之方中，又：揆之以日。定，營室也。方中，昏正四方也。揆，度也。度日出日入，以知東西。南視定，北準極，以正南北。

《周禮·天官》：惟王建國，辨方正位。

《考工記》：置槷以懸〔1〕視以景，為規識日出之景與日入之景；夜考之極星，以正朝夕。自日出而畫其景端，以至日入既，則為規，測景兩端之內規之，規之交，乃審也。度兩交之間，中屈之以指槷，則南北正。日中之景最短者也。極星謂北辰。

《管子》：夫繩扶撥以為正。

《字林》：槫，時釧切。垂臬望也。

《刋謬正俗音字》：今山東匠人猶言垂繩視正為槫也。

〔1〕熹年謹按：諸本作「垂」，原文作「懸」，避宋帝偏諱「玄」字改。

材

《周禮》：任工以飭材事。

《呂氏春秋》：夫大匠之為宮室也，景小大而知材木矣。

《史記》：山居千章之楸。章，材也。

班固《漢書》：將作大匠屬官有主章長丞。舊將作大匠主材吏名章曹掾。

又，《西都賦》：因瓌材而究奇。

弁蘭《許昌宮賦》：材靡隱而不華。

《說文》：㮚，刻也。㮚音至。

《傅子》：構〔1〕大廈者先擇匠而後簡材。今或謂之方桁。桁音衡。按：構屋之法，其規矩制度皆以章㮚為祖。今語以人舉止失措者謂之失章、失㮚，蓋謂此也。

〔1〕熹年謹按：北宋晁載之《續談助》節鈔崇寧本《營造法式》即為「構」字，而故宮本、丁本均以小注「犯御名」代替「構」字，應是南宋紹兴十五年翻刻《營造法式》時避高宗名諱所改。故從崇寧本。

栱

《爾雅》：閞謂之槉。柱上欂也。亦名枅，又曰木沓。閞音弁，槉音疾。

《蒼頡篇》：枅，古妍反，又音雞。柱上方木。

《釋名》：欒，攣也，其體上曲，攣拳然也。

王延壽《魯靈光殿賦》：曲枅要紹而環句。曲枅，栱〔1〕也。

《博雅》：欂謂之枅，曲枅謂之攣。枅，音古妍切。又音雞。

薛綜《西京賦》注：欒，柱上曲木，兩頭受櫨者。

左思《吳都賦》：雕欒鏤楶。欒，栱也。

〔1〕劉批丁本：「栱」應為「栱」。
熹年謹按：張本亦誤作「栱」，然四庫本即作「曲枅，栱也」。據改。

飛昂

《説文》：欃，楔也。

何晏《景福殿賦》：飛昂鳥踴。

又：欃櫨角〔1〕〔2〕落以相承。李善曰：飛昂之形類鳥之飛。今人名屋四阿栱曰欃昂，欃即昂也。

劉梁《七舉》：雙轅覆井，芰荷垂英。〔3〕

《義訓》：斜角謂之飛棉。今謂之下昂者，以昂尖下指故也。下昂尖面頔下半。又有上昂，如昂桯挑斡者，施之於屋內，或平坐之下。昂字又作枊，或作棉者，皆吾郎切。頔，於交切，俗作凹者非是。

〔1〕劉批陶本：「角」，《文選》原文作「各」。以下同。

〔2〕熹年謹按：晁載之《續談助》節鈔崇寧本《營造法式》即作「角」。晁氏鈔于崇寧五年，當源出北宋崇寧二年初刊之小字本，因知其原文如此，故不改。

〔3〕熹年謹按：此條諸本均作「雙覆井菱，荷垂英昂」。然何晏景福殿賦「飛枊鳥踴，雙轅是荷」句下李善注云：「劉梁七舉曰：雙轅覆井，芰荷垂英」。此條誤「轅」為「覆」，誤「芰」為「菱」，又誤以「昂」屬上讀，恐是傳鈔致誤也，今據宋本《文選》改。

爵頭

《釋名》：上入曰爵頭，形似爵頭也。今俗謂之耍頭，又謂之胡孫頭。朔方人謂之蜉蜒頭。蜉音勃，蜒音縱。

枓

《語》[1][2]：山節藻棁。節，栭也。

《爾雅》：栭謂之楶。即櫨也。

《説文》：櫨，柱上柎也。栭，枅上標也。

《釋名》：櫨在柱端，都盧負屋之重也。枓在欒兩頭，如斗，負上櫺也。

《博雅》：楶謂之櫨。節、楶，古文通用。

《魯靈光殿賦》：層櫨磥佹以岌峨。櫨，料也。

《義訓》：柱斗謂之楷。音沓。

〔1〕劉批陶本：陶本同丁本，無「論」字。故宮本亦無「論」字。

〔2〕熹年謹按：明姚咨傳鈔宋本晁載之《續談助》中節鈔北宋崇寧本《法式》亦無「論」字，故不改。

鋪作

漢《柏梁詩》：大匠曰：柱櫳欂櫨相支持。

《景福殿賦》：桁梧複疊，勢合形離。桁梧，枓栱也，皆重疊而施，其勢或合或離。

又：欃櫨各落以相承，欒栱夭蟜[1]而交結。

徐陵《太極殿銘》：千櫨赫奕，萬栱崚層。

李白《明堂賦》：走栱夤緣。

李華《含元殿賦》：雲薄萬栱。

又：千櫨駢湊。今以枓栱層數相疊出跳多寡次序謂之鋪作。

〔1〕 熹年謹按：諸本均作「矯」，而宋本《文選》该赋作「蟜」，故從《文選》

平坐

張衡《西京賦》閣道穹隆。閣道，飛陛也。

又：隥道邐倚以正東。隥道〔1〕，閣道也。

《魯靈光殿賦》：飛陛揭孽，緣雲上征，中坐垂景，俯視流星。

《義訓》，閣道謂之飛陛，飛陛謂之墱。今俗謂之平坐，亦曰鼓坐。

〔1〕熹年謹按：《文選·西京賦》原注作「隥，閣道也。」錄以備考。

梁

《爾雅》：宗廇謂之梁。屋大梁也。宗，武方切。廇，力又切。

司馬相如《長門賦》：委參差以〔1〕糠梁。糠，虚也。

《西京賦》抗應龍之虹梁。梁曲如虹也。

《釋名》：梁，強梁也。

《景福殿賦》：雙枚既修。兩重作梁也。〔2〕

又：重桴乃飾。重桴，在外作兩重牽也。

《博雅》：曲梁謂之罶。音柳。

《義訓》：梁謂之欐。音禮。

〔1〕熹年謹按：諸本作「之」字，而《文選·長門賦》作「以」，據改。

〔2〕劉校故宮本：丁本脱此條，據故宮本補。
熹年謹按：晁載之《續談助》本、四庫本、張本均不脱，附前條之下。

柱

《詩》：有覺其楹。

《春秋》：莊公丹桓〔1〕宮楹。

禮：楹，天子丹，諸侯黝堊，大夫蒼，士黈。黈，黄色也。〔2〕

又：三家視桓楹。柱四植曰桓。〔1〕

《西都賦》：雕玉瑱以居楹。瑱，音鎮。

《説文》：楹，柱也。

《釋名》：柱，住也。楹，亭也，亭亭然孤立旁無所依也。齊魯讀曰輕。輕，勝也，孤立獨處，能勝任上重也。

何晏《景福殿賦》：金楹齊列，玉舄承跋。玉為矸以承柱下。跋，柱根也。

〔1〕熹年謹按：此二條故宮本、丁本「桓」字均作「淵聖御名」，為南宋重刊本避欽宗諱改，而《續談助》錄自崇寧原本，均作「桓」，故據《續談助》改。四庫本亦均作「桓」。

〔2〕熹年謹按：此條仍接上條，同出自《穀梁傳》卷三，莊二十三年。北宋晁伯宇《續談助》節鈔崇寧二年刊本《營造法式》中此條亦同，因知《營造法式》初刊原文即如此。然核之《穀梁傳》，據宋余氏萬卷堂刊本，其原文為「秋，丹桓宮楹。禮：天子諸侯黝堊，大夫蒼，士黈。丹楹，非禮也。」明言丹楹非禮，與此條文義大異。但宋慶元五年成都路轉運司刊本《太平御覽》卷一八七亦引此條，作「《穀梁傳》曰：丹桓宮楹。禮：天子丹，諸侯黝，大夫蒼，士黈。」與《營造法式》此條文字小異而義同。《太平御覽》成書于太平興國八年，因知在北宋初即有曲引經文以符當時宮室丹楹制度的情況。李誡此處捨《穀梁傳》原文而遠引類書《太平御覽》，恐是有意避開「丹楹，非禮也」之經文，以求不違宋代宮殿丹楹之制也。

陽馬

《周官·考工記》：商人四阿重屋。四阿，若今四注屋也。

《爾雅》：直不受檐謂之交。謂五架屋際，椽不直上檐，交於檼上。

《說文》：柧棱，殿堂上最高處也。

何晏《景福殿賦》：承以陽馬。陽馬，屋四角引出以承短椽者。

左思《魏都賦》：齊龍首以湧霤。屋上四角雨水入龍口中，瀉之於地也。

張景陽《七命》：陰虬負檐，陽馬翼阿。

《義訓》：闕角謂之柧棱。今俗謂之角梁。又謂之梁抹者，蓋語訛也。

侏儒柱

《語》〔1〕：山節藻棁。

《爾雅》：梁上楹謂之棁。侏儒柱也。

揚雄《甘泉賦》：抗浮柱之飛榱。浮柱，即梁上柱也。

《釋名》：棳，棳儒也，梁上短柱也。棳儒猶侏儒，短，故因以名之也。

《魯靈光殿賦》：胡人遙集於上楹。今俗謂之蜀柱。

〔1〕熹年謹按：諸本均無「論」字，明姚咨传钞宋本晁載之《續談助》節鈔北宋崇寧本法式亦无「論」字。

斜柱

《長門賦》離樓梧而相撐[1]。丑庚切。

《說文》：樘，衺柱也。

《釋名》：迕[2]在梁上，兩頭相觸迕也。

《魯靈光殿賦》：枝樘杈枒而斜據。枝樘，梁上交木也。杈枒相拄而斜據其間也。

《義訓》：斜柱謂之梧。今俗謂之叉手。

[1] 熹年謹按：晁載之《續談助》本及諸本法式均作「撐」，唯丁本作樘。

[2] 熹年謹按：此條「牾」字晁載之《續談助》本及故宮本、四庫本、張本作「迕」，因據改。

營造法式卷第一

營造法式卷第二

通直郎管修蓋皇弟外第專一提舉修蓋班直諸軍營房等臣李誡奉
聖旨編修

總釋下

窗　平棊

鬬八藻井　鉤闌

拒馬叉子　屏風

槏柱　露籬

鴟尾　瓦

塗　彩畫

階　塼

井

總例

棟

《易》：棟隆，吉。

《爾雅》：棟謂之桴。屋檼也。

《儀禮》：序則物當棟，堂則物當楣。是制五架之屋也。正中曰棟，次曰楣，前曰庪。九僞切，又九委切。

《西都賦》：列棼橑以布翼，荷棟桴而高驤。棼、桴，皆棟也。

揚雄《方言》：甍謂之霤。即屋檼也。

《說文》：極，棟也。棟，屋極也。檼，棼也。甍，屋棟也。徐鍇曰：所以承瓦，故從瓦。

《釋名》：檼，隱也，所以隱桷[1]也。或謂之望，言高可望也。或謂之棟，棟，中也，居屋之中也。屋脊曰甍。甍，蒙也，在上蒙覆屋也。

《博雅》：檼，棟也。

《義訓》：屋棟謂之甍。今謂之槫，亦謂之檩，又謂之櫋。

[1] 熹年謹按：「桷」，陶本、張本、文津四庫本、故宮本均誤「桶」，據北宋晁載之《續談助》卷五録崇寧本《營造法式》改。

兩際

《爾雅》：桷直而遂謂之閲。謂五架屋際，椽正相當。

《甘泉賦》：日月纔經於柍桭。柍，於兩切。桭音眞。

《義訓》：屋端謂之柍桭。今謂之廢。

搏風

《儀禮》：直于東榮。榮，屋翼也。

《甘泉賦》：列宿乃施於上榮。

《説文》：屋梠之兩頭起者爲榮。

《義訓》：搏風謂之榮。今謂之搏風版。

柎

《説文》：棼，複屋棟也。

《魯靈光殿賦》：狡兔跧伏於柎側。柎，枓上横木，刻兔形，致木於背也。

《義訓》：複棟謂之棼。今俗謂之替木。

椽

《易》：鴻漸於木，或得其桷。

《春秋左氏傳》：桓〔1〕公伐鄭，以大宫之椽爲盧門之椽。

《國語》：天子之室，斫其椽而礱之，加密石焉。諸侯礱之，大夫斲之，士首之。密，細密文理。石謂砥也。先粗礱之，加以密砥。首之，斲其首也。

《爾雅》：桷謂之榱。屋椽也。

《甘泉賦》：琁題玉英。題，頭也。榱椽之頭，皆以玉飾。

《説文》：秦名爲屋椽，周謂之榱，齊魯謂之桷。

又：椽方曰桷，短椽謂之梀。恥錄切。

《釋名》：桷，確也，其形細而踈確也。或謂之椽。椽，傳也，傳次而布列之也。或謂之榱，在檼旁，下列衰衰然垂也。

《博雅》：榱、橑、魯好切。桷、梀，椽也。

《景福殿賦》：爰有禁楄，勒分翼張。禁楄，短椽也。楄，蒲沔切。

陸德明《春秋左氏傳音義》：圜曰椽。

〔1〕熹年謹按：「桓」字故宮本、丁本均作注文「淵聖御名」，此據文津四庫本改。

檐

余廉切。或作櫩。俗作簷者非是。

《易·繫辭》：上棟下宇，以待風雨。

《詩》：如跂斯翼，如矢斯棘，如鳥斯革，如翬斯飛。疏云：言檐阿之勢似鳥飛也。翼言其體，飛言其勢也。

《爾雅》：檐謂之樀。屋梠也。

《禮》：複廇[1]重檐，天子之廟飾也。

《儀禮》：賓升，主人阼階上，當楣。楣，前梁也。

《淮南子》：橑檐榱題。檐，屋垂也。

《方言》：屋梠謂之櫺。即屋檐也。

《説文》：秦謂屋聯櫋曰楣，齊謂之檐，楚謂之梠橝，徒含切。屋梠前也。

房，音雅。廡也。宇，屋邊也。

《釋名》：楣，眉也，近前若面之有眉也。又曰：梠，梠旅也，連旅旅也。或謂之㮰。㮰，綿也，綿連榱頭，使齊平也。宇，羽也，如鳥羽自蔽覆者也。

《西京賦》：飛檐轍轍。

又：鏤檻文㮰。㮰，連檐也。

《景福殿賦》：㮰梠緣邊。連檐木，以承瓦也。

《博雅》：楣、檐、櫺，梠也。

《義訓》：屋垂謂之宇，宇下謂之廡，步檐謂之廊，峻廊謂之岊〔2〕，檐㮰謂之廇。音由。

〔1〕朱批陶本：今本禮記作「廟」，似誤。「廇」或是「霤」之別寫。古廟字作「庿」，與「廇」字形近致誤。

〔2〕熹年謹按：故宮本、文津四庫本、張本作「巖」，《續談助》本作岊，今从《續談助》本。

舉折

《周官·考工記》：匠人爲溝洫，葺屋三分，瓦屋四分。各分其修，以其一爲峻。

《通俗文》：屋上平曰陠。必孤切。

《刋謬正俗音字》：陠，今猶言陠峻也。

唐柳宗元《梓人傳》：畫宮於堵，盈尺而曲盡其制，計其毫釐而構〔1〕大廈，無進退焉。

皇朝景文公〔2〕宋祁《筆録》：今造屋有曲折者謂之庯峻。齊魏間以人有儀矩可喜者謂之庯峭，蓋庯峻也。今謂之舉折。

〔1〕熹年謹按：「構」字故宫本、丁本、張本均作小注「犯御名」，此依文津四庫本改。

〔2〕熹年謹按：諸本此處之「皇朝景文公」五字，《續談助》本無。

門

《易》：重門擊柝，以待暴客。

《詩》：衡門之下，可以棲遲。

又：乃立皋門，皋門有閌；乃立應門，應門鏘鏘。

《詩義》：横一木作門，而上無屋，謂之衡門。

《春秋左氏傳》：高其閈閎。

《公羊傳》：齒著於門闔。何休云：闔，扇也。

《爾雅》：閍謂之門，正門謂之應門。柣謂之閾。閾，門限也。疏云：俗謂之地柣。千結切。棖謂之楔。門兩旁木。李巡曰：梱上兩旁木。楣謂之梁。門戶上橫梁。樞謂之椳。門戶扉樞。樞達北方謂之落時。門持樞者，或達北檼，以爲固也。落時謂之戹。道二名也。橛謂之闑。門閫。闔謂之扉。所以止扉謂之閎。門辟旁長橛也。

長杙，即門橛也。植謂之傳，傳謂之突。戶持鎖植也。見《埤蒼》。

《説文》：閤，門旁戶也。閨，特立之門，上圜下方，有似圭。

《風俗通義》：門戶鋪首。昔公輸班之水，見蠡，曰見汝形，蠡適出頭，般以足畫圖之，蠡引閉其戶，終不可得開，遂施之於門戶，云人閉藏如是，固周密矣。

《博雅》：闔謂之門。閈，乎計切。扇扉也。限謂之丞。柣橛、巨月切。機、闑，杫苦木切。也。

《釋名》：門，捫也，在外，爲人所捫摸也〔1〕。戶，護也，所以謹護閉塞也。

《聲類》曰：廡，堂下周屋也。

《義訓》：門飾金謂之鋪，鋪謂之鏂。音歐。今俗謂之浮漚釘也。門持關謂之摙。音連。戶版謂之⿱竹開⿱竹鮮。上音牽，下音先。門上木謂之枅。扉謂之戶，戶謂之閉。臬謂之柣。限謂之閫，閫謂之閾。閎謂之扊扅，上音琰，下音移。扊扅謂之閶。音坦。廣韻曰：所以止扉。門上梁謂之楣，音帽。楣謂之闑。音沓。鍵謂之扱。音及。開謂之闈。音偉。闔謂之閨。音蛭。外闢謂之扃，外啟謂之閮。音挺。門次謂之闖。高門謂之闛。音唐。闛謂之閬。荊門謂之蓽。石門謂之庯。音孚。

〔1〕劉批陶本：陶本、丁本、文津四庫本、故宮本、張本此句均作「爲捫幕障衛也」，然《釋名》本文為「在外爲人所捫摸也」，因據改。

烏頭門

《唐六典》：六品以上仍通用烏頭大門。

唐上官儀《投壺經》：第一箭入謂之初箭，再入謂之烏頭，取門雙表之義。

《義訓》：表揭，閥閲也。揭音竭。今呼爲櫺星門。

華表

《説文》：桓[1]，亭郵表也。

《前漢書·注》：舊亭傳[2]於四角面百步築土四方，上有屋，屋上有柱出，高丈餘，有大版貫柱四出，名曰桓[1]表。縣所治夾兩邊各一桓[1]。陳宋之俗言桓[1]聲如和，今人猶謂之和表。顔師古云，即華表也。

崔豹《古今注》：程雅問曰，堯設誹謗之木何也？答曰，今之華表。以横木交柱頭，狀如華，形似桔槹，大路交衢悉施焉。或謂之表木，以表王者納諫，亦以表識衢路。秦乃除之，漢始復焉。今西京謂之交午柱。

[1] 熹年謹按：故宫本、張本、丁本「桓」字均作注文「淵聖御名」，避宋钦宗諱也，今據《續談助》引崇寧本《營造法式》及文津四庫本改。

[2] 熹年謹按：陶本誤作「傅」，據《續談助》本、故宫本、四庫本改「傳」。

窗

《周官·考工記》：四旁兩夾窗。窗，助戶爲明。每室四戶八窗也。

《爾雅》：牖戶之間謂之扆。窗東戶西也。

《説文》：窗，穿壁以木爲交窗，向北出牖也。在牆曰牖，在屋曰窗。櫺，楯間子也。櫳，房室之處也。

《釋名》：窗，聰也，於內窺見外爲聰明也。

《博雅》：窗，牖，𤗼（盧諒切）。也。

《義訓》：交窗謂之牖。櫺窗謂之疏。牖牘謂之篰。音部。綺窗謂之䕻，音黎。廔。音婁。房疏謂之櫳。

平棊

《史記》：漢武帝建章後閤平機中有騶牙出焉。今本作平櫟者誤。

《山海經圖》：作平橑，云今之平棊也。古謂之承塵。今宮殿中其上悉用草架梁栿承屋蓋之重，如攀額、樘柱、敦㮇、方槫之類，及縱橫固濟之物，皆不施斤斧。於明栿背上架算桯方，以方椽施版，謂之平闇，以平版貼華謂之平棊。俗亦呼爲平起者，語訛也。

鬭八藻井

《西京賦》：蔕倒茄於藻井，披紅葩之狎獵。藻井當棟中，交木如井，畫以藻文，飾以蓮莖，綴其根于井中，其華下垂，故云倒也。

《魯靈光殿賦》：圜淵方井，反植荷蕖。爲方井，圖以圜淵及芙蓉。華葉向下，故云反植。

《風俗通義》：殿堂象東井形，刻作荷蔆。蔆，水物也，所以厭火。

沈約《宋書》：殿屋之爲圜泉、方井兼荷華者，以厭火祥。今以四方造者謂之鬭四。

鉤闌

《西都賦》：捨櫺檻而卻倚，若顛墜而復稽。

《魯靈光殿賦》：長途升降，軒檻曼延。軒檻，鉤闌也。

《博雅》：闌、檻、櫳、梐，牢也。

《景福殿賦》：櫺檻披張，鉤錯矩成，楯類騰蛇，槢以瓊英，如螭之蟠，如虯之停。櫺檻，鉤闌也。言鉤闌中錯爲方斜之文。楯，鉤闌上橫木也。

《漢書》：朱雲忠諫，攀檻，檻折。及治檻，上曰：勿易，因而輯之，以旌直臣。今殿鉤闌當中兩栱不施尋杖，謂之折檻，亦謂之龍池。

《義訓》：闌楯謂之柃，階檻謂之闌。

拒馬叉子

《周禮·天官》：掌舍設梐枑再重。故書枑爲拒。鄭司農云：梐，榱梐也。拒受居溜水涑橐者也。行馬再重者，以周衛有內外列。杜子春讀爲梐枑，謂行馬者也。

《義訓》：梐枑，行馬也。今謂之拒馬叉子。

屏風

《周禮》：掌次設皇邸。邸，後版也。其屏風邸染羽，象鳳凰以爲飾。

《禮記》：天子當扆而立。又，天子負扆南鄉而立。扆，屏風也。斧扆，爲斧文屏風於戶牖之間。

《爾雅》：牖戶之間謂之扆，其內謂之家。今人稱家，義出於此。

《釋名》：屏風，言可以屏障風也。〔1〕扆，倚也，在後所依倚也。

〔1〕劉批陶本：「屏風可以障風也」句，據《釋名》原書，應爲「屏風，言可以屏障風也」，據改。

槏柱

《義訓》：牖邊柱謂之槏。苦減切。今梁或槫及額之下施柱以安門窗者，謂之痣柱，蓋語訛也。痣，俗音蘸，字書不載。

露籬

《釋名》：欐，離也，以柴竹作之，踈離離也。青徐曰裾。裾，居也，居其中也。柵，蹟也，以木作之，上平蹟然也。又謂之撤。撤，緊也，詵詵然緊也。

《博雅》：㰆、巨於切。栫、在見切。藩、篳、音必。欏、落，音落。杝籬也。柵謂之𣘗。音朔。

《義訓》：籬謂之藩。今謂之露籬。

鴟尾

《漢紀》：柏梁殿災後，越巫言，海中有魚，虯尾似鴟，激浪即降雨。遂作其象於屋，以厭火祥。時人或謂之鴟吻，非也。

《譚賓録》：東海有魚，虯尾似鴟，鼓浪即降雨，遂設象於屋脊。

瓦

《詩》：乃生女子，載弄之瓦。

《説文》：瓦，土器已燒之總名也。瓬，周家塼埴之工也。瓬，分兩切。

《古史考》：昆吾氏作瓦。

《釋名》：瓦，踝也。踝，確堅貌也。亦言腂也，在外腂見之也。

《博物志》：桀作瓦。

《義訓》：瓦謂之㼽。音縠。半瓦謂之㼿。音浹。㼿謂之𤭛。音爽。牝瓦謂之瓪。音版。瓪謂之㼝。音還。牡瓦謂之㼜。音皆。㼜謂之甋。音雷。小瓦謂之甑。音横。

塗

《尚書·梓材篇》：若作室家，既勤垣墉，唯其塗墍茨。

《周官·守祧[1]》：其祧，則守祧黝堊之。

《詩》：塞向墐戶。墐，塗也。

《論語》：糞土之牆，不可杇也。

《爾雅》：鏝謂之杇，地謂之黝，牆謂之堊。泥鏝也，一名杇，塗土之作具也。以黑飾地謂之黝，以白飾牆謂之堊。

《説文》：垷、胡典切。墐，渠吝切。塗也。杇，所以塗也。秦謂之杇，關東謂之槾。

《釋名》：泥，邇近也，以水沃土，使相黏近也。墍猶煟，煟，細澤貌也。

《博雅》：黝、堊、烏故切。〔2〕垷、峴，又乎典切。墐、墀、墍、懮、奴回切。瀧、力奉切。㭪、古湛切。塓、莫典切。培，音裴。封塗也。

《義訓》：塗謂之塓，音覓。塓謂之〔2〕瀧。音壠。仰塗謂之墍。音洎。

〔1〕熹年謹按：陶本衍「職」字，據《周禮注疏》改。

〔2〕熹年謹按：二段〔2〕後文字丁本均缺，陶本據四庫本補。故宮本、張本均不脫。（丁本號稱出自張本，但此處張本不脫而丁本脫，表明丁本可能並非直接出自張本。）

彩畫

《周官》：以猷鬼神祇。猷，謂圖畫也。

《世本》：史皇作圖。宋衷曰：史皇，黃帝臣。圖，謂圖畫形象也。

《爾雅》：猷，圖也，畫形也。

《西都賦》：繡栭雲楣，鏤檻文棍。五臣曰：畫爲繡雲之飾。棍，連檐也。皆飾爲文彩。故其館室次舍，彩飾纖縟，裛以藻繡，文以朱綠。館室之上，纏飾藻繡朱綠之文。

《吳都賦》：青瑣丹楹，圖以雲氣，畫以僊靈。青瑣，畫爲瑣文，染以青色，及畫雲氣神僊、靈奇之物。

謝赫《畫品》：夫圖者，畫之權輿；繢者，畫之末跡，總而名之爲畫。倉頡造文字，其體有六：一曰鳥書，書端象鳥頭，此即圖畫之類，尙標書稱，未受畫名。逮史皇作圖，猶略體物；有虞作繢，始備象形。今畫之法，蓋興於重華之世也。窮神測幽，於用甚博。今以施之於縑素之類者，謂之畫；布彩于梁棟枓栱或素象什物之類者，俗謂之裝鑾，以粉、朱、丹三色爲屋宇門窗之飾者，謂之刷染。

階

《説文》：除，殿陛也。階，陛也。阼，主階也。陛，升高階也。陔，階次也。

《釋名》：階，陛也。陛，卑也，有高卑也。天子殿謂之納陛，以納人之言也。階，梯也，如梯有等差也。

《博雅》：戺、仕巳切。橉，力忍切。砌也。

《義訓》：殿基謂之隚。音堂。殿階次序謂之陔。除謂之階。階謂之墒。音的。階下齒謂之城。七仄切。東階謂之阼。霤外砌謂之戺。

塼

《詩》：中唐有甓。

《爾雅》：瓴甋謂之甓。甗，甎也。今江東呼爲瓴甓。

《博雅》：甑、音潘。瓳、音胡。㼧、音亭。治、甄、音眞。甃、力佳切。瓯、夷耳切。瓴、音零。甋、音的。甓，甗甎也。

《義訓》：井甓謂之甀，音洞。塗甓謂之瑴，音哭。大塼謂之甑瓳。

井

《周書》：黃帝穿井。

《世本》：化益作井。宋衷曰：化益，伯益也，堯臣。

《易傳》：井，通也，物所通用也。

《説文》：甃，井壁也。

《釋名》：井，淸也，泉之淸潔者也。

《風俗通義》：井者，法也，節也，言法制居人，令節其飲食，無窮竭也。久不渫滌爲井泥。《易》云：井泥不食。渫，息列切。不停汙曰井渫，滌井曰浚，井水淸曰冽。《易》曰：井渫不食。又曰：井冽寒泉。

總例

諸取圜者以規，方者以矩，直者抨繩取則，立者垂繩取正，横者定水取平。

諸徑圍斜長依下項：

圜徑七，其圍二十有二[1]。

方一百，其斜一百四十有一。

八稜徑六十，每面二十有五，其斜六十有五。

六稜徑八十有七，每面五十，其斜一百。

圜徑内取方：一百中得七十一。

方内取圜：徑一得一。八稜、六稜取圜準此。

諸稱廣厚者，謂熟材。稱長者，皆别計出卯。

諸稱長功者，謂四月、五月、六月、七月；中功謂二月、三月、八月、九月；短功謂十月、十一月、十二月、正月。

諸稱功者謂中功，以十分爲率。長功加一分，短功減一分。

諸式內功限並以軍工計定。若和傭人造作者，即減軍工三分之一。謂如軍工應計三功，即和傭人計二功之類。

諸稱本功者，以本等所得功十分爲率〔2〕。

諸稱增高廣之類而加功者，減亦如之。

諸功稱尺者，皆以方計。若土功或材木，則厚亦如之。

諸造作功並以生材即名件之類。或有收舊及已造堪就用而不須更改者，並計數於元料帳內除豁。

諸造作並依功限。即長廣各有增減法者，各隨所用紐計；如不載增減者，各以本等合得功限內計分數增減。

諸營繕計料，並於式内指定一等，隨法算計。若非泛拋降或制度有異，應與式不同及該載不盡名色等第者，並比類增減。其完葺增修之類準此。

〔1〕熹年謹按：陶本誤作「二十有一」，據故宫本、四庫本、張本改。

〔2〕熹年謹按：「率」陶本、張本、丁本誤作「準」，據故宫本、四庫本改。

營造法式卷第二

營造法式卷第三

通直郎管修蓋皇弟外第專一提舉修蓋班直諸軍營房等臣李誡奉

聖旨編修

石作制度

造作次序　柱礎

角石　角柱

殿階基　壓闌石 地面石

殿階螭首　殿內鬭八

踏道　重臺鉤闌 單鉤闌、望柱

螭子石　門砧限

地栿　流盃渠 剜鑿流盃、壘造流盃

壇

卷輂水窗

水槽子

馬臺

井口石 井蓋子

山棚鋜腳石

幡竿頰

贔屓鼇坐碑

笏頭碣

壕寨制度

取正

取正之制：先於基址中央日内置圜版，徑一尺三寸六分。當心立表，高四寸，徑一分。晝表景之端，記日中最短之景。次施望筒，於其上望日星，以正四方。

望筒：長一尺八寸，方三寸，用版合造。兩罨頭開圜眼，徑五分。筒身當中兩壁用軸安於兩立頰之内。其立頰自軸至地高三尺，廣三寸，厚二寸。晝望以筒指南，令日景透北。夜望以筒指北，於筒南望，令前後兩竅内正見北辰極星，然後各垂繩墜下，記望筒兩竅心於地以爲南〔1〕，則四方正。若地勢偏衺，既以景表望筒取正四方，或有可疑處，則更以水池景表較之。其立表高八尺，廣八寸，厚四寸，上齊，後斜向下三寸。安於池版之上。其池版長一丈三尺，中廣一尺。於一尺之內，隨表之廣，刻線兩道；一尺之外，開水道環四周，廣深各八分。用水定平，令日景兩邊不出刻線，以池版所指及立表心爲南，則四方正。安置令立表在南，池版在北。其景夏至順線長三尺，冬至長一丈二尺。其立表內向池版處用曲尺較，令方正。

〔1〕 劉批陶本：「以為南」應為「以為南北」。

朱批陶本：南下无「北」字，与上卷同。

熹年謹按：故宮本、四庫本、張本均作「以為南」，故未改，存劉批備考。

定平

定平之制：既正四方，據其位置，於四角各立一表，當心安水平。其水平長二尺四寸，廣二寸五分，高二寸。下施立樁，長四尺，安鐮在內。上面橫坐水平，兩頭各開池，方一寸七分，深一寸三分。或中心更開池者，方深同。身內開槽子，廣深各五分，令水通過。於兩頭池子內各用水浮子一枚。用三池者，水浮子或亦用三枚。方一寸五分，高一寸二分，刻上頭令側薄，其厚一分，浮於池內。望兩頭水浮子之首，遙對立表處，於表身內畫記，即知地之高下。若槽內如有不可用水處，即於樁子當心施墨線一道，上垂繩墜下，令繩對墨線心，則上槽自平，與用水同。其槽底與墨線兩邊用曲尺較令方正。

凡定柱礎取平，須更用真〔1〕尺較之。其真尺長一丈八尺，廣四寸，厚二寸五分。當心上立表，高四尺。廣厚同上。於立表當心自上至下施墨線一道，

垂繩墜下，令繩對墨線心，則其下地面自平。其眞尺身上平處與立表上墨線兩邊亦用曲尺較令方正。〔2〕

〔1〕熹年謹按：據故宮本、張本作「真尺」。文津四庫本作「直尺」，錄以備考。

〔2〕熹年謹按：本卷《取正》《定平》兩段曾用金刊本《地理新書》校丁本，然金本誤字頗多，转赖丁本校正，故未取。

立基

立基之制：其高與材五倍。材分在大木作制度內。如東西廣者，又加五分至十分。

若殿堂中庭修廣者，量其位置，隨宜加高。所加雖高，不過與材六〔1〕倍。

〔1〕 熹年謹按：丁本、瞿本、張本作「五倍」，故宮本、文津四庫本、陶本作「六倍」，此据故宮本。

築基

築基之制：每方一尺，用土二擔；隔層用碎塼瓦及石札等，亦二擔。每次布土厚五寸，先打六杵，二人相對，每窩子內各打三杵。次打四杵，二人相對，每窩子內各打二杵。次打兩杵。二人相對，每窩子內各打一杵。以上並各打平土頭，然後碎用杵輾躡令平，再攢杵扇撲，重細輾躡。每布土厚五寸，築實厚三寸。每布碎塼瓦及石札等厚三寸，築實厚一寸五分。

凡開基址，須相視地脈虛實，其深不過一丈，淺止於五尺或四尺。並用碎塼瓦石札等，每土三分內添碎塼瓦等一分。

城

築城之制：每高四十尺，則厚加高二〔1〕十尺，其上斜收減高之半。若高增一尺，則其下厚亦加一尺，其上斜收亦減高之半。或高減者，亦如之。

城基開地深五尺，其厚隨城之厚。每城身長七尺五寸，栽永定柱、長視城高，徑一尺至一尺二寸。夜叉木徑同上，其長比上減四尺。各二條。每築高五尺，横用絍木一條。長一丈至一丈二尺，徑五寸至七寸。護門甕城及馬面之類準此。每膊椽長三尺，用草葽一條，長五尺，徑一寸，重四兩。木橛子一枚。頭徑一寸，長一尺。

〔1〕 陶本作一，據劉校及梁《營造法式注釋》（卷上）均改為「二」。

牆

其名有五：一曰牆，二曰墉，三曰垣，四曰墩，五曰壁。

築牆之制：每牆厚三尺，則高九尺，其上斜收比厚減半。若高增三尺，則厚加一尺。減亦如之。

凡露牆，每牆高一丈，則厚減高之半，其上收面之廣比高五分之一。若高增一尺，其厚加三寸。減亦如之。其用葽、橛，並準築城制度。

凡抽絍牆，高厚同上，其上收面之廣比高四分之一。若高增一尺，其厚加二寸五分。如在屋下，只加二寸。劄削並準築城制度。

築臨水基

凡開臨流岸口脩築屋基之制：開深一丈八尺，廣隨屋間數之廣，其外分作兩擺手，斜隨馬頭布柴梢，令厚一丈五尺。每岸長五尺釘樁一條。長一丈七尺，徑五寸至六寸皆可用。梢上用膠土打築令實。若造橋兩岸馬頭準此。

石作制度

造作次序

造石作次序之制有六：一曰打剝，用鏨揭剝高處。二曰麤搏，稀布鏨鑿，令深淺齊匀。三曰細漉，密布鏨鑿，漸令就平。四曰褊棱，用褊鏨鐫棱角，令四邊周正。五曰斫砟，用斧刃斫砟，令面匀平。六曰磨礲，用沙石水磨去其斫文。其雕鐫制度有四等：一曰剔地起突，二曰壓地隱起華，三曰減地平鈒，四曰素平。如素平及減地平鈒，並斫砟三遍，然後磨礲；壓地隱起兩遍，剔地起突一遍。並隨所用描華文。如減地平鈒，磨礲畢，先用墨蠟，後描華文鈒造。若壓地隱起及剔地起突，造畢並用翎羽刷細砂刷之，令華文之內石色青潤。

其所造華文制度有十一品：一曰海石榴華，二曰寶相華，三曰牡丹華，四曰蕙草，五曰雲文，六曰水浪，七曰寶山，八曰寶階，以上並通用。九曰鋪地蓮華，十曰仰覆蓮華，十一曰寶裝蓮華。以上並施之於柱礎。或於華文之內間以龍、鳳、師獸及化生之類者，隨其所宜分布用之。

柱礎

其名有六：一曰礎，二曰礩，三曰舄，四曰磌，五曰碱，六曰磉。今謂之石碇。

造柱礎之制：其方倍柱之徑。謂柱徑二尺，即礎方四尺之類。方一尺四寸以下者，每方一尺厚八寸，方三尺以上者，厚減方之半。方四尺以上者，以厚三尺爲率。若造覆盆，鋪地蓮華同。每方一尺，覆盆高一寸，每覆盆高一寸，盆脣厚一分。如仰覆蓮華，其高加覆盆一倍。如素平及覆盆，用減地平鈒、壓地隱起華、剔地起突。亦有施減地平鈒及壓地隱起於蓮華瓣上者，謂之寶裝蓮華。

角石

造角石之制：方二尺。每方一尺則厚四寸。角石之下別用角柱。廳堂之類或不用。

角柱

造角柱之制：其長視階高。每長一尺則方四寸，柱雖加長，至方一尺六寸止。其柱首接角石處合縫，令與角石通平。若殿宇階基用塼作疊澀坐者，其角柱以長五尺爲率。每長一尺，則方三寸五分。其上下疊澀並隨塼坐逐層出入制度造。內版柱上造剔地起突雲，皆隨兩面轉角。

殿階基

造殿階基之制：長隨間廣，其廣隨間深。階頭隨柱心外階之廣。以石段長三尺，廣二尺，厚六寸，四周並疊澀坐數，令高五尺，下施土襯石。其疊澀每層露稜五寸，束腰露身一尺，用隔身版柱。柱內平面作起突壼門造。

壓闌石 地面石

造壓闌石之制：長三尺，廣二尺，厚六寸。地面石同。

殿階螭首

造殿階螭首之制：施之於殿階，對柱及四角，隨階斜出，其長七尺。每長一尺，則廣二寸六分，厚一寸七分。其長以十分爲率，頭長四分，身長六分。其螭首令舉向上二分。

殿內鬭八

造殿堂內地面心石鬭八之制：方一丈二尺，匀分作二十九窠。當心施雲棬〔1〕，棬內用單盤或雙盤龍鳳，或作水地飛魚、牙魚，或作蓮荷等華。諸窠內並以諸華間雜。其制作或用壓地隱起華，或剔地起突華。

〔1〕朱批陶本：故宮本「捲」作「棬」，即屈杞柳爲盃棬之棬。屈木爲棬，甚合鬭八中圈形。

熹年謹按：四庫本亦作「棬」，因據改。

踏道

造踏道之制：長隨間之廣，每階高一尺作二踏，每踏厚五寸，廣一尺；兩邊副子各廣一尺八寸。厚與第一層象眼同。兩頭象眼，如階高四尺五寸至五尺者三層，第一層與副子平，厚五寸，第二層厚四寸半，第三層厚四寸。高六尺至八尺者五層第一層厚六寸，每層各遞減一寸。或六層，第一層、第二層厚同上，第三層以下每一層各遞減半寸。皆以外周爲第一層，其內深二寸又爲一層。逐層準此。至平地施土襯石，其廣同踏。兩頭安望柱石坐。

重臺鉤闌 單鉤闌、望柱

造鉤闌之制：重臺鉤闌每段高四尺，長七尺。尋杖下用雲栱癭項，次用盆脣，中用束腰，下施地栿。其盆脣之下，束腰之上，內作剔地起突華版。束腰之下，地栿之上亦如之。單鉤闌每段高三尺五寸，長六尺。上用尋杖，中用盆脣，下用地栿。其盆脣地栿之內作万[1][2]字，或透空，或不透空。或作壓地隱起諸華。如尋杖遠，皆於每間當中施單托神，或相背雙托神。若施之於慢道，皆隨其拽腳，令斜高與正鉤闌身齊。其名件廣厚皆以鉤闌每尺之高積而爲法。

望柱：長視高。每高一尺，則加三寸。徑一尺，作八瓣。柱頭上獅子高一尺五寸，柱下石坐作覆盆蓮華，其方倍柱之徑。

蜀柱：長同上，廣二寸，厚一寸。其盆脣之上方一寸六分刻爲癭項，以承雲栱。其項下細，比上減半。下留尖，高十分之二，兩肩各留十分中四分〔3〕。如單鉤闌，即撮項造。

雲栱：長二寸七分，廣一寸三分五氂，厚八分。單鉤闌長三寸二分，廣一寸六分，厚一寸。

尋杖：長隨片廣，方八分。單鉤闌方一寸。

盆脣：長同上，廣一寸八分，厚六分。單鉤闌廣二寸。

束腰：長同上，廣一寸，厚九分。及華盆、大小華版皆同。單鉤闌不用。

華盆地霞：長六寸五分，廣一寸五分，厚三分。

大華版：長隨蜀柱內，其廣一寸九分，厚同上。

小華版：長隨華盆內，長一寸三分五氂，廣一寸五分，厚同上。

万〔2〕字版：長隨蜀柱內，其廣三寸四分，厚同上。重臺鉤闌不用。

地栿：長同尋杖，其廣一寸八分，厚一寸六分。單鉤闌厚一寸。

凡石鈎闌，每段兩邊雲栱、蜀柱各作一半，令逐段相接。

〔1〕劉校故宮本：「萬」應作「万」。

〔2〕熹年謹按：張本、丁本、陶本作「萬」，故宮本、文津四庫本、瞿本均作「万」，其图形亦近于万形，因從故宮本。

〔3〕熹年謹按：梁思成先生《營造法式注釋》（卷上）序中，「文字方面的問題」部分認為「兩肩各留十分中四釐」為「兩肩各留十分中四分」之誤。據以改正。

螭子石

造螭子石之制：施之於階棱鈎闌蜀柱卯之下，其長一尺，廣四寸，厚七寸。上開方口，其廣隨鈎闌卯。

門砧限

造門砧之制：長三尺五寸。每長一尺，則廣四寸四分，厚三寸八分。

門限：長隨間廣，用三段相接。其方二寸。如砧長三尺五寸，即方七寸之類。

若階斷砌，即臥柣長二尺，廣一尺，厚六寸。鑿卯口，與立柣合角造。其立柣長三尺，廣厚同上。側面分心鑿金口一道。如相連一段造者，謂之曲柣。

城門心將軍石：方直混稜造，其長三尺，方一尺。上露一尺，下栽二尺入地。

止扉石：其長二尺，方八寸。上露一尺，下栽一尺入地。〔1〕〔2〕

〔1〕熹年謹按：止扉石條張本、丁本佚，為空格二行。陶本亦佚。此據故宮本、文津四庫本補入。

〔2〕朱批陶本：止扉石一條惜陶蘭泉（湘）不及見之，不然必當劈版。

地栿

造城門石地栿之制：先於地面上安土襯石，以長三尺，廣二尺，厚六寸爲率。上面露稜廣五寸，下高四寸。其上施地栿，每段長五尺，廣一尺五寸，厚一尺一寸。上外稜混二寸，混內一寸鑿眼，立排叉柱。

流盃渠

剜鑿流盃、壘造流盃

造流盃石渠之制：方一丈五尺，用方三尺石二十五段造。其石厚一尺二寸。剜鑿渠道廣一尺，深九寸。其渠道盤屈或作風字，或作國字。若用底版壘造，則心內施看盤一段，長四尺，廣三尺五寸。外盤渠道石並長三尺，廣二尺，厚一尺。底版長廣同上，厚六寸。餘並同剜鑿之制。出入水項子石二段，各長三尺，廣二尺，厚一尺二寸。

剜鑿與身內同。若壘造，則厚一尺，其下又用底版石，厚六寸。出入水斗子二枚，各方二尺五寸，厚一尺二寸。其內鑿池，方一尺八寸，深一尺。壘造同。

壇

造壇之制：共三層，高廣以石段層數自土襯上至平面爲高。每頭子各露明五寸，束腰露一尺。格身版柱造作平面，或起突作壼門造。石段裏用塼塡後，心內用土塡築。

卷輂水窗

造卷輂水窗之制：用長三尺，廣二尺，厚六寸石造，隨渠河之廣。如單眼卷輂，自下兩壁開掘至硬地，各用地釘木橛也。打築入地，留出鑲卯。上鋪襯石方三路，用碎塼瓦打築空處，令與襯石方平。方上並二橫砌石澀一重，澀上隨岸順砌並二廂壁版，鋪壘令與岸平。如騎河者，每段用熟鐵鼓卯二枚，仍以錫灌。如並三以上廂壁版者，每二層鋪鐵葉一重。於水窗當心平鋪石地面一重，於上下出入水處側砌線道三重，其前密釘擗石樁二路。於兩邊廂壁上相對卷輂，隨渠河之廣，取半圜爲卷輂棬內圜勢。用斧刃石鬬卷合。又於斧刃石上用繳背一重。其背上又平鋪石段二重，兩邊用石隨棬勢補填令平。若雙卷眼造，則於渠河心依兩岸用地釘打築二渠之間。補填同上。若當河道卷輂，其當心平鋪地面石一重，用連二厚六寸石。其縫上用熟鐵鼓卯，與廂壁同。及於卷輂之外，上下水隨河岸斜分四擺手，亦砌地面，令與廂壁平。擺手內亦砌地面一重，亦用熟鐵鼓卯。地面之外，側砌線道石三重，其前密釘擗石樁三路。

水槽子

造水槽之制：長七尺，方二尺。每廣一尺，脣厚二寸。每高一尺，底厚二寸五分。脣內底上並爲槽內廣深。〔1〕

〔1〕熹年謹按：水槽子條本文張本、丁本、瞿本均脱，題下直連馬臺本文。文津四庫本、故宮本不脱，陶本據四庫本補入。

馬臺〔1〕

造馬臺之制：高二尺二寸，長三尺八寸，廣二尺二寸。其面方，外餘一尺八寸，下面分作兩踏。身內或通素，或疊澀造，隨宜雕鐫華文。

〔1〕熹年謹按：馬臺條標題，張本、丁本、瞿本均脱，此據故宫本補入。陶本據四庫本補改。

按：據此條及水槽子條，瞿本、張本誤處相同，可能源出一系。

井口石 并蓋子

造井口石之制：每方二尺五寸則厚一尺。心內開鑿井口，徑一尺。或素平面，或作素覆盆，或作起突蓮華瓣造。蓋子徑一尺二寸，下作子口，徑同井口。上鑿二竅，每竅徑五分。兩竅之間開渠子，深五分，安訛〔1〕角鐵手把。

〔1〕熹年謹按：「訛」陶本誤「鋭」，張本誤「說」，據故宮本、四庫本改。

山棚鋜脚石

造山棚鋜脚石之制：方二尺，厚七寸，中心鑿竅，方一尺二寸。

幡竿頰

造幡竿頰之制：兩頰各長一丈五寸〔1〕，廣二尺，厚一尺二寸，筍在內。下埋四尺五寸。其石頰下出筍，以穿鋜脚。其鋜脚長四尺，廣二尺，厚六寸。

〔1〕 熹年謹按：「寸」張本、陶本誤「尺」，據故宮本、四庫本改。

贔屓鼇坐碑

造贔屓鼇坐碑之制：其首爲贔屓盤龍，下施鼇坐。於土襯之外自坐至首，共高一丈八尺。其名件廣厚皆以碑身每尺之長積而爲法。

碑身：每長一尺則廣四寸，厚一寸五分。上下有卯，隨身稜並破瓣。

鼇坐：長倍碑身之廣，其高四寸五分。駝峯廣三分，餘作龜文造。

碑首：方四寸四分，厚一寸八分。下爲雲盤，每碑廣一尺，則高一寸半。上作盤龍，六條相交。其心內刻出篆額天宮。其長、廣計字數隨宜造。

土襯二段：各長六寸，廣三寸，厚一寸。心內刻出鼇坐版，長五尺，廣四尺。外周四側作起突寶山，面上作出沒水地。

笏頭碣

造笏頭碣之制：上爲笏首，下爲方坐，共高九尺六寸。碑身廣厚並準石碑制度。笏首在內。其坐，每碑身高一尺，則長五寸，高二寸。坐身之內，或作方直，或作疊〔1〕澀，隨宜雕鐫華文。

〔1〕 熹年謹按：「疊」故宮本、張本、陶本誤「壘」，據四庫本改。

營造法式卷第三

營造法式卷第四

通直郎管修蓋皇弟外第專一提舉修蓋班直諸軍營房等臣李誡奉聖旨編修

大木作制度一

材

其名有三：一曰章，二曰材，三曰方桁。

凡構〔1〕屋之制，皆以材爲祖。材有八等，度屋之大小因而用之。

第一等：廣九寸，厚六寸。以六分爲一分•〔2〕。

右殿身九間至十一間則用之。若副階並殿挾屋，材分減殿身一等，廊屋減挾屋一等。餘準此。

第二等：廣八寸二分五氂，厚五寸五分。以五分五氂爲一分•。

右殿身五間至七間則用之。

第三等：廣七寸五分，厚五寸。以五分爲一分•。

右殿身三間至殿五間或堂七間則用之。

第四等：廣七寸二分，厚四寸八分。以四分八氂爲一分•。

右殿三間、廳堂五間則用之。

第五等：廣六寸六分，厚四寸四分。以四分四氂爲一分。

右殿小三間、廳堂大三間則用之。

第六等：廣六寸，厚四寸。以四分爲一分。

右亭榭或小廳堂皆用之。

第七等：廣五寸二分五氂，厚三寸五分。以三分五氂爲一分。

右小殿及亭榭等用之。

第八等：廣四寸五分，厚三寸。以三分爲一分。

右殿內藻井或小亭榭施鋪作多則用之。

栔：廣六分，厚四分。材上加栔者謂之足材。施之栱眼內兩枓之間者，謂之闇栔。

各以其材之廣分爲十五分，以十分爲其厚。凡屋宇之高深，名物之短長，曲直舉折之勢，規矩繩墨之宜，皆以所用材之分以爲制度焉。凡分寸之分皆如字，材分之分音符問切。餘準此。

〔1〕熹年謹按：「構」字故宮本、丁本均作「犯御名」，南宋刊本避宋高宗諱也，崇寧本當不如此。文津四庫本作「成」，今從陶本作「構」。

〔2〕熹年謹按：材分之「分」于本字上加点，作「分」，以別於尺寸長度之「分」。後同。

栱

其名有六：一曰閞，二曰槉，三曰欂，四曰曲枅，五曰欒，六曰栱。

造栱之制有五：

一曰華栱：或謂之抄栱，又謂之卷頭，亦謂之跳頭。足材栱也。若補間鋪作，則用單材。兩卷頭者，其長七十二分，若鋪作多者，裏跳減長二分。七鋪作以上，即第二裏外跳各減四分，六鋪作以下不減。若八鋪作下兩跳偷心，則減第三跳，令上下跳上交互枓畔相對。若平坐，出跳杪栱並不減。其第一跳於櫨枓口外添，令與上跳相應。每頭以四瓣卷殺，每瓣長四分，如裏跳減多，不及四瓣者，祗用三瓣，每瓣長四分。與泥道栱相交，安於櫨枓口內。若累鋪作數多，或內外俱勻，或裏跳減一鋪至兩鋪。其騎槽檐栱，皆隨所出之跳加之，每跳之長，心不過三十分，傳跳雖多，不過一百五十分。若造廳堂，裏跳承梁出楷頭者，長更加一跳。其楷頭或謂之壓跳。交角內外皆隨鋪作之數斜出跳一縫。栱謂之角栱，昂謂之角昂。其華栱則以斜長加之。假如跳頭長五寸，則加二寸五氂之類。後稱斜長者準此。若丁頭栱，其長三十三分，出卯長五分。若只裏跳轉角者，謂之蝦須栱。用股卯到心，以斜長加之。若入柱者，用雙卯，長六分或七分。

二曰泥道栱：其長六十二分。若枓口跳及鋪作全用單栱造者，只用令栱。每頭以四瓣卷殺，每瓣長三分半，與華栱相交，安於櫨枓口內。

三曰瓜子栱：施之於跳頭。若五鋪作以上重栱造，即於令栱內泥道栱外用之，四鋪作以下不用。其長六十二分，每頭以四瓣卷殺，每瓣長四分。

四曰令栱：或謂之單栱。施之於裏外跳頭之上，外在橑檐方之下，內在算桯方之下。與耍頭相交，亦有不用耍頭者。及屋內槫縫之下，其長七十二分。每頭以五瓣卷殺，每瓣長四分。若裏跳騎栿，則用足材。

五曰幔栱：或謂之膂栱。施之於泥道、瓜子栱之上，其長九十二分。每頭以四瓣卷殺，每瓣長三分。騎栿及至角則用足材。[1][2]

凡栱之廣厚並如材，栱頭上留六分，下殺九分。其九分匀分爲四大分，又從栱頭順身量爲四瓣，瓣又謂之胥，亦謂之根，或謂之生。各以逐分之首，自下而至上。與逐瓣之末，自內而至外。以直尺對斜畫定，然後斫造。用五瓣及分數不同者準此。栱兩頭及中心各留坐枓處，餘並爲栱眼，深三分。如造足材栱，則更加一栔，隱出心枓及栱眼。

凡栱至角相交出跳，則謂之列栱。其過角栱或角昂處，栱眼外長內小，自心向外量出一材分，又栱頭量一枓底。餘並爲小眼。泥道栱與華栱出跳相列。

瓜子栱與小栱頭出跳相列。小栱頭從心出，其長二十三分，以三瓣卷殺，每瓣長三分，上施散枓。若平坐鋪作，即不用小栱頭，卻與華栱頭相列。其華栱之上，皆累跳至令栱，於每跳當心上施耍頭。

慢栱與切几頭相列。切几頭微刻材，下作兩卷瓣。如角內足材下昂造，即與華頭子出跳相列。華頭子承昂者，在昂制度內。

令栱與瓜子栱出跳相列。承〔3〕〔4〕替木頭或撩檐方頭。

凡開栱口之法，華栱於底面開口，深五分，角華栱深十分。廣二十分，包櫨枓耳在內。口上當心兩面各開子廕，通栱身各廣十分，若角華栱，連隱枓通開。深一分。餘栱謂泥道栱、瓜子栱、令栱、慢栱也。上開口，深十分，廣八分。其騎栿、絞昂栿者，各隨所用。若角內足材列栱，則上下各開口。上開口深十分，連栔。下開口深五分。

凡栱至角相連長兩跳者，則當心施枓，枓底兩面相交隱出栱頭，如令栱，只用四瓣。謂之鴛鴦交手栱。裹跳上栱同。

〔1〕劉校故宮本：丁本脱此條，據故宮本補入。

〔2〕熹年謹按：張本、瞿本、陶本均脱幔栱條，然四庫本、故宮本此條均不脱。劉敦楨先生于故宮本發現幔栱條後，陶湘曾據故宮本補刻此條，惜流傳不廣。

〔3〕劉校故宮本：「承」字丁本、故宮本、文津四庫本均误為「乘」，应改正。

〔4〕熹年謹按：張本亦誤「承」為「乘」，应改正。

飛昂

其名有五：一曰櫼，二曰飛昂，三曰英昂，四曰斜角，五曰下昂。

造昂之制有二：

一曰下昂：自上一材垂尖向下，從枓底心下取直，其長二十三分。其昂身上徹屋內。自枓外斜殺向下，留厚二分，昂面中顱二分，令顱勢圜和。亦有於昂面上隨顱加一分，訛殺至兩稜者，謂之琴面昂。亦有自枓外斜殺至尖者，其昂面平直，謂之批竹昂。

凡昂安枓處，高下及遠近皆準一跳。若從下第一昂，自上一材下出，斜垂向下枓口內，以華頭子承之。華頭子自枓口外長九分，將昂勢盡處匀分，刻作兩卷瓣，每瓣長四分〔1〕。如至第二昂以上，只於枓口內出昂。其承昂枓口及昂身下皆斜開鐙口，令上大下小，與昂身相銜。

凡昂上坐枓，四鋪作、五鋪作並歸平，六鋪作以上自五鋪作外昂上枓並再向下二分至五分。如逐跳計心造，即於昂身開方斜口，深二分，兩面各開子廕，深一分。

若角昂，以斜長加之。角昂之上別施由昂。長同角昂，廣或加一至二分。所坐枓上安角神，若寶藏神，或寶瓶。

若昂身於屋內上出，皆至下平槫。若四鋪作用插昂，即其長斜隨跳頭。插昂又謂之掙昂，亦謂之矮昂。

凡昂栓，廣四分至五分，厚二分。若四鋪作，即於第一跳上用之。五鋪作至八鋪作並於第二跳上用之。並上徹昂背，自一昂至三昂只用一栓，徹上面昂之背。下入栱身之半，或三分之一。

若屋內徹上明造，即用挑斡。或只挑一枓，或挑一材兩栔。謂一栱上下皆有枓也。若不出昂而用挑斡者，即騎束闌方下昂桯。如用平棊，即自榑安蜀柱以叉昂尾。如當柱頭，即以草栿或丁栿壓之。

二曰上昂：頭向外留六分。其昂頭外出，昂身斜收向裏，並通過柱心。

如五鋪作單抄上用者，自櫨枓心出第一跳華栱心，長二十五分。第二跳上昂心，長二十二分。其第一跳上枓口內用鞾楔。其平棊方至櫨枓口內，共高五材四栔。其第一跳重栱計心造。

如六鋪作重抄上用者，自櫨枓心出第一跳華栱心，長二十七分。第二跳華栱心及上昂心共長二十八分。華栱上用連珠枓，其枓口內用鞾楔。七鋪作、八鋪作同。其平棊方至櫨枓口內共高六材五栔。於兩跳之內當中施騎枓栱。

如七鋪作於重抄上用上昂兩重者，自櫨枓心出第一跳華栱心長二十三分。第二跳華栱心長一十五分。華栱上用連珠枓。第三跳上昂心兩重上昂共此一跳。長三十五分。其平棊方至櫨枓口

內共高七材六栔。其騎斗栱與六鋪作同。〔2〕

如八鋪作於三抄上用上昂兩重者，自櫨枓心出第一跳華栱心長二十六分。第二跳第三跳並華栱心各長一十六分。於第三跳華栱上用連珠枓。第四跳上昂心，兩重上昂共此一跳。長二十六分。其平棊方至櫨枓口內共高八材七栔。其騎枓栱與七鋪作同。

凡昂之廣厚並如材。其下昂施之於外跳，或單栱，或重栱，或偷心，或計心造。上昂施之裏跳之上及平坐鋪作之內，昂背斜尖皆至下枓底外，昂底於跳頭枓口內出，其枓口外用鞾楔。刻作三卷瓣。

凡騎枓栱宜單用，其下跳並偷心造。凡鋪作計心、偷心並在總鋪作次序制度之內。

〔1〕劉批陶本：華頭子長九分，勻分兩卷瓣，每瓣應長四分半，疑「分」下脫「半」字。
熹年謹按：故宮本、文津四庫本、張本均作「每瓣長四分」，故不改，存劉批備考。

〔2〕熹年謹按：陶本脫注文九字，據故宮本、文津四庫本、張本補。

爵頭

其名有四：一曰爵頭，二曰耍頭，三曰胡孫頭，四曰蜉蜒頭。

造耍頭之制：用足材，自料心出，長二十五分°。自上棱斜殺向下六分°，自頭上量五分°，斜殺向下二分°，謂之鵲臺。兩面留心各斜抹五分°，下隨尖各斜殺向上二分°，長五分°。下大棱上兩面開龍牙口，廣半分°，斜梢向尖。又謂之錐眼。開口與華栱同。與令栱相交，安於齊心料下。

若累鋪作數多，皆隨所出之跳加長，若角內用，則以斜長加之。於裏外令栱兩出安之。如上下有礙昂[1]處，即隨昂勢斜殺，放過昂身。或有不出耍頭者，皆於裏外令栱之內安到心股[2]卯。只用單材。

[1] 劉批陶本：丁本、陶本昂下有「勢」字，瞿本有「勢」字，但用筆點去。故宮本、四庫本無，據以刪去「勢」字。

[2] 朱批陶本：「股」當作「鼓」。
熹年謹按：諸本均作「股」，故未改，存朱批備考。

枓

其名有五：一曰楶，二曰栭，三曰櫨，四曰楮，五曰枓。

造枓之制有四：

一曰櫨枓：施之於柱頭，其長與廣皆三十二分°。若施於角柱之上者，方三十六分°，如造圜枓，則面徑三十六分°，底徑二十八分°。高二十分°。上八分°爲耳，中四分°爲平，下八分°爲欹。今俗謂之溪者非。開口廣十分°，深八分°，出跳則十字開口，四耳。如不出跳，則順身開口，兩耳。底四面各殺四分°，欹䫜一分°。如柱頭用圜枓，即補間鋪作用訛角枓〔1〕。

二曰交互枓：亦謂之長開枓。施之於華栱出跳之上，十字開口，四耳。如施之於替木下者，順身開口，兩耳。其長十八分°，廣十六分°。若屋內梁栿下用者，其長二十四分°，廣十八分°，厚十二分°半，謂之交栿枓，於梁栿頭橫用之。如梁栿項歸一材之厚者，只用交互料。如柱大小不等，其料量柱材隨宜加減。

三曰齊心料：亦謂之華心料。施之於栱心之上，順身開口，兩耳。若施之於平坐出頭木之下，則十字開口，四耳。其長與廣皆十六分。如施之於〔2〕由昂及內外轉角出跳之上，則不用耳，謂之平盤料，其高六分。

四曰散料：亦謂之小料，或謂之順桁料，又謂之騎互料。施之於栱兩頭，橫開口，兩耳，以廣爲面。如鋪作偷心，則施之於華栱出跳之上。其長十六分，廣十四分。

凡交互料、齊心料、散料皆高十分，上四分爲耳，中二分爲平，下四分爲欹。開口皆廣十分，深四分，底四面各殺二分，欹顱半分。

凡四耳料，於順跳口內前後裹壁各留隔口包耳，高二分，厚一分半。櫨料則倍之。角內櫨料於出角栱口內留隔口包耳，其高隨耳，抹角內廕入半分。

〔1〕劉校故宮本：卷三十大木作圖樣絞割鋪作栱昂枓等所用卯口圖內作「訛角箱枓」，較此多一「箱」字。

〔2〕劉校故宮本：諸本由昂前均脫「之於」二字，據故宮本補入。又，丁本、張本、故宮本、文津四庫本均作「田昂」，依文義應作「由昂」。

總鋪作次序

總鋪作次序之制：凡鋪作自柱頭上櫨料口內出一栱或一昂皆謂之一跳，傳至五跳止。

出一跳謂之四鋪作。或用華頭子，上出一昂。

出兩跳謂之五鋪作。下出一卷頭，上施一昂。

出三跳謂之六鋪作。下出一卷頭，上施兩昂。

出四跳謂之七鋪作。下出兩卷頭，上施兩昂。

出五跳謂之八鋪作。下出兩卷頭，上施三昂。

自四鋪作至八鋪作皆於上跳之上橫施令栱，與耍頭相交，以承撩檐方。至角，各於角昂之上別施一昂，謂之由昂，以坐角神。

凡於闌額上坐櫨料安鋪作者，謂之補間鋪作。今俗謂之步間者非。當心間須用補間鋪作兩朶，次間及梢間各用一朶。其鋪作分布令遠近皆匀。若逐間皆用雙補間，則每間之廣丈尺皆同。如只心間用雙補間者，假如心間用一丈五尺，則次間用一丈之類。或間廣不匀，即每補間鋪作一朶不得過一尺〔1〕。

凡鋪作逐跳上下昂之上亦同。安栱謂之計心。若逐跳上不安栱而再出跳或出昂者，謂之偷心。凡出一跳，南中謂之出一枝，計心謂之轉葉，偷心謂之不轉葉，其實一也。

凡鋪作逐跳計心，每跳令栱上只用素方一重，謂之單栱。素方在泥道栱上者謂之柱頭方，在跳上者謂之羅漫〔2〕〔3〕方。方上斜安遮椽版。即每跳上安兩材一梨。令栱素方爲兩材，令栱上枓爲一梨。

若每跳瓜子栱上至撩檐方下用令栱。施慢栱，慢栱上用素方，謂之重栱。方上斜施遮椽版。即每跳上安三材兩梨。瓜子栱、慢栱、素方爲三材，瓜子栱上枓、慢栱上枓爲兩梨。

凡鋪作並外跳出昂，裏跳及平坐只用卷頭。若鋪作數多，裏跳恐太遠，即裏跳減一鋪或兩鋪。或平棊低，即於平棊方下更加慢栱。

凡轉角鋪作須與補間鋪作勿令相犯。或梢間近者，須連栱交隱，補間鋪作不可移遠，恐間內不匀。或於次角補間近角處從上減一跳。

凡鋪作當柱頭壁栱謂之影栱。又謂之扶壁栱。

如鋪作重栱全計心造，則於泥道重栱上施素方。方上斜安遮椽版。

五鋪作一抄一昂，若下一抄偷心，則泥道重栱上施素方，方上又施令栱，栱上施承椽方。

單栱七鋪作兩抄兩昂及六鋪作一抄兩昂或兩抄一昂，若下一抄偷心，則於櫨枓之上施兩令栱、兩素方，方上平鋪遮椽版。或只於泥道重栱上施素方。

單栱八鋪作兩抄三昂，若下兩抄偷心，則泥道栱上施素方，方上又施重栱素方。方上平鋪遮椽版。

凡樓閣，上屋鋪作或減下屋一鋪。其副階纏腰鋪作不得過殿身，或減殿身一鋪。

〔1〕劉校故宮本：故宮本亦作「尺」，依文義應作「丈」。

熹年謹按：晁載之《續談助》卷三摘錄北宋崇寧本《營造法式》錄有此句，亦作「每補間鋪作一朵不得過一尺」。故从「尺」。存劉校備考。

〔2〕劉校故宮本：陶本作「羅漢方」。故宮本同丁本，「漢」作「漫」。「漢」「漫」孰是？待考。

〔3〕熹年謹按：文津四庫本、張本、瞿本亦均作「羅漫方」，故不改，存劉批備考。

平坐

其名有五：一曰閣道，二曰墱道，三曰飛陛，四曰平坐，五曰鼓坐。

造平坐之制：其鋪作減上屋一跳或兩跳。其鋪作宜用重栱及逐跳計心造作。

凡平坐鋪作，若叉柱造，即每角用櫨枓一枚，其柱根叉於櫨枓之上。若纏柱造，即每角於柱外普拍方上安櫨枓三枚。每面互見兩枓，於附角枓上各别加鋪作一縫。

凡平坐〔1〕鋪作下用普拍方，厚隨材廣，或更加一栔，其廣盡所用方木。若纏柱〔2〕造，即於普拍方裏用柱腳方，廣三材，厚二材，上生柱腳卯。

凡平坐先自地立柱謂之永定柱，柱上安搭頭木，木上安普拍方，方上坐枓栱。

凡平坐四角生起比角柱減半。生角柱法在柱制度內。

平坐之內逐間下草栿前後安地面方，以拘前後鋪作。鋪作之上安鋪版方，用一材。四周安鴈翅版，廣加材一倍，厚四分至五分。

〔1〕劉校故宮本：故宮本此处有「先自」二字，為衍文，已删去。

熹年謹按：文津四庫本不誤，无「先自」二字。

〔2〕劉校故宮本：丁本「柱」字后有「邊」字，故宮本、文津四庫本無。「邊」字衍文，删去。

營造法式卷第四

營造法式卷第五

通直郎管修蓋皇弟外第專一提舉修蓋班直諸軍營房等臣李誡奉
聖旨編修

大木作制度二

梁

其名有三：一曰梁，二曰宲廇，三曰欐。

造梁之制有五：

一曰檐栿：如四椽及五椽栿，若四鋪作以上至八鋪作並廣兩材兩絜，草栿廣三材。如六椽至八椽以上栿，若四鋪作至八鋪作廣四材。草栿同。

二曰乳栿、若對大梁用者，與大梁廣同。〔1〕三椽栿：若四鋪作、五鋪作廣兩材一絜，草栿廣兩材。六鋪作以上廣兩材兩絜。草栿同。

三曰劄牽：若四鋪作至八鋪作，出跳廣兩材。如不出跳，並不過一材一絜。草牽梁準此。

四曰平梁：若四鋪作、五鋪作廣加材一倍。六鋪作以上廣兩材一絜。

五曰廳堂梁栿：五椽、四椽廣不過兩材一絜，三椽廣兩材。餘屋量椽數準此法加減。

凡梁之大小，各隨其廣分爲三分，以二分爲厚。凡方木小，須繳貼令大。如方木大，不得裁減，即於廣厚加之。如礙槫及替木，即於梁上角開抱槫口。若直梁狹，即兩面安槫栿版；如月梁狹，即上加繳背，下貼兩頰，不得剜刻梁面。

造月梁之制：明栿其廣四十二分。如徹上明造，其乳栿、三椽栿各廣四十二分，四椽栿廣五十分，五椽栿廣五十五分，六椽栿以上其廣並至六十分止。梁首 謂出跳者。不以大小，從下高二十一分，其上餘材，自枓裏平之上隨其高勻分作六分，其上以六瓣卷殺，每瓣長十分。其梁下當中顱六分，自枓心下量三十八分爲斜項，如下兩跳者，長六十八分。斜項外其下起顱，以六瓣卷殺，每瓣長十分，第六瓣盡處下顱五分。去三分，留二分作琴面。自第六瓣盡處漸起，至心又加高一分，令顱勢圜和。梁尾 謂入柱者。上背下顱，皆以五瓣卷殺。餘並同梁首之制。

梁底面厚二十五分。其項（入枓口處。）厚十分。枓口外兩肩各以四瓣卷殺，每瓣長十分。

若平梁，四椽、六椽上用者其廣三十五分。如八椽至十椽上用者其廣四十二分。不以大小，從下高一十五〔2〕分，上背下䫜皆以四瓣卷殺。（兩頭並同。）其下第四瓣盡處䫜四分。（去二分，留一分作琴面，自第四瓣盡處漸起，至心又加高一分。）餘並同月梁之制。

若劄牽，其廣三十五分。不以大小，從下高一十五分，（上至枓底。）牽首上以六瓣卷殺，每瓣長八分。（下同。）牽尾上以五瓣。其下䫜前、後各以三瓣。（斜項同月梁法。䫜內去留同平梁法。）

凡屋內徹上明造者，梁頭相疊處須隨舉勢高下用駝峯。其駝峯長加高一倍，厚一材。枓下兩肩或作入瓣，或作出瓣，或圜訛兩肩、兩頭卷尖。梁頭安替木處並作隱枓，兩頭造耍頭或切几頭，（切几頭刻梁上角作一入瓣。）與令栱或襻間相交。

凡屋內若施平棊，平闇亦同。在大梁之上。平棊之上又施草栿，乳栿之上亦施草栿，並在壓槽方之上。壓槽方在柱頭方之上。其草栿長同下梁，直至撩檐方止。若在兩面，則安丁栿。丁栿之上別安抹角栿，與草栿相交。

凡角梁下又施檼櫬角栿，在明梁之上，外至撩檐方，內至角後栿項，長以兩椽〔3〕斜長加之。

凡櫬方頭施之於梁背耍頭之上，其廣厚同材，前至撩檐方，後至昂背或平棊方。如無鋪作，即至托腳木止。若騎槽，即前後各隨跳，與方、栱相交，開子廕以壓枓上。

凡平棊之上須隨槫栿用方木及矮柱、敦木忝，隨宜枝〔4〕樘固濟，並在草栿之上。凡明梁只閣平棊，草栿在上，承屋蓋之重。

凡平棊方在梁背上，其廣厚並如材，長隨間廣。每架下平棊方一道，平闇同。又隨架安椽，以遮版縫。其椽若殿宇廣二寸五分，厚一寸三分，餘屋廣二寸二分，厚一寸二分。如材小，即隨宜加減。絞井口並隨補間。令縱橫分布方正。若用峻腳，即於四闌內安版貼華。如平闇，即安峻腳椽，廣厚並與平闇椽同。〔5〕〔6〕

〔1〕熹年謹按：此注文陶本誤作「若對大角梁者，與大梁廣同」，據故宮本、文津四庫本、張本改。

〔2〕劉校故宮本：諸本作「二十五」，依製圖應作「一十五」。

〔3〕劉校故宮本：丁本、陶本均作「兩椽材」，故宮本、文津四庫本作「兩椽」，應從故宮本，刪「材」字。

熹年謹按：張本誤作兩椽料。

〔4〕劉校故宮本：丁本作「柱撐固濟」，故宮本、文津四庫本均作「拄撐固濟」。應作「枝撐固濟」。

〔5〕劉校故宮本：「凡平棊方在梁背上」一段，丁本在「凡襯方頭」段之前，故宮本在後，據故宮本改。

〔6〕熹年謹按：文津四庫本同故宮本，亦在後。張本則在「凡襯方頭」段之前。

闌額

造闌額之制：廣加材一倍，厚減廣三分之一，長隨間廣。兩頭至柱心，入柱卯減厚之半，兩肩各以四瓣卷殺，每瓣長八分。如不用補間鋪作，即厚取廣之半。

凡檐額兩頭並出柱口，其廣兩材一栔至三材。如殿閣，即廣三材一栔，或加至三材三栔。檐額下綽幕方廣減檐額三分之一，出柱長至補間，相對作楮頭或三瓣頭。如角梁。

凡由額施之於闌額之下，廣減闌額二分至三分。出卯卷殺並同闌額法。如有副階，即於峻腳椽下安之；如無副階，即隨宜加減，令高下得中。若副階額下，即不須用。

凡屋內額廣一材三分至一材一栔，厚取廣三分之一，長隨間廣，兩頭至柱心或駝峯心。

凡地栿廣加〔1〕材二分•至三分•，厚取廣三分之二，至角出柱一材。上角或卷殺作梁切几頭。

〔1〕劉校故宫本：陶本、丁本作「如」，故宫本、文津四庫本作「加」，当從故宫本。

柱

其名有二：一曰楹，二曰柱。

凡用柱之制，若殿閣〔1〕，即徑兩材兩絜至三材；若廳堂柱，即徑兩材一絜；餘屋即徑一材一絜至兩材。若廳堂等屋內柱，皆隨舉勢定其短長，以下檐柱爲則。若副階廊舍，下檐柱雖長，不越間之廣。至角，則隨間數生起角柱。若十三間殿堂，則角柱比平柱生高一尺二寸，平柱謂當心間兩柱也。自平柱疊進向角，漸次生起，令勢圜和。如逐間大小不同，即隨宜加減。佗皆仿此。十一間生高一尺，九間生高八寸，七間生高六寸，五間生高四寸，三間生高二寸。

凡殺梭柱之法，隨柱之長，分爲三分；上一分又分爲三分，如栱卷殺，漸收至上徑，比櫨枓底四周各出四分。又量柱頭四分，緊殺如覆盆樣，令柱頭與櫨枓底相副。其柱身下一分殺令徑圍與中一分同。

凡造柱下櫍，徑周各出柱三分，厚十分。下三分爲平，其上並爲敧，上徑四周各殺三分，令與柱身通上匀平。

凡立柱，並令柱首微收向內，柱腳微出向外，謂之側腳。每屋正面，謂柱首東西相向者。隨柱之長，每一尺即側腳一分。若側面，謂柱首南北相向者。每長一尺，即側腳八釐。至角柱，其柱首相向各依本法。如長短不定，隨此加減。

凡下側腳墨，於柱十字墨心裏再下直墨，然後截柱腳、柱首，各令平正。

若樓閣柱側腳，祇以柱〔2〕上爲則，側腳上更加側腳。逐層仿此。塔同。

〔1〕熹年謹按：陶本誤作「殿間」，據故宮本、文津四庫本、張本改。

〔2〕劉校故宮本：「柱」字下諸本均有「以」字，為衍文，據故宮本刪。

熹年謹按：文津四庫本同故宮本，无「以」字。張本、瞿本有「以」字，但瞿本用墨筆點去。

陽馬

其名有五：一曰觚稜，二曰陽馬，三曰闕角，四曰角梁，五曰梁抹。

造角梁之制：大角梁其廣二十八分至加材一倍，厚十八分至二十分，頭下斜殺長三分之二。或於斜面上留二分外，餘直卷爲三瓣。

子角梁：廣十八分至二十分，厚減大角梁三分，頭殺四分，上折深七分。

隱角梁：上下廣十四分至十六分，厚同大角梁或減二分，上兩面隱廣各三分，深各一椽分。餘隨逐架接續，隱法皆仿此。

凡角梁之長：大角梁自下平槫至下架檐頭；子角梁隨飛檐頭外至小連檐下，斜至柱心；安於大角梁內。隱角梁隨架之廣，自下平槫至子角梁尾；安於大角梁中。皆以斜長加之。

凡造四阿殿閣，若四椽、六椽五間及八椽七間，或十椽九間以上，其角梁相續，直至脊槫，各以逐架斜長加之。如八椽五間至十椽七間，並兩頭增出脊槫各三尺。隨所加脊槫盡處別施角梁一重，俗謂之吳殿，亦曰五脊殿。

凡堂廳〔1〕若〔2〕廈兩頭造，則兩梢間用角梁轉過兩椽。亭榭之類轉一椽。今亦用此制爲殿閣者，俗謂之曹殿，又曰漢殿，亦曰九脊殿。按《唐六典》及《營繕令》云：王公以下居第並聽〔3〕廈兩頭者，此制也。

〔1〕劉校故宮本：故宮本亦作「堂廳」，疑為「廳堂」之誤。

熹年謹按：文津四庫本、瞿本、張本亦作「堂廳」，故不改，存劉批備考。

〔2〕劉校故宮本：丁本作「共」，陶本作「並」，故宮本、文津四庫本均作「若」，今從故宮本、文津四庫本作「若」。

熹年謹按：張本亦作「若」。

〔3〕劉校故宮本：丁本「聽」誤「廳」，據故宮本改。文津四庫本不誤。

熹年謹按：張本亦誤作「廳」。

侏儒柱

其名有六：一曰棁，二曰侏儒柱，三曰浮柱，四曰棳，五曰上楹，六曰蜀柱。**斜柱附**：其名有五：一曰斜柱，二曰梧，三曰迕，四曰枝樘，五曰叉手。

造蜀柱之制：於平梁上，長隨舉勢高下，殿閣徑一材半，餘屋量栿厚加減。兩面各順平栿隨舉勢斜安叉手。

造叉手之制：若殿閣廣一材一㮝，餘屋廣隨材或加二分至三分，厚取廣三分之一。蜀柱下安合楷者，長不過梁之半。

凡中下平槫縫，並於梁首向裏斜安托腳，其廣隨材，厚三分之一，從上梁角過，抱槫出卯，以托向上槫縫。

凡屋如徹上明造，即於蜀柱之上安枓，若叉手上角內安栱，兩面出耍頭者，謂之丁華抹頦〔1〕栱。枓上安隨間襻間，或一材，或兩材。襻間廣厚並如材，長隨間廣，出半栱在外，半栱連身對隱。若兩材造，即每間各用一材，隔間上下相閃，令慢栱在上，瓜子栱在下。若一材造，只用令栱，隔間一材。如屋內遍用襻間，一材或兩材，並與梁頭相交。或於兩際隨槫作楷頭，以承替木。

凡襻間，如在平棊上者，謂之草襻間，並用全條方。

凡蜀柱，量所用長短，於中心安順脊串。廣厚如材，或加三分至四分，長隨間，隔間用之。若梁上用矮柱者，徑隨相對之柱。其長隨舉勢高下。

凡順栿串〔2〕，並出柱作丁頭栱，其廣一足材。或不及，即作楷頭，厚如材，在牽梁或乳栿下。

〔1〕劉批陶本：「頞」應作「額」。

熹年謹按：張本、丁本、故宮本、文津四庫本、陶本均作「頞」，故不改，存劉批備考。

〔2〕劉校故宮本：丁本作順歷串，陶本作順脊串，皆誤。今從故宮本、文津四庫本，作「順栿串」。

熹年謹按：張本不誤，亦作「順栿串」。

棟

其名有九：一曰棟，二曰桴，三曰檼，四曰棼，五曰甍，六曰極，七曰槫，八曰檁，九曰櫋。兩際附。

用槫之制：若殿閣槫徑一材一栔，或加材一倍；廳堂槫徑加材三分至一栔；餘屋槫徑加材一分至二分；長隨間廣。

凡正屋用槫，若心間及西間者，皆頭東而尾西；如東間者，頭西而尾東。其廊屋面東西者，皆頭南而尾北。

凡出際之制，槫至兩梢間兩際各出柱頭。又謂之屋廢。如兩椽屋出二尺至二尺五寸，四椽屋出三尺至三尺五寸，六椽屋出三尺五寸至四尺，八椽至十椽屋出四尺五寸至五尺。若殿閣轉角造，即出際長隨架。於丁栿上隨架立夾際柱子，以柱槫梢。或更於丁栿背上添闟頭栿。

凡撩檐方，更不用撩風槫及替木。當心間之廣加材一倍，厚十分，至角隨宜取圜，貼生頭木，令裏外齊平。

凡兩頭梢間槫背上並安生頭木，廣厚並如材，長隨梢間，斜殺向裏，令生勢圜和，與前後撩檐方相應。其轉角者，高與角梁背平；或隨宜加高，令椽頭背低角梁頭背一椽分。

凡下昂作，第一跳心之上用槫承椽，以代承椽方。謂之牛脊槫，安於草栿之上，至角即抱角梁，下用矮柱敦㮇。如七鋪作以上，其牛脊槫於前跳內更加一縫。

搏[1]風版

其名有二：一曰榮，二曰搏風。

造搏風版之制：於屋兩際出槫頭之外安搏風版，廣兩材至三材，厚三分至四分，長隨架道。中上架兩面各斜出搭掌，長二尺五寸至三尺；下架隨椽，與瓦頭齊。轉角者至曲脊內。

〔1〕朱批陶本：「搏」應作「博」。初校此籍，曾與陶蘭泉爭之，惜不能改也。

熹年謹按：故宮本、文津四庫本、張本均作「搏」，故不改，存朱批備考。

柎

其名有三：一曰柎，二曰複棟，三曰替木。

造替木之制：其厚十分，高一十二分。

單枓上用者，其長九十六分。

令栱上用者，其長一百四分。

重栱上用者，其長一百二十六分。

凡替木，兩頭各下殺四分，上留八分，以三瓣卷殺，每瓣長四分。若至出際，長與槫齊。隨槫齊處更不卷殺。其栱上替木，如補間鋪作相近者，即相連用之。

椽

其名有四：一曰桷，二曰椽，三曰榱，四曰撩。短椽其名有二：一曰棟，二曰禁楄。

用椽之制：椽每架平不過六尺。若殿閣或加五寸至一尺五寸，徑九分至十分。若廳堂，椽徑七分至八分，餘屋徑六分至七分。長隨架斜，至下架，即加長出檐。每槫上爲縫，斜批相搭釘之。凡用椽，皆令椽頭向下而尾在上。

凡布椽，令一間當間心。若有補間鋪作者，令一間當耍頭心。若四裴回轉角者，並隨角梁分布，令椽頭疏密得所，過角歸間，至次角補間鋪作心。並隨上、中架取直。其稀密以兩椽心相去之廣爲法，殿閣廣九寸五分至九寸，副階廣九寸至八寸五分，廳堂廣八寸五分至八寸，廊庫屋廣八寸至七寸五分。

若屋內有平棊者，即隨椽長短，令一頭取齊，一頭放過上架當槫釘之，不用裁截。謂之鴈脚釘。

檐

其名有十四：一曰宇，二曰檐，三曰樀，四曰楣，五曰屋垂，六曰梠，七曰櫺，八曰聯櫋〔1〕，九曰橝，十曰房，十一曰廡，十二曰槾，十三曰櫖，十四曰庮。

造檐之制，皆從撩檐方心出。如椽徑三寸，即檐出三尺五寸；椽徑五寸，即檐出四尺至四尺五寸。檐外別加飛檐，每檐一尺，出飛子六寸。其檐自次角柱補間鋪作心椽頭皆生出向外，漸至角梁。若一間生四寸，三間生五寸，五間生七寸。五間以上約度隨宜加減。其角柱之內，檐身亦令微殺向裏。不爾恐檐圜而不直。

凡飛子，如椽徑十分，則廣八分，厚七分。大小不同，約〔2〕此法量宜加減。各以其廣厚分爲五分，兩邊各斜殺一分，底面上留三分，下殺二分，皆以三瓣卷殺。上一瓣長五〔3〕分，次二瓣各長四分。此瓣分謂廣厚所得之分。尾長斜隨檐。凡飛子須兩條通造，先除出兩頭於飛魁內出者，後量身內，令隨檐長結角解開。

若近角飛子，隨勢上曲，令背與小連檐平。

凡飛魁，又謂之大連檐。廣厚並不越材。小連檐廣加栔二分至三分，厚不得越栔之厚。並交斜解造。

〔1〕劉校故宮本：諸本均作「⿰木免」，按《康熙字典》無此字，仍以「榜」爲是。

〔2〕熹年謹按：張本、丁本、陶本作「納」，故宮本、文津四庫本作「約」，《續談助》摘鈔崇寧本亦作「約」，當從「約」。

〔3〕劉校故宮本：「五」字丁本作「一」，實際作圖亦以五分為是。

熹年謹按：張本、文津四庫本、晁載之《續談助》摘鈔北宋崇寧本均作「五」，當從「五」。

舉折

其名有四：一曰陠，二曰峻，三曰陠峭，四曰舉折。

舉折之制：先以尺爲丈，以寸爲尺，以分爲寸，以氂爲分，以毫爲氂，側畫所建之屋于平正壁上，定其舉之峻慢，折之圜和，然後可見屋内梁柱之高下，卯眼之遠近。今俗謂之定側樣，亦曰點草架。

舉屋之法：如殿閣樓臺，先量前後撩檐方心相去遠近，分爲三分，若餘屋柱梁作，或不出跳者，則用前後檐柱心。從撩檐方背至脊槫背舉起一分。如屋深三丈，即舉起一丈之類。如甋瓦廳堂，即四分中舉起一分；又通以四分所得丈尺，每一尺加八分。若甋瓦廊屋及瓪瓦廳堂，每一尺加五分；或瓪瓦廊屋之類，每一尺加三分。若兩椽屋不加，其副階或纏腰並二分中舉一分。

折屋之法：以舉高尺丈，每尺折一寸，每架自上遞減半爲法。如舉高二丈，即先從脊槫背上取平，下至撩檐方背，其上第一縫折二尺；又從上第一縫槫背取平，下至撩檐方背，於第二縫折一尺。若椽數多，即逐縫取平，皆下至撩檐方背，每縫並減上縫之半。如第一縫二尺，第二縫一尺，第三縫五寸，第四縫二寸五分之類。如取平，皆從槫心抨繩令緊爲則。如架道不匀，即約度遠近，隨宜加減。以脊槫及撩檐方爲準。

若八角或四角鬬尖亭榭，自撩檐方背舉至角梁底，五分中舉一分。至上簇角梁，即兩分中舉一分。若亭榭只用瓪瓦者，即十分中舉四分。

簇角梁之法：用三折。先從大角梁〔1〕背，自撩檐方心量向上，至棖桿卯心，取大角梁背一半，立上折簇梁，斜向棖桿舉分盡處。其簇角梁上下並出卯。中下折簇梁同。次從上折簇梁盡處，量至撩檐方心，取大角梁背一半，立中折簇梁，斜向上折簇梁當心之下。又次從撩檐方心立下折簇梁，斜向中折簇梁當心近下。令中折簇角梁上一半與上折簇梁一半之長同。其折分並同折屋之制。唯量折以曲尺於絃上取方量之。用瓪瓦者同。

〔1〕劉校故宮本：故宮本、丁本、瞿本、文津四庫本均脱「梁」字，據下文補。

熹年謹按：張本亦脱「梁」字。

營造法式卷第五

營造法式卷第六

通直郎管修蓋皇弟外第專一提舉修蓋班直諸軍營房等臣李誡奉

聖旨編修

小木作制度一

版門 雙扇版門、獨扇版門　　烏頭門

軟門 牙頭護縫軟門、合版軟門　　破子櫺窗

睒電窗　　版櫺窗

截間版帳　　照壁屏風骨 截間屏風骨、四扇屏風骨

隔截横鈐立旌　露籬

版引檐　水槽

井屋子　地棚

版門

雙扇版門、獨扇版門

造版門之制：高七尺至二丈四尺，廣與高方。謂門高一丈，則每扇之廣不得過五尺之類。如減廣者，不得過五分之一。謂門扇合廣五尺，如減不得過四尺之類。其名件廣、厚皆取門每尺之高積而爲法。獨扇用者，高不過七尺。餘準此法。

肘版：長視門高。別留出上下兩鑊。如用鐵桶子或鞾臼，即下不用鑊。每門高一尺，則廣一寸，厚三分。謂門高一丈，則肘版廣一尺，厚三寸〔1〕。丈尺不等，依此加減。下同。

副肘版：長、廣同上，厚二分五氂。高一丈二尺以上用。其肘版與副肘版皆加至一尺五寸止。

身口版：長同上，廣隨材。通肘版與副肘版合縫計數，令足一扇之廣。如牙縫造者，每一版廣加五分爲定法。厚二分。

楅：每門廣一尺，則長九寸二分。〔2〕廣八分，厚五分。襯關楅同。用楅之數：若門高七尺以下用五楅，高八尺至一丈三尺用七楅，高一丈四尺至一丈九尺用九楅，高二丈至二丈二尺用十一楅，高二丈三尺至二丈四尺用十三楅。

額：長隨間之廣。其廣八分，厚三分。雙卯入柱。

雞栖木：長、厚同額，廣六分。

門簪：長一寸八分，方四分，頭長四分半。餘分爲三分，上下各去一分，留中心爲卯。頰內額上兩壁各留半分，外均作三分，安簪四枚。

立頰：長同肘版，廣七分，厚同額。三分中取一分爲心卯，下同。如頰外有餘空，即裏外用難子，安泥道版。

地栿：長厚同額，廣同頰。若斷砌門，則不用地栿，於兩頰下安臥柣、立柣。

門砧：長二寸一分，廣九分，厚六分。地栿內外各留二分，餘並挑肩破瓣。

凡版門，如高一丈，所用門關徑四寸；關上用柱門柺。搕鏁柱長五尺，廣六寸四分，厚二寸六分。如高一丈以下者，只用伏兔、手栓。伏兔廣厚同楅，長令上下至楅。手栓長二尺至一尺五寸，廣二寸五分至二寸，厚二寸至一寸五分。縫內透栓及劄，並間楅用。透栓廣二寸，厚七分。每門增高一尺，則關徑加一分五氂；搕鏁柱長加一寸，廣加四分，厚加一分；透栓廣加一分，厚加三氂。透栓若減，亦同加法。一丈以上用四栓，一丈以下用二栓。其劄：若門高二丈以上，長四寸，廣三寸二分，厚九分；一丈五尺以上，長同上，廣二寸七分，厚八分；一丈以上，長三寸五分，廣二寸二分，厚七分；高七尺以上，長三寸，廣一寸八分，厚六分。若門高七尺以上，則上用雞栖木，下用門砧；若七尺以下，則上下並用伏兔。高一丈二尺以上者，或用鐵桶子〔3〕、鵝臺、石砧；高二丈以上者，門上鑲安鐵鐧，雞栖木安鐵釧，下鑲安鐵鞾臼，用石地栿、門砧及鐵鵝臺。如斷砌，即臥柣、立柣並用石造。地栿〔4〕版長隨立柣間之廣，其廣同階之高，厚量長、廣取宜。每長一尺五寸用楅一枚。

〔1〕劉校故宮本：故宮本與諸本同，亦作「丈」，依文義應作「寸」。

〔2〕據梁思成先生《營造法式注釋》（卷上）卷六，版門條注〔16〕：「每門廣一尺，則長九寸二分十一個字，《營造法式》各版本都印作小注，按文義及其他各條體制，改為正文」。

〔3〕熹年謹按：自身口版條「令足一扇之廣」句起，至「或用鐵桶子」句止，故宮本脱一葉，计二十二行。張本、丁本亦脱二十二行，恰爲宋本第二葉全葉，可證張本、丁本雖改爲每葉二十行，而其源仍出自每葉二十二行之宋刊本。源于明天一閣本之四庫本不脱，陶本據以補入。瞿本此葉後補，分行分葉與陶本全同，疑自陶本出。

〔4〕熹年謹按：「柣」字陶本誤作「栿」，據文津四庫本、張本、丁本、劉校故宮本改。

烏頭門

其名有三：一曰烏頭大門，二曰表楬，三曰閥閱，今呼爲櫺星門。

造烏頭門之制：俗謂之櫺星門。高八尺至二丈二尺，廣與高方。若高一丈五尺以上，如減廣者〔1〕，不過五分之一，用雙腰串。七尺以下或用單腰串。如高一丈五尺以上，用夾腰華版，版心內用椿子。每扇各隨其長，於上腰串中心分作兩分，腰上安子桯、櫺子。櫺子之數須隻〔2〕用。腰華以下並安障水版。或下安鋜腳，則於下桯上施串一條。其版內外並施牙頭護縫，下牙頭或用如意頭造。門後用羅文楅。左右結角斜安，當心絞口。其名件廣厚皆取門每尺之高積而爲法。

肘：長視高。每門高一尺，廣五分，厚三分三氂。

桯：長同上。方三分三氂。

腰串：長隨扇之廣。其廣四分，厚同肘。

腰華版：長隨兩桯之內，廣六分，厚六氂。

鋜腳版：長厚同上。其廣四分。

子桯：廣二分二氂，厚三分。

承櫺串：穿櫺當中，廣厚同子桯。於子桯之內橫用一條或二條。

櫺子：厚一分。長入子桯之內三分之一。若門高一丈，則廣一寸八分。如高增一尺，則加一分，減亦如之。

障水版：廣隨兩桯之內，厚七氂。

障水版及鋜腳、腰華內難子：長隨桯內四周，方七氂。

牙頭版：長同腰華版，廣六分，厚同障水版。

腰華版及鋜腳內牙頭版：長視廣。其廣亦如之，厚同上。

護縫：厚同上。廣同櫺子。

羅文楅：長對角，廣二分五氂，厚二分。

額：廣八分，厚三分。其長每門高一尺，則加六寸。

立頰：長視門高，上下各別出卯。廣七分，厚同額。頰下安臥柣、立柣。

挾門柱：方八分。其長每門高一尺則加八寸。柱下栽入地內，上施烏頭。

日月版：長四寸，廣一寸二分，厚一分五氂。

搶柱：方四分。其長每門高一尺，則加二寸〔3〕。

凡烏頭門所用雞栖木、門簪、門砧、門關、搕鏁柱、石砧、鐵鞾臼、鵝臺之類，並準版門之制。

〔1〕劉校故宮本：陶本脫「者」字，據故宮本補。

〔2〕劉校故宮本：故宮本、作「隻」，疑「雙」誤。

熹年謹按：文津四庫本、張本、丁本亦均作「隻」，故未改，錄劉校備考。

〔3〕熹年謹按：文津四庫本作「二分」，故宮本、張本作「二寸」，從故宮本。陶本不誤。

軟門

牙頭護縫軟門、合版軟門

造軟門之制：廣與高方。若高一丈五尺以上，如減廣者，不過五分之一。用雙腰串造。或用單腰串。每扇各隨其長除桯及腰串外分作三分，腰上留二分，腰下留一分，上下並安版，內外皆施牙頭護縫。其身內版及牙頭護縫所用版，如門高七尺至一丈二尺並厚六分，高一丈三尺至一丈六尺並厚八分，高七尺以下並厚五分，皆爲定法。腰華版厚同。下牙頭或用如意頭。其名件廣、厚皆取門每尺之高積而爲法。

攏桯內外用牙頭護縫軟門：高六尺至一丈六尺。額栿內上下施伏兔，用立標。

肘：長視門高。每門高一尺則廣五分，厚二分八氂。

桯：長同上，上下各出二分。方二分八氂。

腰串：長隨每扇之廣。其廣四分，厚二分八氂。隨其厚[1]三分，以一分爲卯。

腰華版：長同上，廣五分。

合版軟門：高八尺至一丈三尺，並用七楅。八尺以下用五楅。上下牙頭，通身護縫，皆厚六分。如門高一丈，即牙頭廣五寸，護縫廣二寸。每增高一尺，則牙頭加五分，護縫加一分。減亦如之。

肘版：長視高，廣一寸，厚二分五氂。

身口版：長同上，廣隨材，通肘版合縫計數，令足一扇之廣。厚一分五氂。

楅：每門廣一尺，則長九寸二分。廣七分，厚四分。

凡軟門內，或用手栓、伏兔，或用承枴楅。其額、立頰、地栿、雞栖木、門簪、門砧、石砧、鐵桶子、鵝臺之類並準版門之制。

〔1〕劉校故宮本：陶本誤作「後」，故宮本、文津四庫本作「厚」，因據改。

熹年謹按：張本亦誤作「後」。文津四庫本作「厚」，不誤。

破子櫺窗

造破子櫺〔1〕〔2〕〔3〕窗之制：高四尺至八尺。如間廣一丈，用一十七櫺。若廣增一尺，即更加二櫺。相去空一寸。不以櫺之廣狹，只以空一寸爲定法。其名件廣、厚皆以窗每尺之高積而爲法。

破子櫺：每窗高一尺，則長九寸八分。令上下入子桯內，深三分之二。廣五分六氂，厚二分八氂。每用一條方四分，結角解作兩條，則自得上項廣厚也。每間以五櫺出卯透子桯。

子桯：長隨櫺空，上下並合角斜叉立頰，廣五分，厚四分。

額及腰串：長隨間廣，廣一寸二分，厚隨子桯之廣。

立頰：長隨窗之高，廣、厚同額。兩壁內隱出子桯。

地栿：長厚同額，廣一寸。

凡破子櫺窗於腰串下地栿上安心柱、槫頰。柱內或用障水版牙脚牙頭填心難子造，或用心柱編竹造。或於腰串下用隔減窗坐造。凡安窗於腰串下，高四尺至三尺，仍令窗額與門額齊平。

〔1〕劉批故宮本：諸本均無「櫺」字。

〔2〕熹年謹按：文津四庫本、張本亦無「櫺」字。然晁載之《續談助》摘鈔北宋崇寧本《營造法式》有「櫺」字，故不改。後文同。

〔3〕朱批陶本：「櫺」字依本節前後文及小木作功限改。

睒電窗

造睒電窗之制：高二尺至三尺。每間廣一丈，用二十一櫺。若廣增一尺，則更加二櫺。相去空一寸。其櫺實廣二寸，曲廣二寸七分，厚七分。謂以廣二寸七分直櫺左右剜刻取曲勢造成，實廣二寸也。其[1]廣厚皆爲定法。其名件廣、厚皆取窗每尺之高積而爲法。

櫺子：每窗高一尺，則長八寸七分。廣厚已見上項。

上下串：長隨間廣，其廣一寸。如窗高二尺，厚一寸七分。每增高一尺加一分五氂，減亦如之。

兩立頰：長視高，其廣厚同串。

凡睒電窗刻作四曲或三曲。若水波文造亦如之。施之於殿堂後壁之上，或山壁高處。如作看窗，則下用橫鈐、立旌。其廣厚並準版櫺窗所用制度。

〔1〕熹年謹按：故宫本、四庫本、瞿本、張本均作「此」，録以備考。

版櫺窗

造版櫺窗之制：高二尺至六尺。如間廣一丈，用二十一櫺。若廣增一尺，即更加二櫺。其櫺相去空一寸，廣二寸，厚七分。並爲定法。其餘名件長及廣厚皆以窗每尺之高積而爲法。

版櫺：每窗高一尺，則長八寸七分。

上下串：長隨間廣，其廣一寸。如窗高五尺，則厚二寸。若增高一尺，加一分五氂，減亦如之。

立頰：長視窗之高，廣同串。厚亦如之。

地栿：長同串。每間廣一尺，則廣四分五氂，厚二分。

立旌：長視高。每間廣一尺，則廣三分五氂，厚同上。

橫鈐：長隨立旌內。廣厚同上。

凡版窗於串下地栿上安心柱編竹造，或用隔減窗坐造。若高三尺以下，只安於牆上。令上串與門額齊平。

截間版帳

造截間版帳之制：高六尺至一丈，廣隨間之廣，內外並施牙頭護縫。如高七尺以上者，用額、栿、槫柱，當中用腰串造。若間遠，則立槏柱。

其名件廣厚皆取版帳每尺之廣積而爲法。

槏柱：長視高。每間廣一尺，則方四分。

額：長隨間廣。其廣五分，厚二分五氂。

腰串、地栿：長及廣厚皆同額。

槫柱：長視額、栿內廣，其廣、厚同額。

版：長同榑柱，其廣量宜分布。版及牙頭、護縫、難子皆以厚六分爲定法。

牙頭：長隨榑柱內廣，其廣五分。

護縫：長視牙頭內高，其廣二分。

難子：長隨四周之廣，其廣一分。

凡截間版帳如安於梁外乳栿、劄牽之下與全間相對者，其名件廣厚亦用全間之法。

照壁屏風骨

截間屏風骨、四扇屏風骨。其名有四：一曰皇邸，二曰後版，三曰扆，四曰屏風。

造照壁屏風骨之制：用四直大方格眼。若每間分作四扇者，高七尺至一丈二尺。如只作一段截間造者，高八尺至一丈二尺。其名件廣厚皆取屏風每尺之高積而爲法。

截間屏風骨：

桯：長視高。其廣四分，厚一分六氂。

條桱：長隨桯內四周之廣，方一分六氂。

額：長隨間廣。其廣一寸，厚三分五氂。

榑柱：長同桯。其廣六分，厚同額。

地栿：長厚同額。其廣八分。

櫼子：廣一分二氂，厚八氂。

四扇屏風骨：

桯：長視高。其廣二分五氂，厚一分二氂。

條桱：長同上法，方一分二氂。

額：長隨間之廣。其廣七分，厚二分五氂。

槫柱：長同桯。其廣五分，厚同額。

地栿：長厚同額。其廣六分。

櫼子：廣一分，厚八氂。

凡照壁屏風骨如作四扇開閉者，其所用立標、搏肘，若屏風高一丈，則搏肘方一寸四分，立標廣二寸，厚一寸六分。如高增一尺，即方及廣、厚各加一分。減亦如之。

隔截横鈐立旌

造隔截横鈐立旌之制：高四尺至八尺，廣一丈至一丈二尺。每間隨其廣分作三小間，用立旌，上下視其高，量所宜分布施横鈐。其名件廣厚皆取每間一尺之廣積而爲法。

額及地栿：長隨間廣。其廣五分，厚三分。

槫柱及立旌：長視高。其廣三分五氂，厚二分五氂。

横鈐：長同額，廣厚並同立旌。

凡隔截所用横鈐、立旌施之於照壁、門、窗或牆之上，及中縫截間者亦用之。或不用額、栿、槫柱。

露籬

其名有五：一曰木離，二曰柵，三曰木虡，四曰藩，五曰落。今謂之露籬。

造露籬之制：高六尺至一丈，廣八尺至一丈二尺，下用地栿、橫鈐、立旌，上用槫頭木，施版屋造，每一間分作三小間。立旌長視高，栽入地，每高一尺，則廣四分，厚二分五氂。曲棖長一寸五分，曲廣三分，厚一分。其餘名件廣厚皆取每間一尺之廣積而爲法。

地栿、橫鈐：每間廣一尺則長二寸八分。其廣、厚並同立旌。

槫[1]頭木：長隨間廣。其廣五分，厚三分。

山子版：長一寸六分，厚二分。

屋子版：長同槫頭木，廣一寸二分，厚一分。

瀝水版：長同上，廣二分五氂，厚六氂。

壓脊、垂脊木：長廣同上，厚二分。

凡露籬若相連造，則每間減立旌一條。謂如〔2〕五間只用立旌十六條之類。其橫鈐、地栿之長各減一分三氂，版屋兩頭施搏風版及垂魚、惹草，並量宜造。

〔1〕朱批陶本：「榻」，他卷或作「楷」，今人榻爲床榻之通稱，似從「楷」較善。
熹年謹按：故宮本、文津四庫本、張本均作「榻頭木」，故未改。存朱批備考。

〔2〕劉校故宮本：陶本作「加」，故宮本作「如」，应从故宮本。
熹年謹按：文津四庫本同故宮本，亦作「如」。張本則誤作「加」。

版引檐

造屋垂前版引檐之制：廣一丈至一丈四尺，如間太廣者，每間作兩段。長三尺至五尺，內外並施護縫，垂前用瀝水版。其名件廣厚皆以每尺之廣積而爲法：

桯：長隨間廣，每間廣一尺，則廣三分，厚二分。

檐版：長隨引檐之長。其廣量宜分擘。以厚六分爲定法。

護縫：長同上，其廣二分。厚同上定法。

瀝水版：長廣隨桯。厚同上定法。

跳椽：廣厚隨桯。其長量宜用之。

凡版引檐施之於屋垂之外跳椽上，安闌頭木、挑斡，引檐與小連檐相續。

水槽

造水槽之制：直高一尺，口廣一尺四寸。其名件廣厚皆以每尺之高積而爲法。

廂壁版：長隨間廣。其廣視高，每一尺加六分，厚一寸二分。

底版：長厚同上。每口廣一尺，則廣六寸。

罨頭版：長隨廂壁版內，厚同上。

口襻：長隨口廣。其方一寸五分。

跳椽：長隨所用，廣二寸，厚一寸八分。

凡水槽施之於屋檐之下，以跳椽襻拽。若廳堂前後檐用者，每間相接，令中間者最高，兩次間以外逐間各低一版，兩頭出水。如廊屋或挾屋偏用者，並一頭安罨頭版。其槽縫並包底廕牙縫造。

井屋子

造井屋子之制：自地至脊共高八尺，四柱。其柱外方五尺，垂檐及兩際皆在外。柱頭高五尺八寸。下施井匱，高一尺二寸。上用厦瓦版，内外護縫，上安壓脊、垂脊，兩際施垂魚、惹草。其名件廣厚皆以每尺之高積而爲法。

柱：每高一尺，則長七寸五分，鑲耳在內。方五分。

額：長隨柱內。其廣五分，厚二分五氂。

栿：長隨方。每壁每長一尺加二寸，跳頭在內。其廣五分，厚四分。

蜀柱：長一寸三分，廣、厚同上。

叉手：長三寸，廣四分〔1〕，厚二分。

樽：長隨方，每壁每長一尺加四寸，出際在內。廣、厚同蜀柱。

串：長同上，加亦同上，出頭在內。廣三分，厚二分。

廈瓦版：長隨方。每方一尺，則長八寸，斜長垂檐在內。其廣隨材合縫，以厚六分爲定法。

上下護縫：長、厚同上，廣二分五氂。

壓脊：長及廣、厚並同槫。其廣取槽在內。

垂脊：長三寸八分，廣四分，厚三分。

搏風版：長五寸五分，廣五分。厚同廈瓦版。

瀝水牙子：長同槫，廣四分。厚同上。

垂魚：長二寸，廣一寸二分。厚同上。

惹草：長一寸五分，廣一寸。厚同上。

井口木：長同額，廣五分，厚三分。

地栿：長隨柱外，廣、厚同上。

井匱版：長同井口木。其廣九分，厚一分二氂。

井匱内外難子：長同上。以方七分爲定法。

凡井屋子，其井匱與柱下齊，安於井階之上。其舉分準大木作之制。

〔1〕丁本、瞿本、張本作廣四寸分，故宫本、四庫本作廣四分，從四庫本。

地棚

造地棚之制：長隨間之廣。其廣隨間之深，高一尺二寸至一尺五寸。下安敦㮀，中施方子，上鋪地面版。其名件廣厚皆以每尺之高積而爲法。

敦㮀：每高一尺，長加三寸。廣八寸，厚四寸七分。每方子長五尺用一枚。

方子：長隨間深，接搭用。廣四寸，厚三寸四分。每間用〔1〕三路。

地面版：長隨間廣，其廣隨材合貼用。厚一寸三分。

遮羞版：長隨門道間廣。其廣五寸三分，厚一寸。

凡地棚施之於倉庫屋內，其遮羞版安於門道之外，或露地棚處皆用之。

營造法式卷第六

〔1〕熹年謹按：「用」字陶本作「有」。故宮本、文津四庫本、張本、丁本均作「用」，今從故宮本。

營造法式卷第七

通直郎管修蓋皇弟外第專一提舉修蓋班直諸軍營房等臣李誡奉
聖旨編修

小木作制度二

胡梯　垂魚惹草

栱眼壁版　裹栿版

擗簾竿　護殿閣檐竹網木貼

格子門

四斜毬文格子、四斜毬文上出條桱重格眼、四直方眼格、版壁、兩明格子

造格子門之制有六等：一曰四混中心出雙線，入混內出單線；或混內不出線；二曰破瓣雙混平地出雙線；或單混出單線；三曰通混出雙線；或單線；四曰通混壓邊線；五曰素通混；以上並攛尖入卯；六曰方直破瓣。或攛尖，或叉瓣造。高六尺至一丈二尺，每間分作四扇。如梢間狹促者，只分作二扇。如檐額及梁栿下用者，或分作六扇造，用雙腰串。或單腰串造。每扇各隨其長除桯及腰串外分作三分，腰上留二分安格眼，或用四斜毬文格眼，或用四直方格眼。如就毬文者，長短隨宜加減。腰下留一分安障水版。腰華版及障水版皆厚六分，桯四角外上下各出卯，長一寸五分，並爲定法。其名件廣厚皆取門桯每尺之高積而爲法。

四斜毬文格眼：其條桱厚一分二氂。毬文徑三寸至六寸，每毬文圜徑一寸則每瓣長七分，廣三分，絞口廣一分，四周壓線。其條桱瓣數須雙用，四角各令一瓣入角。

桯：長視高，廣三分五氂，厚二分七氂。腰串廣厚同桯，橫卯隨桯三分中存向裏二分爲廣。腰串卯隨其廣。如門高一丈，桯卯及腰串卯皆厚六分，每高增一尺，即加二氂，減亦如之。後同。

子桯：廣一分五氂，厚一分四氂。斜合四角，破瓣單混造。後同。

腰華版：長隨扇內之廣，厚四氂〔1〕。施之於雙腰串之內，版外別安雕華。

障水版：長廣各隨桯。令四面各入池槽。

額：長隨間之廣，廣八分，厚三分。用雙卯。

榑柱頰：長同桯，廣五分，量攤擘扇數，隨宜加減。厚同額。二分中取一分爲心卯。

地栿：長、厚同額，廣七分。

四斜毬文上出條桱重格眼：其條桱之厚，每毬文圜徑二寸，則加毬文格眼之厚二分。每毬文圜徑加一寸，則厚又加一分，桯及子桯亦如之。其毬文上采出條桱四攛尖、四混出雙線或單線造。如毬文圜徑二寸，則采出條桱方三分。若毬文圜徑加一寸，則條桱方又加一分。其對格眼子桯則安攛尖，其尖外入子桯，內對格眼合尖，令線混轉過。其對毬文子桯，每毬文圜徑一寸，則子桯廣五氂。若毬文圜徑加一寸，則子桯之廣又加五氂。或以毬文隨四直格眼者，則子桯之下採出毬文，其廣與身內毬文相應。

四直方格眼：其制度有七等：一曰四混絞雙線；或單線；二曰通混壓邊線，心內絞雙線；或單線；三曰麗口絞瓣雙混；或單混出線；四曰麗口素絞瓣；五曰一混四攛尖；六曰平出線；七曰方絞眼。其條桱皆廣一分，厚八氂。眼內方三寸至二寸。

桯：長視高，廣三分，厚二分五氂。腰串同。

子桯：廣一分二氂，厚一分。

腰華版及障水版：並準四斜毬文法。

額：長隨間之廣，廣七分，厚二分八氂。

槫柱頰：長隨門高，廣四分。量攏擘扇數，隨宜加減。厚同額。

地栿：長厚同額，廣六分。

版壁上二分不安格眼亦用障水版者。：名件並準前法，唯桯厚減一分。

兩明格子門：其腰華障水版格眼皆用兩重，桯厚更加二分一氂。子桯及條桱之厚各減二氂。額、頰地栿之厚各加二分四氂。其格眼兩重，外面者安定，其內者上開池槽深五分，下深二分。

凡格子門所用搏肘、立㮇，如門高一丈，即搏肘方一寸四分，立㮇廣二寸，厚一寸六分。如高增一尺，即方及廣、厚各加一分。減亦如之。

〔1〕劉校故宮本：故宮本、丁本誤爲「廣四分」，陶本作「厚四分」，「廣」作「厚」不誤，惟「四分」應作「四氂」，始與桯厚相當。

熹年謹按：文津四庫本亦作「廣四分」。張本作「厚廣四分」。

闌檻鉤窗[1][2]

造鉤窗闌檻[3]之制：其高七尺至一丈，每間分作三扇，用四直方格眼。檻面外施雲栱鵝項鉤闌，內用托柱。各四枚。其名件廣厚各取窗檻每尺之高積而爲法。其格眼出線並準格子門四直方格眼制度。

鉤窗：高五尺至八尺。

子桯：長視窗高，廣隨逐扇之廣。每窗高一尺，則廣三分，厚一分四氂。

條桱：廣一分四氂，厚一分二氂。

心柱、榑柱：長視子桯，廣四分五氂，厚三分。

額：長隨間廣。其廣一寸一分，厚三分五氂。

檻面：高一尺八寸至二尺。每檻面高一尺，鵝項至尋杖共加九寸。

檻面版：長隨間心。每檻面高一尺，則廣七寸，厚一寸五分。如柱徑或有大小，則量宜加減。

鵝項：長視高。其廣四寸二分，厚一寸五分。或加減同上。

雲栱：長六寸，廣三寸，厚一寸七分。

尋杖：長隨檻面。其方一寸七分。

心柱及槫柱：長自檻面版下至栿上。其廣二寸，厚一寸三分。

托柱：長自檻面下至地。其廣五寸，厚一寸五分。

地栿：長同窗額，廣二寸五分，厚一寸三分。

障水版：廣六寸。以厚六分爲定法。

凡釣窗所用搏肘如高五尺，則方一寸；臥關如長一丈，即廣二寸，厚一寸六分。每高與長增一尺，則各加一分。減亦如之。

〔1〕朱批陶本：陶本作「鈎窗」。應作「釣窗」。江南人臨水樓房均有釣窗。與陶蘭泉初校時頗有爭论。

〔2〕熹年謹按：「鈎窗」張本、丁本、故宫本、文津四庫本、瞿本均作「釣窗」。按《東京夢華錄》卷二「飲食果子」條末云：「諸酒店必有廳院，廊廡掩映，排列小閤子，吊窗花竹，各垂簾幙。」「吊窗」「釣窗」同音，可證以「釣窗」爲是。

〔3〕熹年謹按：陶本作「闌檻釣窗」，而故宫本、文津四庫本、張本均作「釣窗闌檻」，下文亦先「釣窗」，次「檻面」，故據改。録陶本備考。

殿內截間格子

造殿堂內截間格子之制：高一丈四尺至一丈七尺，用單腰串。每間各視其長，除桯及腰串外，分作三分。腰上二分安格眼，用心柱、槫柱分作二間。腰下一分爲障水版。其版亦用心柱、槫柱分作三間，內一間或作開閉門子。用牙脚牙頭填心，內或合版攏桯。上下四周並纏難子。其名件廣厚皆取格子上下每尺之通高積而爲法。

上下桯：長視格眼之高，廣三分五氂，厚一分六氂。

條桱：廣厚並準格子門法。

障水子桯：長隨心柱、槫柱內。其廣一分八氂，厚二分。

上下難子：長隨子桯。其廣一分二氂，厚一分。

搏肘：長視子桯及障水版，方八氂。出鐏在外。

額及腰串：長隨間廣。其廣九分，厚三分二氂。

地栿：長、厚同額。其廣七分。

上槫柱及心柱：長視搏肘，廣六分，厚同額。

下槫柱及心柱：長視障水版。其廣五分，厚同上。

凡截間格子上二分子桯內所用四斜毬文格眼圜徑七寸至九寸，其廣厚皆準格子門之制。

堂閣內截間格子

造堂閣內截間格子之制：皆高一丈，廣一丈一尺。其程制度有三等：一曰面上出心線兩邊壓線，二曰瓣內雙混，或單混。三曰方直破瓣攛尖。其名件廣厚皆取每尺之高積而爲法。

截間格子：當心及四周皆用桯。其外上用額，下用地栿，兩邊安槫柱，格眼毬文徑五寸。雙腰串造。

桯：長視高，卯在內。廣五分，厚二〔1〕分七氂。上下者，每間廣一尺，即長九寸二分。〔2〕

腰串：每間廣一尺，即長四寸六分。廣三分五氂，厚同上。

腰華版：長隨兩桯內，廣同上。以厚六分爲定法。

障水版：長視腰串及下桯，廣隨腰華版之長。厚同腰華版。

子桯：長隨格眼四周之廣。其廣一分六釐，厚一分四釐。

額：長隨間廣。其廣八分，厚三分五釐。

地栿：長厚同額。其廣七分。

槫柱：長同桯。其廣五分，厚同地栿。

難子：長隨桯四周。其廣一分，厚七釐。

截間開門格子：四周用額、栿、槫柱。其內四周用桯，桯內上用門額，額上作兩間，施毬文。其子桯高一尺六寸。兩邊留泥道，施立頰，泥道施毬文。其子桯長一尺二寸。〔3〕中安毬文格子門兩扇，格眼毬文徑四寸。單腰串造。

桯：長及廣厚同前法。上下桯廣同。

門額：長隨桯內。其廣四分，厚二分七釐。

立頰：長視門額下桯內，廣厚同上。

門額上心柱：長一寸六分，廣厚同上。〔4〕

泥道內腰串：長隨榑柱立頰內，廣厚同上。

障水版：同前法。

門額上子桯：長隨額內四周之廣。其廣二分，厚一分二氂。泥道內所用廣、厚同。

門肘：長視扇高，鑻在外。方二分五氂。

門桯：長同上，出頭在外。廣二分，厚二分五氂。上下桯亦同。

門障水版：長視腰串及下桯內，其廣隨扇之廣。以厚六分爲定法。

門桯內子桯：長隨四周之廣。其廣、厚同額上子桯。

小難子：長隨子桯及障水版四周之廣。以方五分爲定法。

額：長隨間廣。其廣八分，厚三分五氂。

地栿：長厚同上。其廣七分。

榑柱：長視高。其廣四分五氂，厚同上。

大難子：長隨桯四周。其廣一分，厚七氂。

上下伏兔：長一寸，廣四分，厚二分。

手栓伏兔：長同上，廣三分五氂，厚一分五氂。

手栓：長一寸五分，廣一分五氂，厚一分二氂。

凡堂閣內截間格子所用四斜毬文格眼及障水版等分數，其長、徑並準格子門之制。

〔1〕熹年謹按：「二」字陶本、文津四庫本作「三」，此據故宮本改。張本同故宮本。

〔2〕劉校故宮本：此注文十四字丁本無，故宮本不脫。陶本據四庫本補入。

熹年謹按：此注文十四字張本亦不脫。（據此可知，丁本可能並非直接出自張本？）

〔3〕據梁思成先生《營造法式注釋》（卷上）卷七「截間開門格子」注云：各版原文都作「子桯廣一尺二寸」。「廣」字顯然是「長」字之誤」。據改。

〔4〕劉校故宮本：丁本「泥道內腰串」條在前，故宮本「門額」條在前，據故宮本改。

熹年謹按：張本「泥道內腰串」條在前。文津四庫本同故宮本，該條在後。

殿閣照壁版

造殿閣照壁版之制：廣一丈至一丈四尺，高五尺至一丈一尺，外面纏貼、內外皆施難子合版造。其名件廣厚皆取每尺之高積而爲法。

額：長隨間廣。每高一尺，則廣七分。厚四分。

槫柱：長視高，廣五分，厚同額。

版：長同槫柱。其廣隨槫柱之內，厚二分。

貼：長隨桯內四周之廣。其廣三分，厚一分。

難子：長、厚同貼。其廣二分。

凡殿閣照壁版施之於殿閣槽內及照壁門窗之上者皆用之。

障日版

造障日版之制：廣一丈一尺，高三尺至五尺，用心柱、槫柱，內外皆施難子，合版或用牙頭護縫造。其名件廣厚皆以每尺之廣積而爲法。

額：長隨間之廣。其廣六分，厚三分。

心柱、槫柱：長視高。其廣四分，厚同額。

版：長視高。其廣隨心柱、槫柱之內。版及牙頭護縫皆以厚六分爲定法。

牙頭版：長隨廣。其廣五分。

護縫：長視牙頭之內。其廣二分。

難子：長隨桯內四周之廣。其廣一分，厚八氂。

凡障日版施之於格子門及門窗之上，其上或更不用額。

廊屋照壁版

造廊屋照壁版之制：廣一丈至一丈一尺，高一尺五寸至二尺五寸，每間分作三段，於心柱、槫柱之內外皆施難子合版造。其名件廣厚皆以每尺之廣積而爲法。

心柱、槫柱：長視高。其廣四分，厚三分。

版：長隨心柱、槫柱內之廣。其廣視高，厚一分。

難子：長隨桯內四周之廣，方一分。

凡廊屋照壁版施之於殿廊由額之內。如安於半間之內與全間相對者，其名件廣厚亦用全間之法。

胡梯

造胡梯之制：高一丈，拽腳長隨高，廣三尺，分作十二級，攏頰榥施促、踏版，側立者謂之促版，平者謂之踏版。上下並安望柱，兩頰隨身各用鉤闌，斜高三尺五寸，分作四間。每間內安臥櫺三條為度〔1〕。其名件廣厚皆以每尺之高積而爲法。鉤闌名件廣厚皆以鉤闌每尺之高積而爲法。

兩頰：長視梯高〔2〕。每高一尺則長加六寸。拽腳蹬口在內。廣一寸二分，厚二分一氂。

榥：長隨兩頰內。卯透外，用抱寨。其方三分。每頰長五尺用榥一條。

促、踏版：長同上，廣七分四氂，厚一分。

鉤闌望柱：每鉤闌高一尺則長加四寸五分，卯在內。方一寸五分。破瓣仰覆蓮華單胡桃子造。

蜀柱：長隨鈎闌之高，卯在內。廣一寸二分，厚六分。

尋杖：長隨上下望柱內，徑七分。

盆脣：長同上，廣一寸五分，厚五分。

臥櫺：長隨兩蜀柱內。其方三分。

凡胡梯施之於樓閣上下道內。其鈎闌安於兩頰之上。更不用地栿。如樓閣高遠者，作兩盤至三盤造。

〔1〕熹年謹按：「為度」二字諸本均无，据晁載之《續談助》摘鈔北宋崇寧本補。

〔2〕熹年謹按：故宮本、張本、丁本、陶本均脫「高」字，唯文津四庫本不脫，據以補入。

垂魚惹草

造垂魚惹草之制：或用華瓣，或用雲頭造。垂魚長三尺至一丈，惹草長三尺至七尺。其廣厚皆取每尺之長積而爲法。

垂魚版：每長一尺則廣六寸，厚二分五氂。

惹草版：每長一尺則廣七寸，厚同垂魚。

凡垂魚施之於屋山搏風版合尖之下，惹草施之於搏風版之下，槫[1]之外，每長二尺則於後面施楅一枚。

[1] 熹年謹按：故宫本、張本、陶本作「搏水」，文津四庫本作「槫」，無「水」字，應從文津四庫本。

栱眼壁版

造栱眼壁版之制：於材下額上兩栱頭相對處鑿池槽，隨其曲直安版於池槽之內。其長、廣皆以枓栱材分爲法。枓栱材分在大木作制度內。

重栱眼壁版：長隨補間鋪作。其廣五十[1]四分。厚一寸二分。

單栱眼壁版：長同上。其廣三十[1]三分。厚同上。

凡栱眼壁版施之於鋪作檐額之上。其版如隨材合縫，則縫內用劄造。

〔1〕熹年謹按：陶本兩處誤「十」爲「寸」，據故宮本、文津四庫本、張本、丁本改正。
梁思成先生《營造法式注釋》（卷七）卷七此条后所附注〔42〕亦提出「寸」為「十」之误。

裹栿版

造裹栿版之制：於栿兩側各用廂壁版，栿下安底版。其廣厚皆以梁栿每尺之廣積而爲法。

兩側廂壁版：長廣皆隨梁栿，每長一尺，則厚二分五氂。

底版：長厚同上。其廣隨梁栿之厚，每厚一尺，則廣加三寸。

凡裹栿版施之於殿槽內梁栿。其下底版合縫，令承兩廂壁版。其兩廂壁版及底版〔1〕皆造雕華。雕華等次序在雕作制度內。

〔1〕劉批陶本：陶本「底版」後有「者」字，為衍文，可刪。

熹年謹按：故宮本、文津四庫本均無「者」字，今從劉批刪去。

擗簾竿

造擗簾竿之制有三等：一曰八混，二曰破瓣，三曰方直。長一丈至一丈五尺。其廣厚皆以每尺之高積而爲法。

擗簾竿：長視高。每高一尺，則方三分。

腰串：長隨間廣。其廣三分，厚二分。只方直造。

凡擗簾竿施之於殿堂等出跳栱之下。如無出跳者，則於椽頭下安之。

護殿閣檐竹網木貼

造安護殿閣檐枓栱竹雀眼網上下木貼之制：長隨所用逐間之廣。其廣二寸，厚六分，爲定法。皆方直〔1〕造。地衣簟貼同。上於椽頭，下於檐額之上，壓雀眼網安釘。地衣簟貼若至柱或碇之類，並隨四周或圜或曲，壓簟安釘。

〔1〕熹年謹按：陶本誤作「直方造」，據故宮本、四庫本、張本改。

營造法式卷第七

營造法式卷第八

通直郎管修蓋皇弟外第專一提舉修蓋班直諸軍營房等臣李誡奉
聖旨編修

小木作制度三

平棊　　鬭八藻井

小鬭八藻井　　拒馬叉子

叉子　　鉤闌　重臺鉤闌、單鉤闌

棵籠子　　井亭子

牌

平棊

其名有三：一曰平機，二曰平橑，三曰平棊。俗謂之平起。其以方椽施素版者，謂之平闇。

造殿內平棊之制：於背版之上四邊用桯，桯內用貼，貼內（南宋本存卷八第一葉上半，至此止。此葉已用南宋本校定）留轉道纏難子，分布隔截，或長或方。其中貼絡華文有十三品：一曰盤毬，二曰鬭八，三曰疊勝，四曰瑣子，五曰簇六毬文，六曰羅文，七曰柿蔕，八曰龜背，九曰鬭二十四，十曰簇三簇四毬文，十一曰六入圜華，十二曰簇六雪華，十三曰車釧毬文。其華文皆間雜互用，華品或更隨宜用之。或於雲盤華盤內施明鏡，或施隱起龍鳳及雕華。每段以長一丈四尺、廣五尺五寸爲率。其名件廣厚若間架雖長廣更不加減，唯盝頂攲斜處其桯量所宜減之。

背版：長隨間廣。其廣隨材合縫計數，令足一架之廣，厚六分。

桯：長〔1〕〔2〕隨背版四周之廣。其廣四寸，厚二寸。

貼：長隨桯四周之內。其廣二寸，厚同背版。

難子並貼華：厚同貼。每方一尺用華子十六枚。華子先用膠貼，候乾，刻削令平，乃用釘。

凡平棊施之於殿內鋪作算桯方之上。其背版後皆施護縫及楅。護縫廣二寸，厚六分；楅廣三寸五分，厚二寸五分；長皆隨其所用。

〔1〕劉批陶本：疑奪「長」字，據文義補。

〔2〕熹年謹按：故宮本、文津四庫本、張本、瞿本均佚「長」字。據劉批增。

鬭八藻井

其名有三：一曰藻井，二曰圜泉，三曰方井。今謂之鬭八藻井。

造鬭八藻井之制：共高五尺三寸。其下曰方井，方八尺，高一尺六寸；其中曰八角井，徑六尺四寸，高二尺二寸；其上曰鬭八，徑四尺二寸，高一尺五寸；於頂心之下施垂蓮或雕華雲棬，皆內安明鏡。其名件廣厚皆以每尺之徑積而爲法。

方井：於算程方之上施六鋪作下昂重栱，材廣一寸八分，厚一寸二分。其科栱等分數制度並準大木作法。四入角每面用補間鋪作五朶。凡所用科栱並立施科槽版，科栱之上用壓廈版。八角井同此。

科槽版：長隨方面之廣，每面廣一尺，則廣一寸七分，厚二分五氂。

壓廈版長厚同上，其廣一寸五分。

八角井：於方井鋪作之上施隨瓣方，抹角勒作八角。八角之外四角謂之角蟬。於隨瓣方之上施七鋪作上昂重栱。材分等並同方井法。八入角每瓣用補間鋪作一朵。

隨瓣方：每直徑一尺，則長四寸，廣四分，厚三分。

枓槽版：長隨瓣，廣二寸，厚二分五氂。

壓厦版：長隨瓣，斜廣二寸五分，厚二分七氂。

鬭八：於八角井鋪作之上用隨瓣方，方上施鬭八陽馬，陽馬今俗謂之梁抹。陽馬之內施背版，貼絡華文。

陽馬：每鬭八徑一尺，則長七寸，曲廣一寸五分，厚五分。

隨瓣方：長隨每瓣之廣。其廣五分，厚二分五氂。

背版：長視瓣高，廣隨陽馬之內。其用貼並難子並準平棊之法。華子每方一尺用十六枚或二十五枚。

凡藻井施之於殿內照壁屏風之前，或殿身內前門之前，平棊之內。

小鬭八藻井

造小藻井之制：共高二尺二寸。其下曰八角井，徑四尺八寸；其上曰鬭八，高八寸，於頂心之下施垂蓮或雕華雲棬，皆内安明鏡。其名件廣厚各以每尺之徑及高積而爲法。

八角井〔1〕：抹角勒算程方作八瓣，於算程方之上用普拍方，方上施五鋪作卷頭重栱。材廣六分，厚四分。其枓栱等分數制度皆準大木作法。枓栱之内用枓槽版，上用壓厦版，上施版壁，貼絡門窗、鈎闌。其上又用普拍方，方上施五鋪作一抄一昂重栱，上下並八入角，每瓣用補間鋪作兩朵。

枓槽版：每徑一尺，則長九寸。每高一尺，則廣六寸。以厚八分爲定法。

普拍方：長同上。每高一尺，則方三分。

隨瓣方：每徑一尺，則長四寸五分。每高一尺，則廣八分，厚五分。

陽馬：每徑一尺，則長五寸。每高一尺，則曲廣一寸五分，厚七分。

背版：長視瓣高，廣隨陽馬之內。以厚五分爲定法。其用貼並難子

並準殿內鬭八藻井之法。貼絡華數亦如之。

凡小藻井施之於殿宇副階之內。其腰內所用貼絡門窗鉤闌 鉤闌下〔2〕施鴈翅版。其大小廣厚並隨高下量宜用之。

〔1〕熹年謹按：文津四庫本、陶本誤作「八角並」，據故宮本、張本、丁本改。

〔2〕梁思成先生《營造法式注釋》（卷上）卷八此條後注〔18〕云：原文作「鉤闌上施鴈翅版」，而實際是在鉤闌腳下施鴈翅版，所以「上」字改為「下」字。

拒馬叉子

其名有四：一曰梐枑，二曰梐拒，三曰行馬，四曰拒馬叉子。

造拒馬叉子之制：高四尺至六尺。如間廣一丈者，用二十一櫺。每廣增一尺，則加二櫺，減亦如之。兩邊用馬銜木，上用穿心串，下用櫳桯連梯，廣三尺五寸。其卯廣減桯之半，厚三分中留一分。其名件廣厚皆以高五尺爲祖，隨其大小而加減之。

櫺子：其首制度有二：一曰五瓣雲頭挑瓣，二曰素訛角。叉子首於上串上出者，每高一尺出二寸四分，挑瓣處下留三分。斜長五尺五寸，廣二寸，厚一寸二分。每高增一尺，則長加一尺一寸，廣加二分，厚加一分。

馬銜木：其首破瓣同櫺，減四分。長視高。每叉子高五尺，則廣四寸半，厚二寸半。每高增一尺，則廣加四分，厚加二分。減亦如之。

上串：長隨間廣。其廣五寸五分，厚四寸。每高增一尺，則廣加三分，厚加二分。

連梯：長同上串，廣五寸，厚二寸五分。每高增一尺，則廣加一寸，厚加五分。兩頭者廣厚同，長隨下廣。

凡拒馬叉子，其櫺子自連梯上皆左右隔間分布，於上串內出首，交斜相向。

叉子

造叉子之制：高二尺至七尺。如廣一丈，用二十七櫺。〔1〕〔2〕若廣增一尺，即更加二櫺，減亦如之。兩壁用馬銜木，上下用串。或於下串之下用地栿地霞造。其名件廣厚皆以高五尺爲祖，隨其大小而加減之。

望柱：如叉子高五尺，即長五尺六寸，方四寸。每高增一尺，則加一尺一寸，方加四分，減亦如之。

櫺子：其首制度有三：一曰海石榴頭，二曰挑瓣雲頭，三曰方直笏頭。叉子首於上串上出者，每高一尺出一寸五分，內挑瓣處下留三分。其身制度有四：一曰一混心出單線壓邊線，二曰瓣內單混面上出心線，三曰方直出線壓邊線或壓白，四曰方直不出線。其長四尺四寸，透下串者長四尺五寸。每間三條。廣二寸，厚一寸二分。每高增一尺，則長加九寸，廣加二分，厚加一分。減亦如之。

上下串：其制度有三：一曰側面上出心線壓邊線或壓白，二曰瓣內單混出線，三曰破瓣不出線。長隨間廣。其廣三寸，厚二寸。如高增一尺，則廣加三分，厚加二分。減亦如之。

馬銜木：破瓣同櫺。長隨高，上隨櫺齊，下至地栿上。制度隨櫺。其廣三寸五分，厚二寸。每高增一尺，則廣加四分，厚加二分。減亦如之。

地霞：長一尺五寸，廣五寸，厚一寸二分。每高增一尺，則長加三寸，廣加一寸，厚加二分。減亦如之。

地栿：皆連梯混，或側面出線。或不出線。長隨間廣，或出絞頭在外。其廣六寸，厚四寸五分。每高增一尺，則廣加六分，厚加五分。減亦如之。

凡叉子若相連或轉角，皆施望柱，或栽入地，或安於地栿上，或下用衮砧托柱。如施於屋柱間之內及壁帳之間者，皆不用望柱。

〔1〕 劉批陶本：《法式》卷六各種按窗欞數只有「一十七」與「二十一」兩數。「二十七」疑為「一十七」之誤，否則亦為「二十一」。

〔2〕 熹年謹按：晁載之《續談助》摘鈔北宋崇寧本、故宮本、文津四庫本、張本、瞿本均作「二十七欞」，故不改。存劉批備考。

鈎闌

重臺鈎闌、單鈎闌　其名有八：一曰櫺檻，二曰軒檻，三曰櫳，四曰梐牢，五曰闌楯，六曰柃，七曰階檻，八曰鈎闌。

造樓閣殿亭鈎闌之制有二：一曰重臺鈎闌，高四尺至四尺五寸；二曰單鈎闌，高三尺至三尺六寸。若轉角則用望柱。或不用望柱，即以尋杖絞角。如單鈎闌科子蜀柱者，尋杖或合角。其望柱頭破瓣仰覆蓮。當中用單胡桃子，或作海石榴頭。如有慢道，即計階之高下，隨其峻勢，令斜高與鈎闌身齊。不得令高。其地栿之類廣厚準此。其名件廣厚皆取鈎闌每尺之高　謂自尋杖上至地栿下。積而爲法。

重臺鈎闌：

望柱：長視高。每高一尺，則加二寸，方一寸八分。

蜀柱：長同上。上下出卯在內。廣二寸，厚一寸。其上方一寸六分刻爲癭項。其項下細處比上減半。其下挑心尖留十分之二，兩肩各留十分中四釐。

其上出卯，以穿雲栱、尋杖。其下卯穿地栿。

雲栱：長二寸七分，廣減長之半，廕一分二氂，在尋杖下。厚八分。

地霞：或用華盆亦同。長六寸五分，廣一寸五分，廕一分五氂，在束腰下。厚一寸三分。

尋杖：長隨間，方八分。或圜混，或四混、六混、八混造。下同。

盆脣木：長同上，廣一寸八分，厚六分。

束腰：長同上，方一寸。

上華版：長隨蜀柱內。其廣一寸九分，厚三分。四面各別出卯，入池槽各一寸。下同。

下華版：長厚同上，卯入至蜀柱卯。廣一寸三分五氂。

地栿：長同尋杖，廣一寸八分，厚一寸六分。

單鈎闌：

望柱：方二寸。長及加同上法。

蜀柱：制度同重臺鈎闌蜀柱法。自盆脣木之上，雲栱之下，或造胡桃子撮項，或作青蜓頭，或用枓子蜀柱。

雲栱：長三寸二分，廣一寸六分，厚一寸。

尋杖：長隨間之廣。其方一寸。

盆脣木：長同上，廣二寸，厚六分。

華版：長隨蜀柱內。其廣三寸四分，厚三分。若万〔1〕字或鈎片造者，每華版廣一尺，万字條桱廣一寸五分，厚一寸，子桯廣一寸二分五氂；鈎片條桱廣二寸，厚一寸一分，子桯廣一寸五分。其間空相去皆比條桱減半。子桯之厚同條桱。

地栿：長同尋杖。其廣一寸七分，厚一寸。

華托柱：長隨盆脣木下至地栿上。其廣一寸四分，厚七分。

凡鉤闌分間布柱令與補間鋪作相應。角柱外一間與階齊。其鉤闌之外，階頭隨屋大小，留三寸至五寸爲法。如補間鋪作太密或無補間者，量其遠近隨宜加減。如殿前中心作折檻者，今俗謂之龍池。每鉤闌高一尺，於盆脣內廣別加一寸。其蜀柱更不出項，內加華托柱。

〔1〕 熹年謹按：張本、陶本作「萬」字，劉校故宮本、文津四庫本、瞿本均作簡體字「万」，當从「万」，實即象鉤片之圖形也。

棵籠子

造棵籠子之制：高五尺，上廣二尺，下廣三尺。或用四柱，或用六柱，或用八柱。柱子上下各用榥子、脚串、版櫺。下用牙子，或不用牙子。或雙腰串，或下用雙榥子鋜脚版造。柱子每高一尺即首長一寸，垂脚空五分。柱身四瓣方直，或安子桯，或採子桯，或破瓣造。柱首或作仰覆蓮，或單胡桃子，或科柱挑瓣方直，或刻作海石榴。其名件廣厚皆以每尺之高積而爲法。

柱子：長視高。每高一尺，則方四分四氂。如六瓣或八瓣，即廣七分，厚五分。

上下榥並腰串：長隨兩柱內。其廣四分，厚三分。

鋜脚版：長同上。下隨榥子之長。其廣五分。以厚六分爲定法。

欞子：長六寸六分，卯在內。廣二分四氂。厚同上。

牙子：長同鋜脚版，分作二條。廣四分。厚同上。

凡棵籠子其欞子之首在上棍子內。其欞相去準叉子制度。

井亭子

造井亭子之制：自下鋜脚至脊，共高一丈一尺，鴟尾在外。方七尺，四柱。四椽，五鋪作一抄一昂。材廣一寸二分，厚八分，重栱造。上用壓廈版，出飛檐，作九脊結瓦。其名件廣厚皆取每尺之高積而爲法。

柱：長視高。每高一尺，則方四分。

鋜脚：長隨深、廣。其廣七分，厚四分。絞頭在外

額：長隨柱內。其廣四分五氂，厚二分。

串：長與廣、厚並同上。

普拍方：長廣同上，厚一分五氂。

枓槽版：長同上，減二寸。廣六分六氂，厚一分四氂。

平棊版：長隨枓槽版內。其廣合版令足。以厚六分爲定法。

平棊貼：長隨四周之廣。其廣二分。厚同上。

楅：長隨版之廣。其廣同上，厚同普拍方。

平棊下難子：長同平棊版，方一分。

壓廈版：長同鋜腳，每壁加八寸五分。廣六分二氂，厚四氂。

栿：長隨深，加五寸。廣三分五氂，厚二分五氂。

大角梁：長二寸四分，廣二分四氂，厚一分六氂。

子角梁：長九分，曲廣三分五氂，厚同楅。

貼生：長同壓廈版，加六寸。廣同大角梁，厚同枓槽版。

脊槫蜀柱：長二寸二分，卯在內。廣三分六氂，厚同栿。

平屋槫蜀柱：長八分五氂〔1〕，廣厚同上。

脊槫及平屋槫：長隨廣。其廣三分，厚二分二氂。

脊串：長隨槫。其廣二分五氂，厚一分六氂。

叉手：長二寸六分，廣四分，厚二分。

山版：每深一尺，即長八寸，廣一寸五分。以厚六分爲定法。

上架椽：每深一尺，即長三寸七分。曲廣一分六氂〔2〕，厚九氂。

下架椽：每深一尺，即長四寸五分。曲廣一分七氂〔2〕，厚同上。

厦頭下架椽：每廣一尺，即長三寸。曲廣一分二氂，厚同上。

從角椽：長取宜勻攤使用。

大連檐：長同壓厦版，每面加二尺四寸。廣二分，厚一分。

前後厦瓦〔3〕版：長隨槫。其廣自脊至大連檐。合版〔4〕令數足，以厚五分爲定法。每至角長加一尺五寸。

兩頭廈瓦版：其長自山版至大連檐。合版令數足，厚同上。至角加一尺一寸五分。

飛子：長九分，尾在內。廣八氂，厚六氂。其飛子至角令隨勢上曲。

白版：長同大連檐，每壁長加三尺。廣一寸。以厚五分爲定法。

壓脊：長隨槫，廣四分六氂，厚三分。

垂脊：長自脊至壓廈外，曲廣五分，厚二分五氂。

角脊：長二寸，曲廣四分，厚二分五氂。

曲闌搏脊〔5〕：每面長六尺四寸。廣四分，厚二分。

前後瓦隴條：每深一尺，即長八寸五分。方九氂。相去空九氂。

廈頭瓦隴條：每廣一尺，即長三寸三分。方同上。

搏風版：每深一尺，即長四寸三分，以厚七分爲定法。

瓦口子：長隨子角梁內，曲廣四分，厚亦如之。

垂魚：長一尺三寸。每長一尺，即廣六寸。厚同搏風版。

惹草：長一尺。每長一尺即廣七寸，厚同上。

鴟尾：長一寸一分，身廣四分，厚同壓脊。

凡井亭子鋜腳下齊，坐於井階之上。其枓栱分數及舉折等並準大木作之制。

〔1〕劉批陶本：「八寸五分」疑爲「八分五氂」之誤。按八分五氂製圖，其高度適合舉折之制。

梁思成先生《營造法式注釋》（卷上）卷八此條後注〔38〕云：「這個尺寸，各本原來都作八寸五分，按大木作舉折之制繪圖，應作長八分五厘。」

熹年謹按：故宮本、張本、丁本、四库本、瞿本均作「八寸五分」。此處據劉、梁二公批注改爲「八分五氂」。

〔2〕劉批陶本：「一寸六分」「一寸七分」，疑爲「一分六氂」「一分七氂」之誤。製圖亦以改正者爲是。

梁思成先生《營造法式注釋》（卷上）卷八此條後注〔41〕所云與劉批同。

熹年謹按：故宮本、張本、丁本、四库本、瞿本均作「一寸六分」「一寸七分」。此據劉、梁二公所批改。

〔3〕熹年謹按：陶本作「厦瓦版」，張本、丁本「瓦」作「瓪」，宋本卷十一壁藏瓪作「瓪」，故从宋本。

〔4〕熹年謹按：故宮本、文津四庫本、張本、丁本、陶本均误作「貼」，据下条「兩頭瓪版」改「版」。

〔5〕熹年謹按：「搏脊」張本、陶本誤作「榑脊」，据故宮本、文津四庫本改。後文同誤者逕改。

牌

造殿堂樓閣門亭等牌之制：長二尺至八尺。其牌首、牌上橫出者。牌帶、牌兩旁下垂者。牌舌牌面下兩帶之內橫施者。每廣一尺，即上邊綽四寸向外。牌面每長一尺，則首帶隨其長外各加長四寸二分，舌加長四分。謂牌長五尺，即首長六尺一寸，帶長七尺一寸，舌長四尺二寸之類。尺寸不等，依此加減。下同。其廣厚皆取牌每尺之長積而爲法。

牌面：每長一尺，則廣八寸，其下又加一分。令牌面下廣。謂〔1〕牌長五尺，即上廣四尺，下廣四尺五分之類。尺寸不等，依此加減。下同

首：廣三寸，厚四分。

帶：廣二寸八分，厚同上。

舌：廣二寸，厚同上。

凡牌面之後四周皆用楅。其身內七尺以上者用三楅，四尺以上者用二楅，三尺以上者用一楅。其楅之廣厚皆量其所宜而爲之。

〔1〕熹年謹按：故宫本、張本、丁本作「與」，晁載之《續談助》摘鈔北宋崇寧本、文津四庫本作「謂」，今從《續談助》、文津四庫本。

營造法式卷第八

營造法式卷第九

通直郎管修蓋皇弟外第專一提舉修蓋班直諸軍營房等臣李誡奉聖旨編修

小木作制度四

佛道帳

佛道帳

造佛道帳之制：自坐下龜腳至鴟尾共高二丈九尺，內外攏深一丈二尺五寸，上層施天宮樓閣，次平坐，次腰檐。帳身下安芙蓉瓣疊澀門窗龜腳坐。兩面與兩側制度並同。作五間造。其名件廣厚皆取逐層每尺之高積而爲法。

後鈎闌兩等皆以每寸之高積而爲法。

帳坐：高尺五寸，長隨殿身之廣，其廣隨殿身之深。下用龜腳，腳上施車槽，槽之上下各用澀一重，於上澀之上又疊子澀三重。於上一重之下施坐腰。上澀之上用坐面澀，面上安重臺鈎闌，高一尺。闌內遍用明金版。鈎闌之內施寶柱兩重，留外一重爲轉道。內壁貼絡門窗。其上設五鋪作卷頭平坐。材廣一寸八分。腰檐平坐準此。平坐上又安重臺鈎闌。並癭項雲栱坐。自龜腳上每澀至上鉤闌，逐層並作芙蓉瓣造。

龜腳：每坐高一尺，則長二寸，廣七分，厚五分。

車槽上下澀：長隨坐長及深，外每面加二寸。廣二寸，厚六分五氂。

車槽：長同上，每面減三寸，安華版在外。廣一寸，厚八分。〔1〕

上子澀：兩重，在坐腰上下者。各長同上〔2〕，減二寸。廣一寸六分，厚二分五氂。

下子澀：長同坐，廣厚並同上。

坐腰：長同上，每面減八寸。方一寸。安華版在外。

坐面澀：長同上，廣二寸，厚六分五氂。

猴面版：長同上，廣四寸，厚六分七氂。

明金版：長同上，每面減八寸。廣二寸五分，厚一分二氂。

枓槽版：長同上，每面減三尺。廣二寸五分，厚二分二氂。

壓廈版：長同上，每面減一尺。廣二寸四分，厚二分二氂。

門窗背版：長隨料槽版，減長三寸。廣自普拍方下至明金版上。以厚六分爲定法。

車槽華版：長隨車槽，廣八分，厚三分。

坐腰華版：長隨坐腰，廣一寸，厚同上。

坐面版：長廣並隨猴面版內，其厚二分六氂。

猴面榥：每坐深一尺，則長九寸。方八分。每一瓣用一條。

猴面馬頭榥：每坐深一尺，則長一寸四分。方同上。每一瓣用一條。

連梯臥榥：每坐深一尺，則長九寸五分。方同上。每一瓣用一條。

連梯馬頭榥：每坐深一尺，則長一寸。方同上。

長短柱腳方：長同車槽澀，每一面減三尺二寸。方一寸。

長短榻頭木：長隨柱腳方內，方八分。

長立榥：長九寸二分，方同上。隨柱腳方榻頭木逐瓣用之。

短立榥：長四寸，方六分。

拽後榥：長五寸，方同上。

穿串透栓：長隨榻頭木，廣五分，厚二分。

羅文榥：每坐高一尺則加長四寸。方八分。

帳身：高一丈二尺五寸，長與廣皆隨帳坐，量瓣數隨宜取間。其內外皆攏帳柱，柱下用鋜腳隔科〔3〕，柱上用內外側當隔科〔3〕，四面外柱並安歡門帳帶。前一面裏槽柱內亦用。每間用算桯方施平棊鬬八藻井。前一面每間兩頰各用毬文格子門。格子桯四混出雙線，用雙腰串腰華版造。門之制度並準本法。兩側及後壁並用難子安版。

帳內外槽柱：長視帳身之高。每高一尺，則方四分。

虛柱：長三寸二分，方三分四氂。

內外槽上隔科版：長隨間架，廣一寸二分，厚一分二氂。

上隔科仰托榥：長同上，廣二分八氂，厚二分。

上隔科內外上下貼：長同鋜脚，貼廣二分，厚八氂。

隔科內外上柱子：長四分四氂。下柱子：長三分六氂。其廣厚並同上。

裏槽下鋜脚版：長隨每間之深廣。其廣五分二氂，厚一分二氂。

鋜脚仰托榥：長同上，廣二分八氂，厚二分。

鋜脚內外貼：長同上。其廣二分，厚八氂。

鋜脚內外柱子：長三分二氂，廣厚同上。

內外歡門：長隨帳柱之內。其廣一寸二分，厚一分二氂。

內外帳帶：長二寸八分，廣二分六氂，厚亦如之。

兩側及後壁版：長視上下仰托榥內，廣隨帳柱、心柱內。其厚八氂。
心柱：長同上。其廣三分二氂，厚二分八氂。
頰子：長同上，廣三分，厚二分八氂。
腰串：長隨帳柱內，廣厚同上。
難子：長同後壁版，方八氂。
隨間栿：長隨帳身之深。其方三分六氂。
算桯方：長隨間之廣。其廣三分二氂，厚二分四氂。
四面纏〔4〕難子：長隨間架，方一分二氂。
平棊：華文制度並準殿內平棊。
背版：長隨方子內，廣隨栿心。以厚五分爲定法。
桯：長隨方子四周之內。其廣二分，厚一分六氂。
貼：長隨桯四周之內。其廣一分二氂。厚同背版。

難子並貼華：厚同貼。每方一尺，用貼華二十五枚或十六枚。

鬬八藻井：徑三尺二寸，共高一尺五寸，五鋪作重栱卷頭造，材廣六分。其名件並準本法量宜減之。

腰檐：自櫨枓至脊共高三尺，六鋪作一抄兩昂重栱造，柱上施枓槽版與山版，版內又施夾槽版，逐縫夾安鑰匙頭版，其上順槽安鑰匙頭榥，及於鑰匙頭版上通用臥榥，榥上栽柱子，柱上又施臥榥，榥上安上層平坐。鋪作之上平鋪壓廈版，四角用角梁、子角梁，鋪椽安飛子，依副階舉分結瓦。

普拍方：長隨四周之廣。其廣一寸八分，厚六分。絞頭在外。

角梁：每高一尺加長四寸，廣一寸四分，厚八分。

子角梁：長五寸。其曲廣二寸，厚七分。

抹角栿：長七寸，方一寸四分。

槫：長隨間廣。其廣一寸四分，厚一寸。

曲椽：長七寸六分。其曲廣一寸，厚四分。每補間鋪作一朵用四條。

飛子：長四寸，尾在內。方三分。角內隨宜刻曲。

大連檐：長同槫，梢間長至角梁，每壁加三尺六寸。廣五分，厚三分。

白版：長隨間之廣。每梢間加出角一尺五寸。其廣三寸五分。以厚五分爲定法。

夾科槽版：長隨間之深、廣。其廣四寸四分，厚七分。

山版：長同科槽版，廣四寸二分，厚七分。

科槽鑰匙頭版每深一尺，則長四寸：廣厚同科槽版，逐間段數亦同科槽版。

科槽壓廈版：長同科槽版，每梢間長加一尺。其廣四寸，厚七分。

貼生：長隨間之深、廣。其方七分。

料槽臥棍：每深一尺，則長九寸六分五氂。方一寸。每鋪作一朵用二條。

絞鑰匙頭上下順身棍：長隨間之廣，方一寸。

立棍：長七寸，方一寸。每鋪作一朵用二條。

廈瓪版：長隨間之廣、深。每梢間加出角一尺二寸五分。其廣九寸。以厚五分爲定法。

搏脊：長同上，廣一寸五分，厚七分。

角脊：長六寸。其曲廣一寸五分，厚七分。

瓦隴條：長九寸，瓦頭在內。方三分五氂。

瓦口子：長隨間廣。每梢間加出角二尺五寸。其廣三分。以厚五分爲定法。

平坐：高一尺八寸，長與廣皆隨帳身，六鋪作卷頭重栱造。四出角於壓廈版上施鴈翅版，槽內名件並準腰檐法。上施單鈎闌，高七寸。撮項雲栱造。

普拍方：長隨間之廣。合角〔5〕在外。其廣一寸二分，厚一寸。

夾枓槽版：長隨間之深、廣。其廣九寸，厚一寸一分。

枓槽鑰匙頭版：每深一尺，則長四寸。其廣、厚同枓槽版。逐間段數亦同。

壓廈版：長同枓槽版，每梢間加長一尺五寸。廣九寸五分，厚一寸一分。

枓槽臥棍：每深一尺，則長九寸六分五氂。方一寸六分。每鋪作一朵用二條。

立棍：長九寸，方一寸六分。每鋪作一朵用四條。

鴈翅版：長隨壓廈版。其廣二寸五分，厚五分。

坐面版：長隨枓槽內。其廣九寸，厚五分。

天宮樓閣：共高七尺二寸，深一尺一寸至一尺三寸，出跳及檐並在柱外。下層爲副階，中層爲平坐，上層爲腰檐，檐上爲九脊殿結瓦。其殿身茶樓、有挾屋者。角樓並六鋪作單抄重昂。或單栱，或重栱。角樓長一瓣半，殿身及茶樓各長三瓣。殿挾及龜頭並五鋪作單抄單昂。或單栱或重栱。殿挾長一瓣，龜頭長二瓣。行廊四鋪作單抄，或單栱或重栱。長二瓣，分心，材廣六分。每瓣用補間鋪作兩朶。兩側龜頭等制度並準此。

中層平坐：用六鋪作卷頭造。平坐上用單鉤闌，高四寸。枓子蜀柱造。

上層殿樓：龜頭之內唯殿身施重檐重檐謂殿身並副階。其高五尺者不用。外，其餘制度並準下層之法。其枓槽版及最上結瓦、壓脊、瓦隴條之類並量宜用之。

帳上所用鉤闌：應用小鉤闌者並通用此制度。

重臺鉤闌：共高八寸至一尺二寸。其鉤闌並準樓閣殿亭鉤闌制度，下同。其名件等以鉤闌每尺之高積而爲法：

望柱：長視高，加四寸。每高一尺，則方四寸。通身八瓣。

蜀柱：長同上，廣二寸，厚一寸。其上方一寸六分刻癭項。

雲栱：長三寸，廣一寸五分，厚九分。

地霞：長五寸，廣同上，厚一寸三分。

尋杖：長隨間廣，方九分。

盆脣木：長同上，廣一寸六分，厚六分。

束腰：長同上，廣一寸，厚八分。

上華版：長隨蜀柱內。其廣二寸，厚四分。四面各別出卯，令入池槽，下同。

下華版：長厚同上，卯入至蜀柱卯。廣一寸五分。

地栿：長隨望柱內，廣一寸八分，厚一寸一分。上兩稜連梯混，各四分。

單鉤闌：高五寸至一尺者並用此法。其名件等以鉤闌每寸之高積而爲法。

望柱：長視高，加二寸。方一分八氂。

蜀柱：長同上，制度同重臺鉤闌法。自盆脣木上至〔6〕雲栱下，作撮項胡桃子。

雲栱：長四分，廣二分，厚一分。

尋杖：長隨間之廣，方一分。

盆脣木：長同上，廣一分八氂，厚八氂。

華版：長隨蜀柱內，廣三分。以厚四分爲定法。

地栿：長隨望柱內。其廣一分五氂，厚一分二氂。

料子蜀柱鉤闌：高三寸至五寸者並用此法。其名件等以鉤闌每寸之高積而爲法。

蜀柱：長視高：卯在內。廣二分四氂，厚一分二氂。

尋杖：長隨間廣，方一分三氂。

盆脣木：長同上，廣二分，厚一分二氂。

華版：長隨蜀柱內。其廣三分。以厚三分爲定法。

地栿：長隨間廣。其廣一分五氂，厚一分二氂。

踏道圜橋子：高四尺五寸，斜拽長三尺七寸至五尺五寸，面廣五尺。

下用龜腳，上施連梯立旌，四周纏難子合版，內用榥，兩頰之內逐層安促踏版，上隨圜勢施鉤闌望柱。

龜腳：每橋子高一尺，則長二寸，廣六分，厚四分。

連梯桯：其廣一寸，厚五分。

連梯榥：長隨廣。其方五分。

立柱：長視高，方七分。

攏立柱上榥：長與方並同連梯榥。

兩頰：每高一尺則加六寸，曲廣四寸，厚五分。

促版踏版：每廣一尺，則長九寸六分。廣一寸三分，踏版又加三分。厚二分三氂。

踏版榥：每廣一尺，則長加八分。方六分。

背版：長隨柱子內，廣視連梯與上榥內。以厚六分爲定法。

月版：長視兩頰及柱子內，廣隨兩頰與連梯內。以厚六分爲定法。

上層如用山華蕉葉造者，帳身之上更不用結，其壓厦版於撩檐方外出四十分，上施混肚方，方上用仰陽版，版上安山華蕉葉，共高二尺七寸七分。其名件廣厚皆取自普拍方至山華每尺之高積而爲法。

頂版：長隨間廣。其廣隨深。以厚七分爲定法。

混肚方：廣二寸，厚八分。

仰陽版：廣二寸八分，厚三分。

山華版：廣、厚同上。

仰陽上下貼：長同仰陽版。其廣六分，厚二分四氂。

合角貼：長五寸六分，廣、厚同上。

杜子：長一寸六分，廣、厚同上。

榀：長三寸二分，廣同上，厚四分。

凡佛道帳芙蓉瓣，每瓣長一尺二寸，隨瓣用龜腳。上對鋪作。結瓦隴條，每條相去如隴條之廣。至角隨宜分布。其屋蓋舉折及料栱等分數並準大木作制度隨材減之。殺蘇瓣杜及飛子亦如之。

〔1〕熹年謹按：「廣一寸，厚八分」丁本脱，故宫本、文津四庫本、張本、陶本不脱。

〔2〕熹年謹按：「減二寸。廣一寸六分，厚」句丁本脱，故宫本、文津四庫本、張本、陶本不脱。據故宫本補。

〔3〕劉校故宫本：丁本作「隔料」，故宫本、瞿本作「隔科」，當從故宫本。

熹年謹按：張本、亦誤作「隔料」。文津四庫本不誤。然宋刊本卷十九脊小帳、壁帳，卷十一轉輪經藏均作「隔科」，故當以「隔科」爲是。他書亦有作「隔窠」者，窠、科同音，可爲佐證。

〔4〕朱批陶本：「摶」應作「纏」。見本卷葉九「圜橋子」條。

〔5〕劉批陶本：陶本、丁本、故宮本均作「合用」，而壁藏平坐條作「合角」，因據改。

熹年謹按：文津四庫本、張本亦作「合用」，誤。

〔6〕劉批陶本：疑脫「至」字，為補入。

熹年謹按：故宮本、文津四庫本、張本均無「至」字。

營造法式卷第九

營造法式卷第十

通直郎管修蓋皇弟外第專一提舉修蓋班直諸軍營房等臣李誡奉聖旨編修

小木作制度五

牙脚帳　九脊小帳

壁帳

牙腳帳

造牙腳帳之制：共高一丈五尺，廣三丈，內外攏共深八尺。以此爲率。下段用牙腳坐，坐下施龜腳。中段帳身上用隔科，下用錠腳。上段山華仰陽版，六鋪作。每段各分作三段造。其名件廣厚皆隨逐層每尺之高積而爲法。

牙腳坐：高二尺五寸，長三丈二尺，深一丈。坐頭在內。下用連龜腳；中用束腰，壓青牙子，牙頭、牙腳、背版、填心；上用梯盤面版，安重臺鉤闌高一尺。其鉤闌並準佛道帳制度。

龜腳：每坐高一尺，則長三寸，廣一寸二分，厚一寸四分。

連梯：隨坐深長。其廣八分，厚一寸二分。

角柱：長六寸二分，方一寸六分。

束腰：長隨角柱內。其廣一寸，厚七分。

牙頭：長三寸二分，廣一寸四分，厚四分。

牙脚：長六寸二分，廣二寸四分，厚同上。

填心：長三寸六分，廣二寸八分，厚同上。

壓青牙子：長同束腰，廣一寸六分，厚二分六氂。

上梯盤：長同連梯。其廣二寸，厚一寸四分。

面版：長、廣皆隨梯盤長、深之內，厚同牙頭。

背版：長隨角柱內。其廣六寸二分，厚三分二氂。

束腰上貼絡柱子：長一寸，兩頭叉瓣在外。方七分。

束腰上襯版：長三寸六分[1]，廣一寸，厚同牙頭。

連梯棍 每深一尺，則長八寸六分。方一寸。每面廣一尺用一條。

立棍：長九寸，方同上。隨連梯棍用五路。

梯盤棍：長同連梯，方同上。用同連梯棍。

帳身：高九尺，長三丈，深八尺。內外槽柱上用隔科，下用錠脚，四面柱內安歡門帳帶，兩側及後壁皆施心柱、腰串、難子安版。前面每間兩邊並用立頰、泥道版。

內外帳柱：長視帳身之高。每高一尺，則方四分五氂。

虛柱：長三寸〔2〕，方四分五氂。

內外槽上隔科版：長隨每間之深、廣。其廣一寸二分四氂，厚一分七氂。

上隔科仰托棍：長同上，廣四分，厚二分。

上隔科內外上下貼：長同上，廣二分，厚一分。

上隔科內外上柱子：長五分；下柱子：長三分四氂。其廣、厚並同上。

內外歡門：長同上。其廣二分〔3〕，厚一分五氂。

內外帳帶：長三寸四分，方三分六氂。

裏槽下錠腳版：長隨每間之深、廣。其廣七分，厚一分七氂。

錠腳仰托榥：長同上，廣四分，厚二分。

錠腳內外貼：長同上，廣二分，厚一分。

錠腳內外柱子：長五分，廣二分，厚同上。

兩側及後壁合版：長同立頰，廣隨帳柱、心柱內。其厚一分。

心柱：長同上，方三分五氂。

腰串：長隨帳柱內，方同上。

立頰：長視上下仰托榥內。其廣三分六氂，厚三分。

泥道版：長同上。其廣一寸八分，厚一分。

難子：長同立頰，方一分。安平棊亦用此。

平棊：華文等並準殿內平棊制度。

桯：長隨枓槽四周之內。其廣二分三氂，厚一分六氂。

背版：長、廣隨桯。以厚五分爲定法。

貼：長隨桯內。其廣一分六氂。厚同背版。

難子並貼華厚同貼：每方一尺用華子二十五枚或十六枚。

福：長同桯。其廣二分三氂，厚一分六氂。

護縫：長同背版。其廣二分。厚同貼。

帳頭：共高三尺五寸。枓槽長二丈九尺七寸六分，深七尺七寸六分，六鋪作單抄重昂重栱轉角造。其材廣一寸五分。柱上安枓槽版，鋪作之上用壓厦版，版上施混肚方、仰陽山華版。每間用補間鋪作二十八朵。

普拍方：長隨間廣。其廣一寸二分，厚四分七氂。絞頭在外。

內外槽並兩側夾料槽版：長隨帳之深、廣。其廣三寸，厚五分七氂。
壓厦版：長同上。至角加一尺三寸。其廣三寸二分六氂，厚五分七氂。
混肚方：長同上。至角加一尺五寸。其廣二分，厚七分。
頂版：長〔4〕隨混肚方內。以厚六分爲定法。
仰陽版：長同混肚方。至角加一尺六寸。其廣二寸五分，厚三分。
仰陽上下貼：下貼長同上，上貼隨合角貼內，廣五分，厚二分五氂。
仰陽合角貼：長隨仰陽版之廣。其廣厚同上。
山華版：長同仰陽版。至角加一尺九寸。其廣二寸九分，厚三分。
山華合角貼：廣五分，厚二分五氂。
臥棍：長隨混肚方內。其方七分。每長一尺用一條。
馬頭棍：長四寸，方七分。用同臥棍。
楅：長隨仰陽山華版之廣。其方四分。每山華用一條。

凡牙腳帳坐每一尺作一壼門，下施龜腳，令對鋪作。其所用料栱名件分數並準大木制度，隨材減之。

〔1〕劉批陶本：丁本作「三分六氂」，疑爲「三寸六分」之誤。廣一寸，厚四分，而長只三分六氂，似不可能。下文九脊小帳束腰襯版廣厚略同，而長二寸八分，故改正之。

熹年謹按：故宮本、文津四庫本、張本亦均作「三分六氂」。然劉批合理，故從之。

〔2〕劉批陶本：卷九天宮樓閣佛道帳及卷十九脊小帳之虛柱皆長過帳帶。九脊小帳之虛柱亦方四分五氂，而長則三寸五分。故疑「三寸」爲「三寸五分」或「三寸六分」之誤。

熹年謹按：故宮本、瞿本、文津四庫本均作「長三寸」，故不改，記劉批備考。

〔3〕劉批陶本：「廣二分」疑為「一寸二分」或「一寸五分」之誤。佛道帳及九脊小帳歡門之廣與厚均為十與一之比。

熹年謹按：故宮本、文津四庫本、張本、丁本、瞿本均作「其廣二分」，故不改，記劉批備考。

〔4〕劉批陶本：疑脫「廣」字。

熹年謹按：故宮本、文津四庫本、張本、瞿本均無「廣」字，故不改，記劉批備考。

九脊小帳

造九脊小帳之制：自牙腳坐下龜腳至脊共高一丈二尺，鴟尾在外。廣八尺，內外攏共深四尺。下段、中段與牙腳帳同，上段五鋪作九脊殿結瓦造。其名件廣厚皆隨逐層每尺之高積而爲法。

牙腳坐：高二尺五寸，長九尺六寸，坐頭在內。深五尺。自下連梯龜腳上至面版，安重臺鉤闌，並準牙腳帳坐制度。

龜腳：每坐高一尺，則長三寸，廣一寸二分，厚六分。

連梯：隨坐深長。其廣二寸，厚一寸二分。

角柱：長六寸二分，方一寸二分。

束腰：長隨角柱內。其廣一寸，厚六分。

牙頭：長二寸八分，廣一寸四分，厚三分二氂。

牙腳：長六寸二分，廣二寸，厚同上。

填心：長三寸六分，廣二寸二分，厚同上。

壓青牙子：長同束腰，隨深廣〔1〕減一寸五分。其廣一寸六分，厚二分四氂。

上梯盤：長、厚同連梯，廣一寸六分。

面版：長、廣皆隨梯盤內，厚四分。

背版：長隨角柱內。其廣六寸二分，厚同壓青牙子。

束腰上貼絡柱子：長一寸，別出兩頭叉瓣。方六分。

束腰鋜腳內襯版：長二寸八分，廣一寸，厚同填心。

連梯棍：長隨連梯內，方一寸。每廣一尺用一條。

（下句為宋刊本卷十第六葉起，為明補版。）

立棍：長九寸，卯在內。方同上。隨連梯棍用三路。

梯盤棍：長同連梯，方同上。用同連梯棍。

帳身：一間，高六尺五寸，廣八尺，深四尺。其內外槽柱至泥道版並準牙腳帳制度。唯後壁兩側並不用腰串。

內外帳柱：長視帳身之高，方五分。

虛柱：長三寸五分，方四分五氂。

內外槽上隔科版：長隨帳柱內。其廣一寸四分二氂，厚一分五氂。

上隔科仰托棍：長同上，廣四分三氂，厚二分八氂。

上隔科內外上下貼：長同上，廣二分八氂，厚一分四氂。

上隔科內外上柱子：長四分八氂；下柱子：長三分八氂，廣厚同上。

內歡門：長隨立頰內；外歡門：長隨帳柱內。其廣一寸五分，厚一分五氂。

內外帳帶：長三寸二分，方三分四氂。

裏槽下錠腳版：長同上隔科上下貼。其廣七分二氂，厚一分五氂。

錠腳仰托榥：長同上，廣四分三氂，厚二分八氂。

錠腳內外貼：長同上，廣二分八氂，厚一分四氂。

錠腳內外柱子：長四分八氂，廣二分八氂，厚一分四氂。

兩側及後壁合版：長視上下仰托榥，廣隨帳柱心柱內。其厚一分。

（宋刊本卷十第六葉止，為明代補版。本葉已據該葉校正。故宮本行款與此葉全同。）

心柱：長同上，方三分六氂。

立頰：長同上，廣三分六氂，厚三分。

泥道版：長同上，廣隨帳柱立頰內，厚同合版。

難子：長隨立頰及帳身版、泥道版之長、廣。其方一分。

平棊：華文等並準殿內平棊制度。作三段造。

桯：長隨科槽四周之內。其廣六分三氂，厚五分。〔2〕

背版：長、廣隨桯。以厚五分爲定法。

貼：長隨桯內。其廣五分。厚同上。

貼絡華文：厚同上。每方一尺用華子二十五枚或十六枚。

楅：長同背版。其廣六分，厚五分。

護縫：長同上。其廣五分。厚同貼。

難子：長同上，方二分。

帳頭：自普拍方至脊共高三尺，鴟尾在外。廣八尺，深四尺。四柱，五鋪作下出一抄上施一昂，材廣一寸二分，厚八分，重栱造。上用壓厦版，出飛檐，作九脊結瓦。

普拍方：長隨廣、深。絞頭在外。其廣一寸，厚三分。

枓槽版：長厚同上。減二寸。其廣二寸五分。

壓厦版：長厚同上。每壁加五寸。其廣二寸二〔3〕分。

栿：長隨深。加五寸。其廣一寸，厚八分。

大角梁：長七寸，廣八分，厚六分。

（宋刊本卷十第七葉止，為明代補版。本葉已據該葉校正。故宮本行款與此葉全同。）

子角梁：長四寸，曲廣二寸，厚同上。

貼生：長同壓厦版。加七寸。其廣六分，厚四分。

脊槫：長隨廣。其廣一寸，厚八分。

脊槫下蜀柱：長八寸，廣厚同上。

脊串：長隨槫。其廣六分，厚五分。

叉手：長六寸，廣、厚皆同角梁。

山版：每深一尺，則長九寸。廣四寸五分。以厚六分爲定法。

曲椽：每深一尺，則長八寸。曲廣同脊串，厚三分。每補間鋪作一朶用三條。

廈頭椽：每深一尺，則長五寸。廣四分，厚同上。用〔4〕同上。

從角椽：長隨宜均攤使用。

大連檐：長隨深、廣。每壁加一尺五寸。其廣同曲椽，厚同貼生。

前後廈瓪版：長隨榑。每至角加一尺五寸。其廣自脊至大連檐隨材合縫，以厚五分爲定法。

兩廈頭廈瓪版：長隨深。加同上。其廣自山版至大連檐。合縫同上，厚同上。

飛子：長二寸五分，尾在內。廣二分五氂，厚二分三氂。角內隨宜取曲。

白版：長隨飛檐。每壁加二尺。其廣三寸。厚同廈瓦版。

壓脊：長隨廈瓪版。其廣一寸五分，厚一寸。

垂脊：長隨脊至壓廈版外。其曲廣及厚同上。

角脊：長六寸，廣、厚同上。

曲闌摶〔5〕脊：共長四尺。廣一寸，厚五分。

（宋刊本卷十第八葉止，為明代補版。本葉已據该葉校正。故宫本行款與此葉全同。）

前後瓦隴條：每深一尺，則長八寸五分。厦頭者長五寸五分。若至角，並隨角斜長。方三分，相去空分同。

摶風版：每深一尺，則長四寸五分。曲廣一寸二分。以厚七分爲定法。

瓦口子：長隨子角梁內。其曲廣六分。

垂魚：共長一尺二寸。每長一尺，即廣六寸。厚同摶風版。

惹草：共長一尺。每長一尺，即廣七寸，厚同上。

鴟尾：共高一尺一寸。每高一尺，即廣六寸，厚同壓脊。

凡九脊小帳施之於屋一間之內。其補間鋪作前後各八朵，兩側各四朵。坐內壺門等並準牙脚帳制度。

〔1〕劉批陶本：「減」字以下陶本誤作小字注文，應改為大字正文。

熹年謹按：故宮本、四庫本、張本均為小字注文，然劉批與文義合，故從之。

〔2〕劉批陶本：平棊各件尺寸太大，如桯之大竟過帳柱，其他如貼、楅、護縫、難子皆然，恐全部有誤。

熹年謹按：宋刊本明代補版及故宮本此葉之文字均如此，故未改。

〔3〕熹年謹按：「二」字陶本作「五」，據宋本改。張本不誤，作「二」。

〔4〕熹年謹按：「用」字陶本誤作「角」，據宋本改。張本不誤。

〔5〕熹年謹按：「搏脊」陶本誤作「榑脊」，據宋本改。張本不誤。

壁帳

造壁帳之制：高一丈三尺至一丈六尺。山華仰陽在外。其帳柱之上安普拍方，方上施隔科〔1〕及五鋪作下昂重栱出角入角造。其材廣一寸二分，厚八分。每一間用補間鋪作一十三朵，鋪作上施壓厦版、混肚方，混肚方上與梁下齊。方上安仰陽版及山華。仰陽版、山華在兩梁之間。帳內上施平棊，兩柱之內並用叉子栿。其名件廣、厚皆取帳身間內每尺之廣積而爲法。

帳柱：長視高。每間廣一尺，則方三分八氂。

仰托榥：長隨間廣。其廣三分，厚二分。

隔科版：長同上。其廣一寸一分，厚一分。

隔科貼：長隨兩柱之內。其廣二分，厚八氂。

隔科柱子：長隨貼內，廣、厚同貼。

料槽版：長同仰托榥。其廣七分六氂，厚一分。

（宋刊本卷十第九葉止，為明代補版。本葉已據該葉校正。故宮本行款與此葉全同。）

壓厦版：長同上。其廣八分，厚一分。料槽版及壓厦版如減材分，即廣隨所用減之。

混肚方：長同上。其廣四分，厚二分。

仰陽版：長同上。其廣七分，厚一分。

仰陽貼：長同上。其廣二分，厚八氂。

合角貼：長視仰陽版之廣。其厚同仰陽貼。

山華版：長隨仰陽版廣。其厚同壓厦版。

平棊：華文並準殿內平棊制度。長、廣並隨間內。

背版：長隨平棊。其廣隨帳之深。以厚六分爲定法。

桯：隨背版四周之廣。其廣二分，厚一分六氂。

貼：長隨桯四周之内。其廣一分六氂。厚同上。

難子並貼華：每方一尺，用貼絡華二十五枚或十六枚。

護縫：長隨平棊。其廣同桯。厚同背版。

楅：廣三分，厚二分。

凡壁帳上山華仰陽版後每華尖皆施楅一枚。所用飛子、馬銜皆量宜造之。其料栱等分數並準大木作制度。

〔1〕熹年謹按：「隔科」陶本、張本误作「隔科」，据宋本改。四库本不误，即作「隔科」。

（宋刊本卷十第十葉止，為明代補版。本葉已據宋本該葉校正。故宫本行款與此葉全同。卷中已据宋本校改者，即不再录入他本所校。）

營造法式卷第十

營造法式卷第十一

通直郎管修蓋皇弟外第專一提舉修蓋班直諸軍營房等臣李誡奉
聖旨編修

小木作制度六

轉輪經藏

壁藏

轉輪經藏

造經藏之制：共高三〔1〕丈，徑一丈六尺，八稜。每稜面廣六尺六寸六分。內外槽柱、外槽帳身、柱上腰檐、平坐、坐上施天宮樓閣，八面制度並同。其名件廣厚皆隨逐層每尺之高積而爲法。

外槽帳身：柱上用隔科〔2〕歡門帳帶造。高一丈二尺。

帳身外槽柱：長視高，廣四分六釐，厚四分。歸瓣造。

隔科版：長隨帳柱內。其廣一寸六分〔3〕，厚一分二釐。

仰托榥：長同上，廣三分，厚二分。

隔科內外貼：長同上，廣二分，厚九釐。

內外上下柱子：上柱長四分，下柱長三分，廣厚同上。

歡門：長同隔科版。其廣一寸二分，厚一分二釐。

帳帶：長二寸五分，方二分六氂。

腰檐並結瓬：共高二尺，枓槽徑一丈五尺八寸四分，枓槽及出檐在外。內外並六鋪作重栱，用一寸材。厚六分六氂。每瓣補間鋪作五朵，外跳單抄重（宋刊本卷十一第一葉止，為原版。版心有刻工名，不辨。本葉已據宋本該葉校正。故宮本行款與此葉全同。）昂，裏跳並卷頭。其柱上先用普拍方施枓栱，上瓬壓厦版，出椽並飛子、角梁、貼生，依副階舉折結。

普拍方：長隨每瓣之廣。絞角在外。其廣二寸，厚七分五氂。

枓槽版：長同上，廣三寸五分，厚一寸。

壓厦版：長同上，加長七寸。廣七寸五分，厚七分五氂。

山版：長同上，廣四寸五分，厚一寸。

貼生：長同山版，加長六寸。方一分。

角梁：長八寸，廣一寸五分，厚同上。

子角梁：長六寸，廣同上，厚八分。

搏脊槫：長同上，加長一寸。廣一寸五分，厚一寸

曲椽：長八寸，曲廣一寸，厚四分。每補間鋪作一朵用三條，與從〔4〕椽取勻分擘。

飛子：長五寸，方三分五氂。

白版：長同山版，加長一尺。廣三寸五分。以厚五分爲定法。

井口棍：長隨徑，方二寸。

立棍：長視高，方一寸五分。每瓣用三路〔5〕。

馬頭棍：方同上。用數亦同上。

厦瓦版：長同山版，加長一尺。廣五寸。以厚五分爲定法。

瓦隴條：長九寸，方四分。瓦頭在內。

瓦口子：長厚同厦瓦版，曲廣三寸。

小山子版：長廣各四寸，厚一寸。

（宋刊本卷十一第二葉止，為明代補版。本葉己據該葉校定。故宫本行款與此葉全同。）

搏脊：長同山版，加長二寸。廣二寸五分，厚八分。

角脊：長五寸，廣二寸，厚一寸。

平坐：高一尺，枓槽徑一丈五尺八寸四分，壓厦版出頭在外。六鋪作卷頭重栱，用一寸材。每瓣用補間鋪作九朵，上施單鈎闌，高六寸。撮項雲栱造。其鈎闌準佛道帳制度。

普拍方：長隨每瓣之廣，絞頭在外。方一寸。

枓槽版：長同上。其廣九寸，厚二寸。

壓厦版：長同上，加長七寸五分。廣九寸五分，厚二寸。

鴈翅版：長同上，加長八寸。廣二寸五分，厚八分。

井口榥：長同上，方三寸。

馬頭榥：每直徑一尺，則長一寸五分。方三分。每瓣用三條。

鈿面版：長同井口榥，減長四寸。廣一尺二寸，厚七分。

天宮樓閣：三層，共高五尺，深一尺。下層副階内角樓子長一瓣，六鋪作單抄重昂。角樓挾屋長一瓣，茶樓子長二瓣，並五鋪作單抄單昂。行廊長二瓣，分心。四鋪作。以上並或單栱或重栱造。材廣五分，厚三分三氂。每瓣用補間鋪作兩朶。其中層平坐上安單鈎闌，高四寸。枓子蜀柱造。其鈎闌準佛道帳制度。其鋪作並用卷頭，與上層樓閣所用鋪作之數並準下層之制。其結瓦名件準腰檐制度，量所宜減之。

（宋刊本卷十一第三葉止，為原版。版心有刻工名金榮。

本葉己據該葉校定。故宮本行款與此葉全同。）

裏槽坐：高三尺五寸，並帳身及上層樓閣共高一丈三尺，帳身直徑一丈。面徑一丈一尺四寸四分，料槽徑九尺八寸四分。下用龜脚，脚上施車槽、疊澀等，其制度並準佛道帳坐之法。內門窗上設平坐，坐上施重臺鈎闌，高九寸，雲栱癭項造。其鈎闌準佛道帳制度。用六鋪作卷頭。其材廣一寸，厚六分六氂。每瓣用補間鋪作五朵，門窗或用壼門神龕。並作芙蓉瓣造。

龜脚：長二寸，廣八分，厚四分。

車槽上、下澀：長隨每瓣之廣。加長一寸。其廣二寸六分，厚六分。

車槽：長同上，減長一寸。廣二寸，厚七分。安華版在外。

上子澀：兩重，在坐腰上下者。長同上，減長一寸。廣二寸，厚三分。

下子澀：長、厚同上，廣二寸三分。

坐腰：長同上，減長三寸五分。廣一寸三分，厚一寸。安華版在外。

坐面澀：長同上，廣二寸三分，厚六分。

猴面版：長同上，廣三寸，厚六分。

明金版：長同上，減長二寸。廣一寸八分，厚一分五氂。

普拍方：長同上，絞頭在外。方三分。

枓槽版：長同上，減長七寸。廣二寸，厚三分。

壓厦版：長同上，減長一寸。廣一寸五分，厚同上。

車槽華版：長隨車槽，廣七分，厚同上。

（宋刊本卷十一第四葉止，為原版。版心有刻工名金□。本葉己據該葉校定。故宮本行款與此葉全同。）

坐腰華版：長隨坐腰，廣一寸，厚同上。

坐面版：長、廣並隨猴面版內，厚二分五氂。

坐內背版：每枓槽徑一尺，則長二寸五分，廣隨坐高，以厚六分爲定法。

猴面梯盤榥：每枓槽徑一尺，則長八寸。方一寸。

猴面鈿版榥：每枓槽徑一尺，則長二寸。方八分。每瓣用三條。

坐下榻頭木並下臥榥：每枓槽徑一尺，則長八寸。方同上。隨瓣用。

榻頭木立榥：長九寸，方同上。隨瓣用。

拽後榥：每枓槽徑一尺，則長二寸五分。方同上。每瓣上下用六條。

柱腳方並下臥榥：每枓槽徑一尺，則長五寸。方一寸。隨瓣用。

柱腳立榥：長九寸，方同上。每瓣上下用六條。

帳身：高八尺五寸，徑一丈。帳柱下用鋜腳，上用隔枓〔2〕，四面並安歡門帳帶，前後用門，柱內兩邊皆施立頰，泥道版造。

帳柱：長視高。其廣六分，厚五分。

下鋜腳上隔枓版：各長隨帳柱內，廣八分，厚一〔6〕分四氂。內上隔枓版廣一寸七分。

下鋜脚上隔科仰托榥：各長同上，廣三分六氂，厚二分四氂。

下鋜脚上隔科内外貼：各長同上，廣二分四氂，厚一分一氂。

下鋜脚及上隔科上内外柱子：各長六分六氂。上隔科[1]内外下柱子：長五分六氂，各廣、厚同上。

（宋刊本卷十一第五葉止，爲原版。版心有刻工名蔣□。本葉己據該葉校定。故宫本行款與此葉全同。）

立頰：長視上下仰托榥内，廣厚同仰托榥。

泥道版：長同上，廣八分，厚一分。

難子：長同上，方一分。

歡門：長隨兩立頰内，廣一寸二分，厚一分。

帳帶：長三寸二分，方二分四氂。

門子：長視立頰，廣隨兩立頰内。合版令足兩扇之數，以厚八分爲定法。

帳身版：長同上，廣隨帳柱內，厚一分二氂。

帳身版上下及兩側內外難子：長同上，方一分二氂。

杜上帳頭：共高一尺，徑九尺八寸四分，檐及出跳在外。六鋪作卷頭重栱造。其材廣一寸，厚六分六氂。每瓣用補間鋪作五朵，上施平棊。

普拍方：長隨每瓣之廣，絞頭在外。廣三寸，厚一寸二分。

枓槽版：長同上，廣七寸五分，厚二寸。

壓厦版：長同上，加長七寸。廣九寸，厚一寸五分。

角栿每徑一尺則長三寸：廣四寸，厚三寸。

算桯方：廣四寸，厚二寸五分。長用兩等：一，每徑一尺長六寸二分；一，每徑一尺長四寸八分。

平棊：貼絡華文等並準殿內平棊制度。

桯：長隨内外算桯方及算桯方心，廣二寸，厚一分五氂。

背版：長廣隨桯四周之内。以厚五分爲定法。

楅：每徑一尺，則長五寸七分。方二寸。

（宋刊本卷第六葉止，為原版。版心有刻工名贾□。本葉已據該葉校定。故宫本行款與此葉全同。）

護縫：長同背版，廣二寸。以厚五分爲定法。

貼：長隨桯内，廣一寸二分。厚同上。

難子並貼絡華厚同貼：每方一尺，用華子二十五枚或十六枚。

轉輪：高八尺，徑九尺。當心用立軸，長一丈八尺，徑一尺五寸，上用鐵鐧釧，下用鐵鵝臺桶子。如造地藏，其輻量所用增之。其輪七格，上下各劄輻掛輞，每格用八輞，安十六輻，盛經匣十六枚。

輻：每徑一尺，則長四寸五分。方三分。

外輞：徑九尺，每徑一尺，則長四寸八分。曲廣七分，厚二分五氂。

內輞：徑五尺，每徑一尺，則長三寸八分。曲廣五分，厚四分。

外柱子：長視高，方二分五氂。

內柱子：長一寸五分，方同上。

立頰：長同外柱子，方一分五氂。

鈿面版：長二寸五分，外廣二寸二分，內廣一寸二分。以厚六分爲定法。

格版：長二寸五分，廣一寸二分。厚同上。

後壁格版：長、廣一寸二分。厚同上。

難子：長隨格版後壁版四周，方八氂。

托輻牙子：長二寸，廣一寸，厚三分。隔間用。

托棖：每徑一尺，則長四寸。方四分。

立絞棖：長視高，方二分五氂。隨輻用。

（宋刊本十一卷第七葉止，為原版。本葉已據該葉校定。故宫本行款與此葉全同。）

十字套軸版：長隨外平坐上外徑，廣一寸五分，厚五分。

泥道版：長一寸一分，廣三分二氂。以厚六分爲定法。

泥道難子：長隨泥道版四周，方三氂。

經匣：長一尺五寸，廣六寸五分，高六寸。盝頂在内。上用趄塵盝頂，陷頂開帶，四角打卯，下陷底。每高一寸，以二分爲盝頂斜高，以一分三氂爲開帶。四壁版長隨匣之長、廣。每匣高一寸，則廣八分，厚八氂。頂版、底版每匣長一尺，則長九寸五分；每匣廣一寸，則廣八分八氂；每匣高一寸，則厚八氂。子口版長隨匣四周之内。每高一寸，則廣二分，厚五氂。

凡經藏坐芙蓉瓣，長六寸六分，下施龜腳，上對鋪作。套軸版安於外槽平坐之上。其結瓦隴條之類並準佛道帳制度。舉折等亦如之。

〔1〕熹年謹按：故宮本作「二」，宋本作「三」，據宋本改。四庫本、張本同宋本。

〔2〕熹年謹按：「隔科」陶本均誤作「隔料」，已據宋本改。下文照此改。四庫本、張本同宋本，不誤。

〔3〕劉批陶本：隔科版廣疑應作一寸一分，因上卷凡有隔科版處，其廣均等於上下貼廣並上下柱子長之總和，故應作「一」，如是則帳帶長度亦足矣。

熹年謹按：南宋本即作「一寸六分」，文津四庫本、張本同宋本，亦作「一寸六分」，故未改，錄劉批備考。

〔4〕劉批陶本：疑脫「角」字。

熹年謹按：南宋本亦如此，故未改，錄劉批備考。

〔5〕熹年謹按：陶本作「三條」，據宋本改「三路」。

〔6〕熹年謹按：陶本作「二分」，據宋本改「一分」。

壁藏

造壁藏之制：共高一丈九尺，身廣三丈，兩擺手各廣六尺，內外槽共深四尺，坐頭及出跳皆在柱外。前後與兩側制度並同。其名件廣厚皆取逐層每尺之高積而爲法。

坐：高三尺，深五尺二寸，長隨藏身之廣。下用龜腳，腳上施車槽疊澀等，其制度並準佛道帳坐之法。唯坐腰之內造神龕、壼門，門外安重臺（宋刊本卷十一第八葉止，為原版。本葉已據該葉校定。故宮本行款與此葉全同。）鈎闌，高八寸，上設平坐，坐上安重臺鈎闌，高一尺，用雲栱癭項造。其鈎闌準佛道帳制度。用五鋪作卷頭。其材廣一寸，厚六分六氂。每六寸六分施補間鋪作一朵。其坐並芙蓉瓣造。

龜脚：每坐高一尺，則長二寸，廣八分，厚五分。

車槽上下澀：後壁側當者，長隨坐之深加二寸，內上澀面前長減坐八尺。廣二寸五分，厚六分五氂。

車槽：長隨坐之深、廣，廣二寸，厚七分。

上子澀：兩重，長同上，廣一寸七分，厚三分。

下子澀：長同上，廣二寸，厚同上。

坐腰：長同上，減五寸。廣一寸二分，厚一寸。

坐面澀：長同上，廣二寸，厚六分五氂。

猴面版：長同上，廣三寸，厚七分。

明金版：長同上，每面減四寸。廣一寸四分，厚二分。

料槽版：長同車槽上下澀，側當減一尺二寸，面前減八尺，擺手面前廣減六寸。廣二寸三分，厚三分四氂。

壓厦版：長同上，側當減四寸，面前減八尺，擺手面前減二寸。廣一寸六分，厚同上。

神龕壺門背版：長隨科槽，廣一寸七分，厚一分四氂。

壺門牙頭：長同上，廣五分，厚三分。

柱子：長五分七氂，廣三分四氂，厚同上。隨瓣用。

面版：長與廣皆隨猴面版內。以厚八分爲定法。

（宋刊本卷十一第九葉止，為明代補版。本葉己據該葉校定。故宮本行款與此葉全同。）

普拍方：長隨科槽之深、廣，方三分四氂。

下車槽臥棍：每深一尺，則長九寸，卯在內。方一寸一分。隔瓣用。

柱脚方：長隨科槽內深、廣，方一寸二分。絞廕在內。

柱脚方立棍：長九寸，卯在內。方一寸一分。隔瓣用。

榻頭木：長隨柱腳方內，方同上。絞廕在內。

榻頭木立棍：長九寸一分，卯在內。方同上。隔瓣用。

拽後棍：長五寸，卯在內。方一寸。

羅文棍：長隨高之斜長，方同上。隔瓣用。

猴面臥棍：每深一尺，則長九寸，卯在內。方同榻頭木。隔瓣用。

帳身：高八尺，深四尺。帳柱上施隔科，下用錠腳，前面及兩側皆安歡門、帳帶，帳身施版門子。上下截作七格，每格安經匣四十枚。屋內用平棊造。

帳內外槽柱：長視帳身之高，方四分。

內外槽上隔科版：長隨帳柱內，廣一寸三分，厚一分八氂。

內外槽上隔科仰托棍：長同上，廣五分，厚二分二氂。

內外槽上隔科內外上下貼：長同上，廣二分二氂，厚一分二氂。

內外槽上隔科內外上柱子：長五分，廣、厚同上。

內外槽上隔科內外下柱子：長三分六氂，廣厚同上。

內外歡門：長同仰托榥，廣一寸二分，厚一分八氂。

內外帳帶：長三寸，方四分。

裏槽下鋜脚版：長同上隔科版，廣七分二氂，厚一（宋刊本卷十一第十葉止，為原版。本葉已據該葉校定。故宮本行款與此葉全同。）分八氂。

裏槽下鋜脚仰托榥：長同上，廣五分，厚二分二氂。〔1〕

裏槽下鋜脚外柱子：長五分，廣二分二氂，厚一分二氂。

正後壁及兩側後壁心柱：長視上下仰托榥內。其腰串長隨心柱內，各方四分。

帳身版：長視仰托榥腰串內，廣隨帳柱、心柱內。以厚八分爲定法。

帳身版內外難子：長隨版四周之廣，方一分。

逐格前後格榥：長隨間廣，方二分。

鈿版榥每深一尺則長五寸五分：廣一分八氂，厚一分五氂。每廣六寸用一條。

逐格鈿面版：長同前後兩側格榥，廣隨前後格榥內。以厚六分爲定法。

逐格前後柱子：長八寸，方二分。每匣小間用二條。

格版：長二寸五分，廣八分五氂，厚同鈿面版。

破間心柱：長視上下仰托榥內。其廣五分，厚三分。

折疊門子：長同上，廣隨心柱、帳柱內。以厚一寸爲定法。

格版難子：長隨格版之廣。其方六氂。

裹槽普拍方：長隨間之深、廣。其廣五分，厚二分。

平棊：華文等準佛道帳制度。

經匣：盝頂及大小等並準轉輪藏經匣制度。

（宋刊本卷十一第十一葉止，為明代補版。本葉已據該葉校定。故宮本行款與此葉全同。）

腰檐：高二尺，枓槽共長二丈九尺八寸四分，深三尺八寸四分，枓栱用六鋪作單抄雙昂，材廣一寸，厚六分六氂，上用壓廈版出檐結瓦。

普拍方：長隨深、廣，絞頭在外。廣二寸，厚八分。

枓槽版：長隨後壁及兩側擺手深、廣，前面長減八尺。廣三寸五分，厚一寸。

壓廈版：長同枓槽版，減六寸，前面長減同上。廣四寸，厚一寸。

枓槽鑰匙頭：長隨深、廣，厚同枓槽版。

山版：長同普拍方，廣四寸五分，厚一寸。

出入角角梁：長視斜高，廣一寸五分，厚同上。

出入角子角梁：長六寸。卯在內。曲廣一寸五分，厚八分。

抹角方：長七寸，廣一寸五分，厚同角梁。

貼生：長隨角梁內，方一寸。折計用。

曲椽：長八寸，曲廣一寸，厚四分。每補間鋪作一朶用三條，從角均攤。

飛子：長五寸，尾在內。方三分五氂。

白版：長隨後壁及兩側擺手，到角長加一尺，前面長減九尺。廣三寸五分。

以厚五分爲定法。

厦瓦版：長同白版，加一尺三寸，前面長減八尺。廣九寸。厚同上。

瓦隴條：長九寸，方四分。瓦頭在內，隔間均攤。

搏脊：長同山版。加二寸，前面長減八尺。其廣二寸五分，厚一寸。

角脊：長六寸，廣二寸，厚同上。

搏脊槫：長隨間之深、廣。其廣一寸五分，厚同上。

（宋刊本卷十一第十二葉止，為原版。本葉已據該葉校定。故宮本行款與此葉全同。）

小山子版：長與廣皆二寸五分，厚同上。

山版枓槽臥棍：長隨枓槽內。其方一寸五分。隔瓣上下用二枚。

山版枓槽立棍：長八寸，方同上。隔瓣用二枚。

平坐：高一尺，枓槽長隨間之廣，共長二丈九尺八寸四分，深三尺八寸四分。安單鈎闌，高七寸，其鈎闌準佛道帳制度。用六鋪作卷頭。材之廣、厚及用壓厦版並準腰檐之制。

普拍方：長隨間之深、廣，合角在外。方一寸。

枓槽版：長隨後壁及兩側擺手，前面減八尺。廣九寸，子口在內。厚二寸。

壓厦版：長同枓槽版，至出角加七寸五分，前面減同上。廣九寸五分，厚同上。

鴈翅版：長同枓槽版，至出角加九寸，前面減同上。廣二寸五分，厚八分。

枓槽內上下臥棍：長隨枓槽內，其方三寸。隨瓣隔間上下用。

枓槽內上下立棍：長隨坐高。其方二寸五分。隨臥棍用二條。

鈿面版：長同普拍方。厚以七分爲定法。

天宮樓閣：高五尺，深一尺，用殿身、茶樓、角樓、龜頭、殿挾屋、行廊等造。

下層副階內：殿身長三瓣，茶樓子長二瓣，角樓長一瓣，並六鋪作單抄雙昂造。龜頭、殿挾各（宋刊本卷十一第十三葉止，為原版。本葉已據該葉校定。故宮本行款與此葉全同。）長一瓣，並五鋪作單抄單昂造。行廊長二瓣，分心四鋪作造。其材並廣五分，厚三分三氂。出入轉角間內並用補間鋪作。

中層副階上平坐：安單鈎闌，高四寸。其鈎闌準佛道帳制度。其平坐並用卷頭，鋪作等及上層平坐上天宮樓閣並準副階法。

凡壁藏芙蓉瓣，每瓣長六寸六分。其用龜腳至舉折等，並準佛道帳之制。

〔1〕劉批陶本：各本均無下錠貼尺寸，缺之則製圖不完成，不知脫簡抑原書疏缺，謹按製圖所得，並參酌上文「上隔科上下貼」條補入下條：「裏槽下錠外貼：長同上，廣二分二厘，厚一分二釐。」

熹年謹按：南宋本亦無此條，故未改，錄劉批備考。

（宋刊本卷十一第十四葉止，為原版。本葉已據該葉校定。故宮本行款與此葉全同。本卷全部用國家圖書館所藏南宋刊本校定。卷十一共十四葉，全。內第二、九、十一葉為明代補版，餘為宋版。卷中已据宋本校改者，即不再录入他本所校。）

營造法式卷第十一

營造法式卷第十二

通直郎管修蓋皇弟外第專一提舉修蓋班直諸軍營房等臣李誡奉
聖旨編修

雕作制度

混作

雕混作之制有八品：

一曰神仙。眞人、女眞、金童、玉女之類同。二曰飛仙。嬪伽、共命鳥之類同。三曰化生。以上並手執樂器或芝草、華果、餅盤器物之屬。四曰拂菻　蕃王、夷人（宋刊本卷十二第一葉止，為原版。本葉已據該葉校正。故宮本行款與此葉全同。）之類同。手內牽拽走獸，或執旌旗矛戟之屬。五曰鳳凰。孔雀、仙鶴、鸚鵡、山鷓、練鵲、錦雞、鴛鴦、鵝、鴨、鳧、鴈之類同。六曰師子。狻猊、麒麟、天馬、海馬、羜〔1〕羊、仙鹿、熊象之類同。

以上並施之於鉤闌柱頭之上，或牌帶四周，其牌帶之內，上施飛仙，下用寶牀、眞人等。如係御書，兩頰作升龍，並在起突華地之外。及照壁版之類亦用之。

七曰角神。寶藏神之類同。

施之於屋出、入轉角大角梁之下，及帳坐腰內之類亦用之。

八曰纏柱龍。盤龍、坐龍、牙魚之類同。

施之於帳及經藏柱之上，或纏寶山。或盤於藻井之內。

凡混作雕刻成形之物，令四周皆備。其人物及鳳凰之類，或立或坐，並於仰覆蓮華或覆瓣蓮華坐上用之。

〔1〕熹年謹按：宋本避宋諱，「搃」字缺末筆。

雕插寫生華

雕插寫生華之制有五品：

一曰牡丹華。二曰芍藥華。三曰黃葵華。四曰芙蓉華。五曰蓮荷華。

以上並施之於栱眼壁之內。

凡雕插寫生華，先約栱眼壁之高、廣，量宜分布畫樣，隨其卷舒，雕成華葉於寶山之上，以華盆安插之。

起突卷葉華

雕剔地起突或透突卷葉華之制有三品：

（宋刊本卷十二第二葉止，為原版。本葉已據該葉校正。故宮本行款與此葉全同。）

一曰海石榴華。二曰寶牙華。三曰寶相華。謂皆卷葉者。牡丹華之類同。每一葉之上三卷者爲上，兩卷者次之，一卷者又次之。

以上並施之於梁、額、裹貼同。格子門腰版、牌帶、鈎闌版、雲栱、尋杖頭、椽頭盤子如殿閣，椽頭盤子或盤起突龍鳳之類。及華版。凡貼絡，如平棊心中、角內若牙子版之類皆用之。或於華內間以龍鳳、化生、飛禽、走獸等物。

凡雕剔地起突華，皆於版上壓下四周，隱起身內華葉等。雕鎪葉內翻卷，令表裏分明；剔削枝條，須圜混相壓。其華文皆隨版內長、廣，勻留四邊，量宜分布。

剔地窪葉華

雕剔地或透突。窪葉或平卷葉。華之制有七品：

一曰海石榴華。二曰牡丹華。芍藥華、寶相華之類卷葉或寫生者並同。三曰蓮荷華。四曰萬歲藤。五曰卷頭蕙草。長生草及蠻雲、蕙草之類同。六曰蠻雲。胡雲〔1〕〔2〕及蕙草雲之類同。

以上所用及華內間龍鳳之類並同上。

凡雕剔地窪葉華，先於平地隱起華頭及枝條，其枝梗並交起相壓。減壓下四周葉外空地。亦有平雕透突或壓地。諸華者，其所用並同上。若就地隨刃雕壓出華文者，謂之實雕，施之於雲栱、地霞、鵝項或叉子之首，及叉子鋜〔3〕腳版內。及牙子版、垂魚、惹草等皆用之。（宋刊本卷十二第三葉止，為原版。本葉已據該葉校正。故宮本行款與此葉全同。）

〔1〕劉批陶本：卷十四彩畫作制度內作「吳雲」，未譒孰是？
熹年謹按：宋本即作「胡雲」，故不改。

〔2〕梁思成先生《營造法式注釋》（卷上）此條注云：「胡雲有些抄本作吳雲……胡、吳在當時可能是同音……既然版本不同，未知孰是？指出存疑。」

〔3〕熹年謹按：「鋜」字宋本誤作「鋌」，因知此南宋翻刻本亦可能偶有誤字。故宮本、文津四庫本、張本均沿宋本之誤作「鋌」。

旋作制度

殿堂等雜用名件

造殿堂屋宇等雜用名件之制：

椽頭盤子：大小隨椽之徑。若椽徑五寸，即厚一寸。如徑加一寸，則厚加二分。減亦如之。加至厚一寸二分止。減至厚六分止。

櫖角梁寶餅：每餅高一尺，即肚徑六寸，頭長三寸三分，足高二寸。餘作餅身。餅上施仰蓮胡桃子，下坐合蓮。若餅高加一寸，則肚徑加六分。減亦如之。或作素寶餅，即肚徑加一寸。

蓮華柱頂：每徑一寸，其高減徑之半。

柱頭仰覆蓮華胡桃子：二段或三段造。每徑廣一尺，其高同徑之廣。

門上木浮漚：每徑一寸，即高七分五氂。

鈎闌上葱臺釘：每高一寸，即徑二分。釘頭隨徑，高七分。

蓋葱臺釘筒子：高視釘加一寸。每高一寸，即徑廣二分五氂。

照壁版寶牀上名件

造殿內照壁版上寶牀等所用名件之制：

香鑪：徑七寸。其高減徑之半。

注子：共高七寸。每高一寸，即肚徑七分。兩段造。其項高、徑取高十分中以三分爲之。（宋刊本卷十二第四葉止，為原版。本葉已據該葉校正。故宮本行款與此葉全同。）

注盌：徑六寸。每徑一寸，則高八分。

酒杯：徑三寸。每徑一寸，即高七分。足在內。

杯盤：徑五寸。每徑一寸，即厚二〔1〕分。足子徑二寸五分。每徑一寸，即高四分。心子並同。

鼓：高三寸。每高一寸，即肚徑七分。兩頭隱出皮厚及釘子。

鼓坐：徑三寸五分。每徑一寸，即高八分。兩段造。

杖鼓：長三寸。每長一寸，鼓大面徑七分，小面徑六分，腔口徑五分，腔腰徑二分。

蓮子：徑三寸。其高減徑之半。

荷葉：徑六寸。每徑一寸，即厚一分。

卷荷葉：長五寸。其卷徑減長之半。

披蓮：徑二寸八分。每徑一寸，即高八分。

蓮菩蘁：高三寸。每高一寸，即徑七分。

〔1〕熹年謹按：陶本誤作「一分」，據宋本改作「二分」。故宮本、四庫本不誤。

佛道帳上名件

造佛道等帳上所用名件之制：

火珠：高七寸五分，肚徑三寸。每肚徑一寸，即尖長七分。每火珠高加一寸，即肚徑加四分。減亦如之。

滴當火珠：高二寸五分。每高一寸，即肚徑四分。每肚徑一寸，即尖長八分。胡桃子下合蓮長七分。

瓦頭子：每徑一寸，其長倍徑之廣。若作瓦錢子，每徑一寸，即厚三分。減亦如之。加至厚六分止。減至厚二分止。

寶柱子：作仰合蓮華、胡桃子、寶缾相間通長造，長一尺（宋刊本卷十二第五葉止，為原版。本葉已據該葉校正。）五寸。每長一寸，即徑廣八氂。如坐內紗窗旁用者，每長一寸，即徑廣二〔1〕分。若坐腰車槽內用者，每長一寸，即徑廣四分。

貼絡門盤：每徑一寸，其高減徑之半。

貼絡浮漚：每徑五分，即高三分。

平棊錢子：徑一寸。厚五分爲定法。

角鈴：每一朶九件，大鈴、蓋子、簀子各一。角內子角鈴共六。

大鈴：高二寸。每高一寸，即肚徑廣八分。

蓋子：徑同大鈴。其高減半。

簀子：徑及高皆減大鈴之半。

子角鈴：徑及高皆減簀子之半。

圜櫨枓：大小隨材分。高二十分，徑三十二分。

虛柱蓮華錢子用五段。：上段徑四寸，下四段各遞減二分。厚三分爲定法。

虛柱蓮華胎子：徑五寸。每徑一寸，即高六分。

〔1〕　熹年謹按：「徑廣二分」，陶本誤作「徑廣一分」，據宋本改。四库本、張本不誤。

鋸作制度

用材植

用材植之制：凡材植，須先將大方木可以入長大料者盤截解割。次將不可以充極長極廣用者，量度合用名件，亦先從名件中〔1〕就長或就廣解割。

〔1〕熹年謹按：故宮本、陶本脱「中」字，據宋本補。

抨墨

抨繩墨之制：凡大材植須合大面在下，然後垂繩取正抨（宋刊本卷十二第六葉止，為原版。本葉已據該葉校正。）墨。其材植廣而薄者，先自側面抨墨，務在就材充用，勿令將可以充長大用者截割爲細小名件。

若所造之物或斜或訛或尖者，並結角交解。謂如飛子或顛倒交斜解割，可以兩就長用之類。

就餘材

就餘材之制：凡用木植，內如有餘材可以別用或作版者，其外面多有璺裂，須審視名件之長、廣，量度就璺解割。或可以帶璺用者，即那餘材於心內，就其厚別用或作版，勿令失料。如璺裂深或不可就者，解作臕版。

竹作制度

造笆

造殿堂等屋宇所用竹笆之制：每間廣一尺，用經一道，經順椽用。若竹徑二寸一分至徑一寸七分者，廣一尺[1]用經一道；徑一寸五分至一寸者，廣八寸用經一道；徑八分以下者，廣六寸用經一道。每經一道，用竹四片。緯亦如之。緯橫鋪椽上。殿閣等至散舍，如六椽以上，所用竹並徑三寸二分至徑二寸三分。若四椽以下者，徑一寸二分至徑四分。其竹不以大小，並劈作四破用之。如竹徑八分至徑四分者，並椎破用之。下同。

〔1〕熹年謹按：「廣一尺」陶本誤作「廣一寸」，據宋本改。張本不誤。

隔截編道

造隔截壁桯內竹編道之制：每壁高五尺，分作四格，上下各橫用經一道，凡上下貼桯者，俗謂之壁齒，不以經數多寡，皆上下貼桯各用一道。下同。格內橫用經三道，共五道。並橫經縱緯相交織之。或高少而廣多者，則縱經橫緯織之。每經一道，用竹三片，以竹簽釘之。緯用竹一片。若栱眼壁高（宋刊本卷十二第七葉止，為原版。本葉已據該葉校正。故宮本行款與此葉全同。）二尺以上，分作三格，共四道。高一尺五寸以下者分作兩格。共三道。其壁高五尺以上者，所用竹徑三寸二分至徑二寸五分。如不及五尺及栱眼壁、屋山內尖斜壁，所用竹徑二寸三分至徑一寸，並劈作四破用之。露籬所用同。

竹栅

造竹栅之制：每高一丈，分作四格：制度與竹編道同。若高一丈以上者，所用竹徑八分；如不及一丈者，徑四分。並去梢全用之。

護殿檐雀眼網

造護殿閣檐枓栱及托窗櫺內竹雀眼網之制：用渾青篾。每竹一條，以徑一寸二分爲率。劈作篾一十二條，刮去青廣三分。從心斜起，以長篾爲經，至四邊卻折篾入身內，以短篾直行作緯，往復織之。其雀眼徑一寸。以篾心爲則。如於雀眼內間織人物及龍鳳、華雲之類，並先於雀眼上描定，隨描道織補，施之於殿檐枓栱之外。如六鋪作以上，即上下分作兩格，隨間之廣分作兩間或三間，當縫施竹貼釘之。竹貼每竹徑一寸二分分作四片，其窗櫺內用者同。其上下或用木貼釘之。其木貼廣二寸，厚六分。

地面棊文簟

造殿閣內地面棊文簟之制：用渾青篾，廣一分至一分五氂，刮去青，橫以刀刃拖，令厚薄匀平。次立兩刃，於刃中摘，令廣狹一等。從心斜起，以縱篾爲則，先擡二篾，壓三篾，起四篾，又壓三篾，然後橫下一篾織之。復於起四處擡二篾，循環如此。至四邊尋斜取正，擡三篾至七篾織水路。水路外摺邊，歸篾頭於身內。當心（宋刊本卷十二第八葉止，為原版。本葉已據該葉校正。）織方勝等或華文龍鳳。並染紅黃篾用之。其竹用徑二寸五分至徑一寸。障日篛等簟同。

障日篛等簟

造障日篛等所用簟之制：以青白篾相雜用，廣二分至四分，從下直起，以縱篾爲則，擡三篾，壓三篾，然後橫下一篾織之。復自擡三處從長篾一條內再起壓三，循環如此。若造假棊文，並擡四篾，壓四篾，橫下兩篾織之。復自擡四處當心再擡，循環如此。

竹笍索

造綰繫鷹架竹笍索之制：每竹一條，竹徑二寸五分至一寸。劈作一十一片，每片揭作二片，作五股辮之。每股用篾四條或三條若純青造，用青白篾各二條，合〔1〕青篾在外。如青白篾相間，用青篾一條，白篾二條。造成，廣一寸五分，厚四分。

每條長二百尺。臨時量度所用長短截之。

〔1〕劉批陶本：「合」疑為「令」。

熹年謹按：宋本即作「合」，存劉批備考。

（宋刊本卷十二第九葉止，為原版。本葉已據宋本該葉校正。）

熹年謹按：本卷全部用國家圖書館所藏南宋刊本校定。宋本此卷共九葉，每行二十二字，注文雙行同，無補版。卷中已据宋本改者，即不再录入他本所校。

營造法式卷第十二

營造法式卷第十三

通直郎管修蓋皇弟外第專一提舉修蓋班直諸軍營房等臣李誡奉
聖旨編修

瓦作制度

結瓦　用瓦

壘屋脊　用鴟尾

用獸頭等

泥作制度

壘牆　用泥

畫壁　立竈　轉煙、直拔

釜鑊竈　茶鑪

壘射垜

瓦作制度

結瓦

結瓦屋宇之制有二等：

一曰瓶瓦：施之於殿閣廳堂亭榭等。其結瓦之法，先將瓶瓦齊口斫去下棱，令上齊直；次斫去甬瓦瓦身內裹棱，令四角平穩，角內或有不穩，須斫令平正。謂之解橋。於平版上安一半圈，高廣與瓶瓦同，將瓶瓦斫造畢，於圈內試過，謂之攛窠。下鋪仰瓪瓦。上壓四分，下留六分。散瓪仰、合瓦並準此。兩瓶瓦相去隨所用瓶瓦之廣，勻分隴行，自下而上。其瓶（宋刊本卷十三第一葉止，為原版。本葉已據該葉校定。故宮本行款與此葉全同。）瓦須先就屋上拽勘隴行，修斫口縫令密，再揭起，方用灰結瓦。瓦畢，先用大當溝，次用線道瓦，然後壘脊。

二曰瓪瓦：施之於廳堂及常行屋舍等。其結瓦之法，兩合瓦相去隨所用合瓦廣之半。先用當溝等壘脊畢，乃自上而至下勻拽隴行。其仰瓦並小頭向下，合瓦小頭在上。

凡結瓦，至出檐仰瓦之下小連檐之上用燕頷版；華廢之下用狼牙版。若殿宇七間以上，燕頷版廣三寸，厚八分。餘屋並廣二寸，厚五分爲率。每長二尺，用釘一枚。狼牙版同。其轉角合版處用鐵葉裹釘。其當檐所出華頭甋瓦，身內用葱臺釘。下入小連檐，勿令透。若六椽以上屋勢緊峻者，於正脊下第四甋瓦及第八甋瓦背當中用著蓋腰釘。先於棧笆或箔上約度腰釘遠近，橫安版兩道，以透釘脚。

用瓦

用瓦之制：

殿閣廳堂等：五間以上用瓪瓦長一尺四寸，廣六寸五分。仰瓪瓦長一尺六寸，廣一尺。三間以下用瓪瓦長一尺二寸，廣五寸。仰瓪瓦長一尺四寸，廣八寸。

散屋用瓪瓦：長九寸，廣三寸五分。仰瓪瓦長一尺二寸，廣六寸五分。

小亭榭之類：柱心相去方一丈以上者，用瓪瓦長八寸，廣三寸五分。仰瓪瓦長一尺，廣六寸。若方一丈者，用瓪瓦長六寸，廣二寸五分。仰瓪瓦長八寸五分，廣五寸五分。如方九尺以下者，用瓪瓦長四寸，廣二（宋刊本卷十三第二葉止，為原版。版心有刻工蔣榮祖名。本葉已據該葉校定）寸三分。仰瓪瓦長六寸，廣四寸五分。

廳堂等用散瓪瓦者：五間以上用瓪瓦長一尺四寸，廣八寸。

廳堂三間以下門樓同。及廊屋六椽以上用瓪瓦：長一尺三寸，廣七寸。

或廊屋四椽及散屋用瓪瓦：長一尺二寸，廣六寸五分。以上仰瓦、合瓦並同。至檐頭並用重脣瓪瓦。其散瓪瓦結瓦者，合瓦仍用垂尖華頭瓪瓦。

凡瓦下補襯，柴棧爲上，版棧次之。如用竹笆、葦箔：若殿閣七間以上用竹笆一重，葦箔五重；五間以下用竹笆一重，葦箔四重；廳堂等五間以上用竹笆一重，葦箔三重；如三間以下至廊屋，並用竹笆一重，葦箔二重。以上如不用竹笆，更加葦箔兩重。若用荻箔，則兩重代葦箔三重。散屋用葦箔三重或兩重。其棧柴之上先以膠泥遍泥，次以純石灰拖〔1〕瓦。若版及笆箔上用純灰結瓦者，不用泥扶〔2〕，並用石灰隨抹拖瓦。其祗用泥結瓦者，亦用泥先抹版及笆箔，然後結瓦。所用之瓦須水浸過，然後用之。其用泥以灰點節縫者同。若只用泥或破灰泥及澆灰下瓦者，其瓦更不用水浸。壘脊亦同。

〔1〕 熹年謹按：「拖」陶本誤作「施」，據宋本改。張本不誤。

〔2〕 熹年謹按：「泥扶」陶本誤作「泥抹」，據宋本改。張本不誤。

壘屋脊

壘屋脊之制：

殿閣：若三間八椽或五間六椽，正脊高三十一層，垂脊低正脊兩層。並線道瓦在內。下同。

堂屋：若三間八椽或五間六椽，正脊高二十一層。

廳屋：若間椽與堂等者，正脊減堂脊兩層。餘同堂法。

門樓屋：一間四椽，正脊高一十一層或一十三層；若三（宋刊本卷十三第三葉止，為原版。版心有刻工名蔣榮祖。本葉已據該葉校定）間六椽，正脊高一十七層。其高不得過廳。如殿門者，依殿制。

廊屋：若四椽，正脊高九層。

常行散屋：若六椽用大當溝瓦者，正脊高七層；用小當溝瓦者，高五層。

營房屋：若兩椽，脊高三層。

凡壘屋脊，每增兩間或兩椽，則正脊加兩層。殿閣加至三十七層止，廳堂二十五層止，門樓一十九層止，廊屋一十一層止，常行散屋大當溝者九層止，小當溝者七層止，營屋五層止。正脊於線道瓦上厚一尺至八寸，垂脊減正脊二寸。正脊十分中上收二分，垂脊上收一分。線道瓦在當溝瓦之上，脊之下。殿閣等露三寸五分，堂屋等三寸，廊屋以下並二寸五分。其壘脊瓦並用本等，其本等用長一尺六寸至一尺四寸瓪瓦者，壘脊瓦只用長一尺三寸瓦。合脊甋瓦亦用本等，其本等用八寸、六寸甋瓦者，合脊用長九寸甋瓦。令合、垂脊甋瓦在正脊甋瓦之下。其線道上及合脊甋瓦下並用白石灰各泥一道，謂之白道。若甋瓪瓦結瓦，其當溝瓦所壓甬瓦瓦頭並勘縫刻項子，深三分，令與當溝瓦相銜。其殿閣於合脊甋瓦上施走獸者，其走獸有九品：一曰行龍，二曰飛鳳，三曰行師，四曰天馬，五曰海馬，六曰飛魚，七曰牙魚，八曰狻猊，九曰獬豸。相間用之。每隔三瓦或五瓦安獸一枚。

其獸之長隨所用甋瓦。謂如用一尺六寸甋瓦，即獸長一尺六寸之類。正脊當溝瓦之下垂鐵索，兩頭各長五尺。以備修整綰繫棚架之用。五間者十條〔1〕，七間者十二條，九間者十四條，並勻分布用之。若五間以下九間以上，並約此加減。垂脊之外，橫施華頭甋瓦及重脣瓪瓦者，謂之華廢。常行屋垂脊之外順施瓪瓦相疊者，謂之剪邊。（宋刊本卷十三第四葉止，為原版。版心有刻工蔣榮祖名。本葉已據該葉校定。故宮本行款與此葉全同。）

〔1〕 熹年謹按：宋本「條」誤作「餘」，已據上下文改正。故宮本、張本亦誤作「餘」，文津四庫本不誤。

用鴟尾

用鴟尾之制：

殿屋：八椽九間以上，其下有副階者，鴟尾高九尺至一丈。若無副階，高八尺。五間至七間不計椽數。高七尺至七尺五寸，三間高五尺至五尺五寸。

樓閣：三層檐者與殿五間同，兩層檐者與殿三間同。

殿挾屋：高四尺至四尺五寸。

廊屋之類：並高三尺至三尺五寸。若廊屋轉角，即用合角鴟尾。

小亭殿等：高二尺五寸至三尺。

凡用鴟尾，若高三尺以上者，於鴟尾上用鐵腳子及鐵束子，安搶鐵。其搶鐵之上施五叉拒鵲子。三尺以下不用。身兩面用鐵鞠，身內用柏木樁。或龍尾，唯不用搶鐵、拒鵲。加襻脊鐵索。

用獸頭等

用獸頭等之制：

殿閣：垂脊獸並以正脊層數爲祖。

正脊三十七層者，獸高四尺；三十五層者，獸高三尺五寸；三十三層者，獸高三尺；三十一層者，獸高二尺五寸。

堂屋等：正脊獸亦以正脊層數爲祖。其垂脊並降正〔1〕脊獸一等用之。謂正脊獸高一尺四寸者，垂脊獸高一尺二寸之類。

正脊二十五層者，獸高三尺五寸；二十三層者，獸（宋刊本卷十三第五葉止，爲原版。版心有刻工蔣宗名。本葉已據該葉校定。故宫本行款與此葉全同。）高三尺；二十一層者，獸高二尺五寸；一十九層者，獸高二尺。

廊屋等：正脊及垂脊獸祖並同上。散屋亦同。

正脊：九層者，獸高二尺。七層者，獸高一尺八寸。

散屋等：

正脊七層者，獸高一尺六寸。五層者，獸高一尺四寸。

殿閣至廳堂亭榭轉角上下用套獸、嬪伽、蹲獸、滴當火珠等：

四阿殿九間以上，或九脊殿十一間以上者：套獸徑一尺二寸，嬪伽高一尺六寸，蹲獸八枚，各高一尺，滴當火珠高八寸。套獸施之於子角梁首，嬪伽施於角上，蹲獸在嬪伽之後。其滴當火珠在檐頭華頭甋瓦之上。下同。

四阿殿七間或九脊殿九間：套獸徑一尺，嬪伽高一尺四寸，蹲獸六枚，各高九寸，滴當火珠高七寸。

四阿殿五間，九脊殿五間至七間：套獸徑八寸，嬪伽高一尺二寸，蹲獸四枚，各高八寸，滴當火珠高六寸。廳堂三間至五間以上，如五鋪作造廈兩頭者，亦用此制，唯不用滴當火珠。下同。

九脊殿三間或廳堂五間至三間枓口跳〔2〕及四鋪作造廈兩頭者：套獸徑六寸，嬪伽高一尺，蹲獸兩枚，各高六寸，滴當火珠高五寸。（宋刊本卷十三第六葉止，為原版。版心有刻工名三字，模糊不辨。本葉已據該葉校定。故宮本行款與此葉全同。）

亭榭廈兩頭者：四角或八角撮尖亭子同。如用八寸甋瓦，套獸徑六寸，嬪伽高八寸，蹲獸四枚，各高六寸，滴當火珠高四寸。若用六寸甋瓦，套獸徑四寸，嬪伽高六寸，蹲獸四枚，各高四寸，如枓口跳〔2〕或四鋪作，蹲獸只用兩枚。滴當火珠高三寸。

廳堂之類不廈兩頭者：每角用嬪伽一枚，高一尺。或只用蹲獸一枚，高六寸。

佛道寺觀等殿閣正脊當中用火珠等數：

殿閣三間，火珠徑一尺五寸。五間，徑二尺。七間以上，並徑二尺五寸。火珠並兩燄。其夾脊兩面造盤龍或獸面。每火珠一枚，內用柏木竿一條。亭榭所用同。

亭榭鬬尖用火珠等數：

四角亭子：方一丈至一丈二尺者，火珠徑一尺五寸。方一丈五尺至二丈者，徑二尺。〔3〕火珠四燄或八燄。其下用圓坐。

八角亭子：方一丈五尺至二丈者，火珠徑二尺五寸。方三丈以上者，徑三尺五寸。

凡獸頭皆順脊用鐵鉤一條，套獸上以釘安之。嬪伽用葱臺釘，滴當火珠坐於華頭甬瓦滴當釘之上。

〔1〕熹年謹按：宋刊本「正」字重复，删去其一。文津四庫本、故宮本、張本不重复。

〔2〕熹年謹按：「枓口跳」陶本誤作「枓口挑」，据宋本改正。張本不誤。

〔3〕熹年謹按：諸本誤作「徑一尺」，宋本作「徑二尺」，據改。

梁思成先生《營造法式注釋》（卷上）卷十三亭榭鬥尖用火珠等數條注〔32〕云：「各版原文都作徑一尺，對照上下文遞增的比例、尺度，一尺顯然是二尺之誤，就此改正。」梁思成先生所推算與宋本相同。

泥作制度

壘牆

壘牆之制：高廣隨間。每牆高四尺，則厚一尺。每高一尺，其（宋刊本卷十三第七葉止，為原版。版心有刻工徐琪名。本葉已據該葉校定。故宮本行款與此葉全同。）上斜收六分。每面斜收向〔1〕上各三分。每用坯墼三重，鋪木摮竹一重。若高增一尺，則厚加二寸五分〔2〕。減亦如之。

〔1〕熹年謹按：宋本作「斜收白上」，誤。故宮本、張本、丁本等亦均沿宋本之误。惟文津四庫本、晁載之《續談助》摘鈔北宋崇寧本不誤，均作「斜收向上」，據改。

〔2〕劉批陶本：依每牆高四尺，則厚一尺之比率，疑「厚加二尺五寸」為「二寸五分」之误。熹年謹按：宋本、文津四庫本、張本均误作「二尺五寸」，據劉批改。

用泥

其名有四：一曰垷，二曰墐，三曰塗，四曰泥。

用石灰等泥壁[1]之制：先用麤泥搭絡不平處，候稍乾；次用中泥趁平，又候稍乾；次用細泥爲襯，上施石灰。泥畢，候水脈定，收壓五遍，令泥面光澤。乾厚一分三氂。其破灰泥不用中泥。

合紅灰：每石灰一十五斤，用土朱五斤，非殿閣者，用石灰一十七斤，土朱三斤。赤土十一斤八兩。

合青灰：用石灰及軟石炭各一半。如無軟石炭，每石灰一十斤用麤墨一斤，或墨煤一十一兩，膠七錢。

合黃灰：每石灰三斤，用黃土一斤。

合破灰：每石灰一斤，用白蔑土四斤八兩。每用石灰十斤，用麥䴬九斤。收壓兩遍，令泥面光澤。

細泥一重：作灰襯同。方一丈，用麥䴬一十五斤。城壁增一倍。麤泥同。

麤泥一重：方一丈，用麥䴬八斤。搭絡及中泥作襯減半。

麤、細泥施之城壁及散屋內外，先用麤泥，次用細泥，收壓兩遍。

凡和石灰泥，每石灰三十斤，用麻擣二斤。其和紅、黃、青灰等，即通計所用土朱、赤土、黃土、石灰等斤數在石灰之內。如青灰內若用墨煤或麤墨者，不計數。若礦石灰，每八斤可以充十斤之用。每礦石灰三十斤，加麻擣一斤。

〔1〕熹年謹按：「泥壁」陶本誤做「泥塗」，據宋本改。張本不誤。

畫壁

（宋刊本卷十三第八葉止，為原版。版心有刻工金榮名。本葉已據該葉校定。故宮本行款與此葉全同。）

造畫壁之制：先以麤泥搭絡畢，候稍乾，再用泥横被竹篾一重，以泥蓋平。又候稍乾，釘麻華，以泥分披令匀，又用泥蓋平，以上用麤泥五重，厚一分五氂。若栱眼壁，只用麤、細泥各一重，上〔1〕施沙泥，收壓三遍。方用中泥細襯。泥上施沙泥。候水脈定，收壓十遍，令泥面光澤。

凡和沙泥，每白沙二斤，用膠土一斤，麻擣洗擇淨者七兩。

〔1〕熹年謹按：故宮本「上」誤「重」，據宋本改。張本亦誤作「重」。陶本不誤。

立竈 轉煙、直拔

造立竈之制：並臺共高二尺五寸。其門、突之類皆以鍋口徑一尺爲祖加減之。鍋徑一尺者一斗。每增一斗，口徑加五分，加至一石止。

轉煙連二竈：門與突並隔煙後。

門：高七寸，廣五寸。每增一斗，高、廣各加二分五氂。

身：方出鍋口徑四周各三寸。爲定法。

臺：長同上，廣亦隨身，高一尺五寸至一尺二寸。一斗者高一尺五寸，每加一斗者，減二分五氂，減至一尺二寸五分止。

腔內後項子：高同門。其廣二寸，高廣五分。項子內斜高向上入突，謂之搶煙。增減亦同門。

隔煙：長同臺，厚二寸，高視身出一尺。爲定法。

隔鍋項子：廣一尺，心内虚隔作兩處，令分煙入突。

直拔[1]立竈：門及臺在前，突在煙匱之上。自一鍋至連數鍋。

門、身、臺等並同前制。唯不用隔煙。

煙匱子：長隨身，高出竈身一尺五寸，廣六寸。爲定法。

山華子：斜高一尺五寸至二尺，長隨煙匱子。在煙突兩旁匱子之上。

（宋刊本卷十三第九葉止，為原版。版心有刻工金榮名。本葉已據該葉校定。

故宫本行款與此葉全同。）

凡竈突高視屋身，出屋外三尺。如時暫用不在屋下者，高三尺，突上作鞾頭出煙。其方六寸。或鍋增大者，量宜加之，加至方一尺二寸止。並以石灰泥飾。

[1] 熹年謹按：故宫本、張本「拔」誤「板」，據宋本改。陶本不誤。

釜鑊竈

造釜鑊竈之制：釜竈如蒸作用者，高六寸。餘並入地內。其非蒸作用安鐵甑或瓦甑者，量宜加高，加至三尺止。鑊竈高一尺五寸，其門、項之類皆以釜口徑以每增一寸、鑊口徑以每增一尺爲祖加減之。釜口徑一尺六寸者一石。每增一石，口徑加一寸，加至十石止。鑊口徑三尺，增至八尺止。

釜竈：釜口徑一尺六寸。

門：高六寸，於竈身內高三寸，餘入地。廣五寸。每徑增一寸，高廣各加五分。如用鐵甑者，竈門用鐵鑄造及門前後各用生鐵版。

腔內後項子：高、廣搶煙及增加並後突，並同立竈之制。如連二或連三造者，並壘向後。其向後者，每一釜加高五寸。

鑊竈：鑊口徑三尺。用塼壘造。

門：高一尺二寸，廣九寸。每徑增一尺，高、廣各加三寸，用鐵竈門。其門前後各用鐵版。

腔內後項子：高視身。搶煙同上。若鑊口徑五尺以上者，底下當心用鐵柱子。

後駝項突：方一尺五寸，並二坯壘。斜高二尺五寸，曲長一丈七尺。令出牆外四尺。

凡釜、鑊竈面，並取圜泥造。其釜、鑊口徑四周各出六寸外，泥飾與立竈同。（宋刊本卷十三第十葉止，為原版。版心有刻工賈裕名。本葉已據該葉校定。故宮本行款與此葉全同。）

茶鑪

造茶鑪之制：高一尺五寸。其方、廣等皆以高一尺爲祖加減之。

面：方七寸五分。

口：圜徑三寸五分，深四寸。

吵眼：高六寸，廣三寸。內搶風斜高向上八寸。

凡茶鑪底方六寸，內用鐵燎杖八條。其泥飾同立竈之制。

壘射垜

壘射垜之制：先築牆，以長五丈高二丈爲率。牆心內長二丈，兩邊牆各長一丈五尺，兩頭斜收向裏各三尺。上壘作五峯，其峯之高下皆以牆每一丈之長積而爲法。

中峯：每牆長一丈，高二尺。

次中兩峯：各高一尺二寸。其心至中峯心各一丈。

兩外峯：各高一尺六寸。其心至次中兩峯各一丈五尺。

子垜：高同中峯。廣減高一尺，厚減高之半。

兩邊踏道：斜高視子垜，長隨垜身。厚減高之半。分作一十二踏，每踏高八寸三分，廣一尺二寸五分。

子垜上當心踏臺：長一尺二寸，高六寸，面廣四寸。厚減面之半，分作三踏，每一尺爲一踏。

凡射垜五峯，每中峯高一尺，則其下各厚三寸，上收令方減下厚之半。上收至方一尺五寸止。其兩峯之間，並先約度上收之廣，相對垂繩，令縱至牆上爲兩峯顱內圜勢。其峯上各安蓮華坐瓦火珠各一枚，當面以青石（宋刊本卷十三第十一葉止，為原版。版心有刻工賈裕名。本葉已據該葉校定。故宮本行款與此葉全同。）灰，白石灰，上以青灰爲緣，泥飾之。

（宋刊本卷十三第十二葉止，為原版。本葉已據本該葉校定。故宮本行款與此葉全同。熹年謹按：本卷全部用國家圖書館所藏南宋刊本校定。本卷全十二葉，均宋刊，無補版。卷中已据宋本校改者，即不再录入他本所校。）

營造法式卷第十三

營造法式卷第十四

通直郎管修蓋皇弟外第專一提舉修蓋班直諸軍營房等臣李誡奉

聖旨編修

〔1〕劉校故宮本：「壘」應作「疊」，諸本皆誤。

熹年謹按：故宮本、張本均誤，唯文津四庫本不誤，據改。

〔2〕熹年謹按：依其做法特色，似應作「解緣」。詳見正文此條之注文。

總制度

彩畫之制：先遍襯地。次以草色和粉分襯所畫之物。其襯色上方布細色，或疊暈，或分間剔填。應用五彩裝及疊暈、碾玉裝者，並以赭筆描畫。淺色之外，並旁描道，量留粉暈，其餘並以墨筆描畫。淺色之外，並用粉筆蓋壓墨道。

襯地之法：

凡科栱梁柱及畫壁，皆先以膠水遍刷。其貼金地以鰾膠水。

貼真[1]金地：候鰾膠水乾，刷白鉛粉，候乾又刷，凡五遍。次又刷土朱鉛粉，同上。亦五遍。上用熟薄膠水貼金，以綿按，令著實。候乾，以玉或瑪瑙或生狗牙斫令光。

五彩地：其碾玉裝若用青綠疊暈者同。候膠水乾，先以白土遍刷。候乾，又以鉛粉刷之。

碾玉裝或青緑棱間者：刷雌黄、合緑者同。候膠水乾，用青淀和茶〔2〕土刷之。每三分中一分青淀，二分茶〔2〕土。

沙泥畫壁：亦候膠水乾，以好白土縱横刷之。先立刷，候乾，次横刷，各一遍。

調色之法：

白土茶土同。：先揀擇令淨，用薄膠湯凡下云用湯者同。其稱熱湯者非。後同。浸少時，候化盡，淘出細華，凡色之極細而淡者皆謂之華，後同。入別器中，澄定，傾去清水，量度再入膠水用之。

鉛粉：先研令極細，用稍濃膠水和成劑，如貼眞金地，並以鰾膠水和之。再以熱湯浸少時，候稍溫，傾去，再用湯研化，令稀稠得所用之。

代赭石土朱、土黄同。如塊小者不擣。：先擣令極細，次研，以湯淘取華，次取細者，及澄去砂石麄脚不用。

藤黃：量度所用研細，以熱湯化，淘去砂腳，不得用膠。籠罩粉地用之。

綿臙[3]：先擘開，撏去心內綿無色者。次將面上色深者以熱湯撚取汁，入少湯用之。若於華心內斡淡或朱地內壓深用者，熬令色深淺得所用之。

朱紅 黃丹同。：以膠水調，令稀稠得所用之。其黃丹用之多澀燥者，調時入生油一點。

螺青 紫粉同。：先研令細，以湯調取清用。螺青澄去淺腳充合碧粉用，紫粉淺腳充合朱用。

雌黃：先擣，次研，皆要極細。用熱湯淘細華於別器中，澄去清水，方入膠水用之。其淘澄下麤者，再研，再淘細華，方可用。忌鉛粉、黃丹地上用。惡灰及油不得相近。亦不可施之於縑素。

襯色之法：

青：以螺青合鉛粉爲地。鉛粉二分，螺青一分。

緑：以槐華汁合螺青、鉛粉爲地。粉青同上。用槐華一錢熬汁。

紅：以紫粉合黄丹爲地。或只以黄丹。

取石色法：

生青、層青同。石緑、朱砂：並各先擣，令略細，若浮淘青，但研令細。用湯淘出向上土石惡水不用，收取近下水内淺色，入別器中。然後研令極細，以湯淘澄，分色輕重，各入別器中。先取水内色淡者，謂之青華；石緑者謂之緑華，朱砂者謂之朱華。次色稍深者，謂之三青；石緑謂之三緑，朱砂謂之三朱。又色漸深者，謂之二青；石緑謂之二緑，朱砂謂之二朱。其下色最重者，謂之大青。石緑謂之大緑，朱砂謂之深朱。澄定，傾去清水，候乾收之。如用時，量度入膠水用之。五色之中，唯青、緑、紅三色爲主，餘色隔間品合而已。其爲用亦各不同，且如用青，自大青至青華，外暈用白，朱、緑同。大青之內，用墨或礦汁壓深。此只可以施之於裝飾等用，但取其輪奐鮮麗，如組繡華錦之文爾。至於窮要妙、奪生意，則謂之畫。其用色之制，隨其所寫，或淺或深，或輕或重，千變萬化，任其自然，雖不可以立言，其色之所相亦不出於此。唯不用大青、大緑、深朱、雌黄、白土之類。

〔1〕熹年謹按：故宮本、張本「真金」誤作「员金」，據文津四庫本改。

〔2〕熹年謹按：「茶」陶本误「茶」，据故宫本、四庫本、張本改。

〔3〕熹年謹按：故宮本、張本、丁本、文津四庫本均作「綿礦」，惟陶本作「紫礦」，因條文中有「心內綿無色者」句，故從故宮本。

五彩遍裝

五彩遍裝之制：梁栱之類，外棱四周皆留緣道，用青綠或朱疊暈，梁栿之類緣道，其廣二分。枓栱之類，其廣一分。內施五彩諸華間雜，用朱或青、綠剔地，外留空緣，與外緣道對暈。其空緣之廣，減外緣道三分之一。

華文有九品：一曰海石榴華。寶牙華、太平華之類同。二曰寶相華。牡丹華之類同。三曰蓮荷華。以上宜於梁、額、撩檐方、椽、柱、枓栱、材昂、栱眼壁及白版內。凡名件之上，皆可通用。其海石榴，若華葉肥大不見枝條者，謂之鋪地卷成；如華葉肥大而微露枝條者，謂之枝條卷成；並亦通用。其牡丹華及蓮荷華或作寫生畫者，施之於梁、額或栱眼壁內。四曰團窠〔1〕寶照。團窠柿蒂、方勝合羅之類同。以上宜於方桁枓栱內、飛子面相間用之。五曰圈頭合子。六曰豹脚合暈。棱身合暈、連珠合暈、偏暈之類同。以上宜於方桁內、飛子及大小連檐相間用之。七曰瑪瑙地。玻璃地之類同。以上宜於方桁枓內相間用之。八曰魚鱗旗腳。宜於梁栱下相間用之。九曰圈頭柿蒂。胡瑪瑙之類同。以上宜於枓內相間用之。

瑣文有六品：一曰瑣子。聯環瑣、瑪瑙瑣、疊環之類同。二曰簟文。金鋌文、銀鋌、方環之類同。三曰羅地龜文。六出龜文、交腳龜文之類同。四曰四出。六出之類同。以上宜於撩檐方、槫柱頭及枓內。其四出、六出亦宜於栱頭、椽頭、方桁相間用之。五曰劍環。宜於枓內相間用之。六曰曲水。或作「王」字及「万」字，或作斗底及鑰匙頭，宜於普拍方內外用之。

凡華文施之於梁、額、柱者，或間以行龍、飛禽、走獸之類於華內。其飛走之物用赭筆描之於白粉地上，或更以淺色拂淡。若五彩及碾玉裝，華內宜用白畫。其碾玉華內者，亦宜用淺色拂淡，或以五彩裝飾。如方桁之類全用龍鳳走飛者，則遍地以雲文補空。

飛仙之類有二品：一曰飛仙。二曰嬪伽。共命鳥之類同。

飛禽之類有三品：一曰鳳皇。鸞、孔雀、鶴之類同。二曰鸚鵡。山鷓、練鵲、錦鷄之類同。三曰鴛鴦。鸂鶒、鵝、鴨之類同。其騎跨飛禽人物有五品：一曰眞人，二曰女眞，三曰仙〔2〕童，四曰玉女，五曰化生。

走獸之類有四品：一曰師子。麒麟、狻猊、獬豸之類同。二曰天馬。海馬、仙鹿之類同。三曰羦〔3〕羊。山羊、華羊之類同。四曰白象。馴犀、黑熊之類同。其騎跨、牽拽走獸人物有三品：一曰拂菻，二曰獠蠻，三曰化生。若天馬、仙鹿、羦羊亦可用眞人等騎跨。

雲文有二品：一曰吳雲。二曰曹雲。〔4〕蕙草雲、蠻雲之類同。

間裝之法：青地上華文以赤、黃、紅、綠相間，外棱用紅疊暈。紅地上華文青綠，心內以紅相間，外棱用青或綠疊暈。綠地上華文以赤、黃、紅、青相間，外棱用青、紅、赤、黃疊暈。

其牙頭青緑地用赤黄牙，朱地以二緑。若枝條，緑地用藤黄汁罩，以丹華或薄礦水節淡。青紅地如白地上單枝條用二緑，隨墨以緑華合粉罩，以三緑、二緑節淡。

疊暈之法：自淺色起，先以青華，緑以緑華、紅以朱華粉。次以三青，緑以三緑，紅以三朱。次以二青，緑以二緑，紅以二朱。次以大青，緑以大緑，紅以深朱。大青之內，用深墨壓心，緑以深色草汁罩心，朱以深色紫礦罩心。青華之外留粉地一暈。緑、紅準此。其暈內二緑華或用藤黄汁罩。如華文、緣道等狹小或在高遠處，即不用三青等及深色壓罩。

凡染赤黄，先布粉地，次以朱華合粉壓暈，次用藤黄通罩，次以深朱壓心。若合草緑汁，以螺青華汁用藤黄相和，量宜入好墨數點及膠少許用之。

用〔5〕疊暈之法：凡科栱、昂及梁、額之類，應外棱緣道並令深色在外，其華內剔地色並淺色在外，與外棱對暈，令淺色相對。其華葉等暈，並淺色在外，以深色壓心。凡外緣道用明金者，梁栿、枓栱之類金緣之廣與疊暈同，金緣內用青或緑壓之。其青緑廣比外緣五分之一。

凡五彩遍裝：柱頭闌額入處。作細錦或瑣文。柱身自柱櫍上亦作細錦，與柱頭相應，錦之上下作青紅或緑疊暈一道；其身內作海石榴等華，或於華內間以飛鳳之類。或作碾玉，華內間以五彩飛鳳之類，或間四入瓣窠，〔6〕或四出尖窠。窠內間以化生或龍鳳之類。櫍作青瓣或紅瓣疊暈蓮華。檐額或大額及由額兩頭近柱處作三瓣或兩瓣如意頭角葉。長加廣之半。如身內紅地，即以青地作碾玉，或亦用五彩裝。或隨兩邊緣道作分腳如意頭。椽頭面子隨徑之圜作疊暈蓮華，青紅相間用之，或作出焰明珠，或作簇七車釧明珠，皆淺色在外。或作疊暈寶珠，深色在外，令近上疊暈，向下棱當中點粉爲寶珠心；或作疊暈合螺瑪瑙，近頭處作青緑紅暈子三道，每道廣不過一寸；

身內作通用六等華外，或用青綠紅地作團窠，或方勝，或兩尖，或四入瓣；白地外用淺色，青以青華，綠以綠華，朱以朱粉圈之。白地內隨瓣之方圓或兩尖，或四入瓣同。描華，用五彩淺色間裝之。其青、綠、紅地作團窠方勝等，亦施之科栱、梁栿之類者，謂之海錦，亦曰淨地錦。飛子作青綠連珠及棱〔7〕身暈，或作方勝，或兩尖，或團窠；兩側壁如下面用遍地華，即作兩暈青綠棱間；若下面素地錦，作三暈或兩暈青綠棱間；飛子頭作四角柿蒂。或作瑪瑙。如飛子遍地華，即椽用素地錦。若椽作遍地華，即飛子用素地錦。白版或作紅、青、綠地內兩尖科素地錦。大連檐立面作三角疊暈柿蒂華。或作霞光。

〔1〕劉批陶本：按《新唐書》車服志：六品以下服綾，「小窠無文」，故「科」應作「窠」。

〔2〕劉批陶本：卷三十三圖樣「仙」作「金」。

熹年謹按：故宮本、文津四庫本、張本等均作「仙」，故未改，存劉批備考。

〔3〕劉校故宮本：避宋諱，「羦」字缺末筆。

〔4〕劉批陶本：吳雲、曹雲皆無圖，其形狀與出處不明。法式卷五陽馬條有曹殿一種，同冠以「曹」字，是否有連帶關係，待考。

〔5〕熹年謹按：據故宮本增「用」字。

〔6〕劉批陶本：「科」当作「窠」。

〔7〕熹年謹按：「棱」陶本誤「棱」，據故宮本、四庫本改。

碾玉裝

碾玉裝之制：梁栱之類外棱四周皆留緣道，緣道之廣並同五彩之制。用青或緑疊暈。如緑緣內於淡緑地上描華，用深青剔地，外留空緣，與外緣道對暈。青〔1〕緣內者，用緑處以青，用青處以緑。

華文及瑣文等並同五彩所用。華文內唯無寫生及豹腳合暈、偏暈、玻璃地、魚鱗旗腳。外增龍牙蕙草一品。瑣文內無瑣子。用青緑二色疊暈亦如之。內有青緑不可隔間處，於緑淺暈中用藤黄汁罩，謂之菉豆褐。其卷成華葉及瑣文，並旁赭筆暈留粉道，從淺色起暈至深色。其地以大青、大緑剔之。亦有華文稍肥者，緑地以二青，其青地以二緑，隨華斡淡後，以粉筆傍墨道描者，謂之映粉碾玉。宜小處用。

凡碾玉裝：柱碾玉，或間白畫，或素緑。柱頭用五彩錦。或只碾玉。櫍作紅暈或青暈蓮華。椽頭作出燄明珠，或簇七明珠，或蓮華，身內碾玉或素緑。

飛子正面作合暈，兩旁並退暈，或素緑。仰版素紅。或亦碾玉裝。

〔1〕熹年謹按：诸本作「緑緣」，依上下文意，似应為「青緣」。

青綠疊暈棱間裝

三暈帶紅棱間裝附

青綠疊暈棱間裝之制：凡枓栱之類外棱緣廣一〔1〕分。

外棱用青疊暈者，身內用綠疊暈，外棱用綠者，身內用青，下同。其外棱緣道淺色在內，身內淺色在外。通壓粉線。謂之兩暈棱間裝。外棱用青華、二青、大青，以墨壓深。身內用綠華、三綠、二綠、大綠，以草汁壓深。若綠在外緣，不用三綠。如青在身內，更加三青。

其外棱緣道用綠疊暈，淺色在內。次以青疊暈，淺色在外。當心又用綠疊暈者，深色在內。謂之三暈棱間裝。皆不用二綠、三青，其外緣廣與五彩同。其內均作兩暈。

若外棱緣道用青疊暈，次以紅疊暈，淺色在外，先用朱華粉，次用二朱，次用深朱，以紫礦壓深。當心用綠疊暈者，若外緣用綠者，當心以青。謂之三暈帶紅棱間裝。

凡青緑疊暈棱間裝，柱身內筍文，或素緑，或碾玉裝。柱頭作四合青緑退暈如意頭。櫍作青暈蓮華，或作五彩錦，或團窠[2]方勝素地錦。椽素緑身，其[3]頭作明珠蓮華。飛子正面、大小連檐並青緑退暈，兩旁素緑。

〔1〕劉校故宮本：故宮本作「外棱緣廣二分」，依前文五彩遍裝，外棱緣道應廣「一分」，故宮本誤。
熹年謹按：張本误作「外棱緣廣二分」

〔2〕劉批陶本：「科」應作「窠」，後同。

〔3〕劉批陶本：諸本誤「共」，依文義改作「其」。

解緑〔1〕裝飾屋舍

解緑〔1〕結華裝附

解緑刷飾屋舍之制：應材昂枓栱之類身內通刷土朱，其緣道及燕尾、八白等並用青緑疊暈相間。若枓用緑，即栱用青之類。緣道疊暈，並深色在外，粉線在內。先用青華或緑華在中，次用大青或大緑在外，後用粉線在內。其廣狹長短並同丹粉刷飾之制。唯檐額或梁栿之類並四周各用緣道，兩頭相對作如意頭。由額及小額並同。若畫松文，即身內通刷土黃，先以墨筆界畫，次以紫檀間刷，其紫檀用深墨合土朱，令紫色。心內用墨點節。栱梁等下面用合朱通刷。又有於丹地內用墨或紫檀點簇六毬文與松文名件相雜者，謂之卓柏裝。

枓栱方桁緣內朱地上間諸華者，謂之解緑結華裝。

柱頭及腳並刷朱，用雌黄畫方勝及團華，或以五彩畫四斜或簇六毬文錦。其柱身內通刷合緑，畫作筍文。或只用素緑。椽頭或作青緑暈明珠。若椽身通刷合緑者，其槫亦作緑地筍文或素緑。

凡額上壁內影作，長廣制度與丹粉刷飾同。身內上稜及兩頭亦以青緑疊暈爲緣，或作翻卷華葉。身內通刷土朱，其翻卷華葉並以青緑疊暈。枓下蓮華並以青暈。

〔1〕熹年謹按：故宮本、四庫本此條標題均作「解綠裝飾屋舍」，後附「解緑結華裝」，然《永樂大典》卷一八二四四第十二葉上所收法式此圖標題作「解緣裝名件」，其下注文曰「凡青緣並大青在外，青華在中，粉線在內。凡綠緣並大綠在外，綠華在中，粉綠（線）在內。」（丁本此图标题亦与大典本图相同，作「解緣裝名件」。）查文津閣四庫本法式卷三十四此圖標題雖作「解綠裝名件」，但其下注文曰「凡青綠並大青在外，青華在中，粉綠在內。凡綠緣並大綠在外，綠華在中，粉綠在內。」亦有一處作「緣」字。詳審此

条文意，所解之緣道在構件邊緣，相鄰二構件交替用青、綠二色，並非只用綠色，大典本「凡青綠並大青在外，青華在中，粉線在內」句即表明其特点，故其名似以作「解緣裝」較「解綠裝」為妥，可更好界定此做法間用青綠為緣道之特點。然目前只有《永樂大典》和丁本此圖作「解緣裝」，文津閣四庫本注中有一處作「緣」字，證據尚不夠充分，故暫未加改正，錄此以供進一步探討。

丹粉刷飾屋舍　黄土刷飾附

丹粉刷飾屋舍之制：應材木之類，面上用土朱通刷，下棱用白粉闌界緣道，兩盡頭斜訛向下。下面用黄丹通刷。昂栱下面及耍頭正面同。其白緣道長廣等依下項。

枓栱之類　栿、額、替木、叉手、托脚、駝峯、大連檐、搏風版等同：隨材之廣分爲八分，以一分爲白緣道。其廣雖多，不得過一寸，雖狹不得過五分。

栱頭及替木之類　綽幕、仰楷、角梁等同：頭下面刷丹，於近上棱處刷白燕尾，長五寸至七寸。其廣隨材之厚分爲四分，兩邊各以一分爲尾，中心空二分。上刷横白，廣一分半。其耍頭及梁頭正面用丹處刷望山子上。其長隨高三分之二，其下廣隨厚四分之二，斜收向上，當中合尖。

檐額或大額刷八白者如裏面。隨額之廣。若廣一尺以下者，分爲五分；一尺五寸以下者，分爲六分；二尺以上者分爲七分。各當中以一分爲八白，其八白兩頭近柱更不用朱闌斷，謂之入柱白。於額身內均之作七隔。其隔之長隨白之廣。俗謂之七朱八白。

柱頭刷丹柱腳同：長隨額之廣，上下並解粉線。柱身、椽、檩及門窗之類皆通刷土朱。其破子窗子桯及屏風難子正側并椽頭並刷丹。平闇或版壁並用土朱刷版並桯，丹刷子桯及牙頭護縫。〔1〕

額上壁內或有補間鋪作遠者，亦於栱眼壁內。畫影作於當心。其上先畫枓，以蓮華承之。身內刷朱或丹，隔間用之。若身內刷朱，則蓮華用丹刷。若身內刷丹，則蓮華用朱刷。皆以粉筆解出華瓣。中作項子，其廣隨宜。至五寸止。下分兩腳，長取壁內五分之三，兩頭各空一分。身內廣隨項，兩頭收斜尖向內五寸。若影作華腳者，身內刷丹，則翻卷葉用土朱。或身內刷土朱，則翻卷葉用丹。皆以粉筆壓棱。

若刷土黃者，制度並同，唯以土黃代土朱用之。其影作內蓮華用朱或丹，並以粉筆解出華瓣。

若刷土黃解墨緣道者，唯以墨代粉刷緣道。其墨緣道之上用粉線壓棱。亦有栿、栱等下面合用丹處皆用黃土者，亦有只用墨緣更不用粉線壓棱者，制度並同。其影作內蓮華並用墨刷，以粉筆解出華瓣，或更不用蓮華。

凡丹粉刷飾，其土朱用兩遍，用畢並以膠水攏罩。若刷土黃則不用。若刷門窗，其破子窗子桯及護〔2〕縫之類用丹刷，餘並用土朱。

〔1〕劉批陶本：此下疑有脫簡。據法式卷二十五彩畫作功限，牙頭應抹綠或解染青綠，未諳孰是？
熹年謹按：故宮本、文津四庫本、張本均如此。

〔2〕劉批陶本：諸本作「影」，依文義應為「護」。

雜間裝

雜間裝之制：皆隨每色制度相間品配，令華色鮮麗，各以逐等分數爲法。

五彩間碾玉裝。五彩遍裝六分，碾玉裝四分。

碾玉間畫松文裝。碾玉裝三分，畫松裝七分。

青緑三暈棱間及碾玉間畫松文裝。青緑三暈棱間裝三分，碾玉裝三分，畫松裝四分。

畫松文間解緑赤白裝。畫松文裝五分，解緑赤白裝五分。

畫松文卓柏間三暈棱間裝。畫松文裝六分，三暈棱間裝二分，卓柏裝二分。

凡雜間裝以此分數爲率。或用間紅、青、緑三暈棱間裝與五彩遍裝及畫松文等相間裝者，各約此分數，隨宜加減之。

煉桐油

煉桐油之制：用文武火煎桐油令清，先煠膠令焦，取出不用。次下松脂，攪候化。又次下研細定粉，粉色黃，滴油於水內成珠，以手試之，黏指處有絲縷，然後下黃丹。漸次去火，攪令冷，合金漆用。如施之於彩畫之上者，以亂線揩搌用之。

營造法式卷第十四

營造法式卷第十五

通直郎管修蓋皇弟外第專一提舉修蓋班直諸軍營房等臣李誡奉聖旨編修

塼作制度

露道　城壁水道

卷輂河渠口　接甑口

馬臺　馬槽

井

窰作制度

瓦　塼

瑠璃瓦等 炒造黄丹附　青掍瓦 滑石掍。茶土掍。

燒變次序　壘造窰

塼作制度

用塼

用塼之制：

殿閣等十一間以上用塼：方二尺，厚三寸。

殿閣等七間以上用塼：方一尺七寸，厚二寸八分。

殿閣等五間以上用塼：方一尺五寸，厚二寸七分。

殿閣廳堂亭榭等用塼：方一尺三寸，厚二寸五分。以上用條塼並長一尺三寸，廣六寸五分，厚二寸五分。如階唇用壓闌塼，長一尺一寸，廣一尺一寸，厚二寸五分。

行廊小亭榭散屋等用塼：方一尺二寸，厚二寸。用條塼長一尺二寸，廣六寸，厚二寸。

城壁所用走趄塼：長一尺二寸，面廣五寸五分，底廣六寸，厚二寸。

趄條塼：面長一尺一寸五分，底長一尺二寸，廣六寸，厚二寸。牛頭塼：長一尺三寸，廣六寸五分，一壁厚二寸五分，一壁厚二寸二分。

壘階基 其名有四：一曰階，二曰陛，三曰陔，四曰墒。

壘砌階基之制：用條塼。殿堂、亭榭階高四尺以下者，用二塼相並；高五尺以上至一丈者，用三塼相並；樓臺基高一丈以上至二丈者，用四塼相並；高二丈至三丈以上者，用五塼相並；高四丈以上者用六塼相並。普拍方外階頭，自柱心出三尺至三尺五寸。每階外細塼高十層，其內相並塼高八層。

其殿堂等階，若平砌，每階高一尺上收一分五氂；如露龈砌，每塼一層，上收一分；粗壘二分。樓臺、亭榭，每塼一層上收二分。粗壘五分。

鋪地面

鋪砌殿堂等地面塼之制：用方塼。先以兩塼面相合，磨令平；次斫四邊，以曲尺較令方正；其四側斫，令下稜收入一分。殿堂等地面，每柱心内方一丈者，令當心高二分；方三丈者，高三分。如廳堂廊舍等亦可以兩椽爲計。柱外階廣五尺以下，每一尺令自柱心起至階龈垂二分；廣六尺以上者，垂三分。其階龈壓闌用石，或亦用塼。其階外散水，量檐上滴水遠近鋪砌向外，側塼砌線道二周。

牆下隔減

壘砌牆隔減之制：殿閣外有副階者，其內牆下隔減長隨牆廣，下同。其廣六尺至四尺五寸，自六尺以減五寸爲法，減至四尺五寸止。高五尺至三尺四寸。自五尺以減六寸爲法，至三尺四寸止。如外無副階者，廳堂同。廣四尺至三尺五寸，高三尺至二尺四寸。若廊屋之類，廣三尺至二尺五寸，高二尺至一尺五〔1〕寸。其上收同階基制度。

〔1〕熹年謹按：諸本均作「一尺六寸」，唯晁載之《續談助》摘鈔北宋崇寧本作「□尺五寸」，今從《續談助》摘鈔北宋本作「一尺五寸」。

踏道

造踏道之制：廣隨間廣，每階基高一尺，底長二尺五寸，每一踏高四寸，廣一尺，兩頰[1]各廣一尺二寸，兩頰內線道各厚二寸。若階基高八塼，其兩頰內地栿柱子等平雙轉一周，以次單轉一周，退入一寸，又以次單轉一周，當心爲象眼。每階基加三塼，兩頰單轉加一周。若階基高二十塼以上者，兩頰內平雙轉加一周，踏道下線道亦如之。

〔1〕劉校故宫本：丁本、故宫本皆作「類」，依下文應作「頰」，因據改。
熹年謹按：張本亦誤作「類」。然晁載之《續談助》摘鈔北宋崇寧本、文津四庫本均作「頰」，不誤，因據改。

慢道

壘砌慢道之制：城門慢道，每露臺塼基高一尺，拽脚斜長五尺。其廣減露臺一尺。廳堂等慢道，每階高一尺，拽脚斜長四尺，作三瓣蟬翅，當中隨間之廣，取宜約度。兩頰及線道並同踏道之制。每斜長一尺，加四寸爲兩側翅瓣下之廣。若作五瓣蟬翅，其兩側翅瓣下取斜長四分之三。凡慢道面塼，露齦皆深三分。如華塼，即不露齦。

須彌坐

壘砌須彌坐之制：共高一十三塼，以二塼相並，以此爲率。自下一層與地平，上施單混肚塼一層，次上牙脚塼一層，比混肚塼下齦收入一寸。次上罨牙塼一層，比牙〔1〕脚出三分。次上合蓮塼一層，比罨牙收入一寸五分。次上束腰塼一層，比合蓮下齦收入一寸。次上仰蓮塼一層，比束腰出七分。次上壺門柱子塼三層，柱子比仰蓮收入一寸五分，壺門比柱子收入五分。次上罨澀塼一層，比柱子出五分。次上方澀平塼兩層。比罨澀出五分。如高下不同，約此率隨宜加減之。如殿階作須彌坐砌壘者，其出入並依角石柱制度，或約此法加減。

〔1〕 熹年謹按：故宫本、張本、陶本「牙」誤「身」，據四庫本改正。

塼牆

疊塼牆之制：每高一尺，底廣五寸，每面斜收一寸。若粗砌，斜收一寸三分。以此爲率。

露道

砌露道之制：長、廣量地取宜，兩邊各側砌雙線道，其內平鋪砌。或側塼虹面疊砌，兩邊各側砌四塼爲線。

城壁水道

壘城壁水道之制：隨城之高，匀分蹬踏。每踏高二尺，廣六寸，以三塼相並，用趄模塼〔1〕。面與城平，廣四尺七寸。水道廣一尺一寸，深六寸，兩邊各廣一尺八寸。地下砌側塼散水，方六尺。

〔1〕朱批陶本：城壁用走趄塼有三種：一曰走趄，二曰趄條，三曰牛頭，故此處混曰趄模塼也。

卷輂河渠口

壘砌卷輂河渠塼口之制：長廣隨所用。單眼卷輂者，先於渠底鋪地面塼一重；每河深一尺，以二塼相並壘兩壁塼高五寸；如深廣五尺以上者，心內以三塼相並；其卷輂隨圜分〔1〕側用塼，覆背塼同。其上繳背須鋪條塼。如雙眼卷輂者，兩壁塼以三塼相並，心內以六塼相並；餘並同單眼卷輂之制。

〔1〕劉校故宮本：故宮本「分」誤「兮」。

熹年謹按：文津四庫本、張本、丁本、陶本不誤。

接甑口

壘接甑口之制：口徑隨釜或鍋，先依口徑圜樣，取逐層塼定樣斫磨。口徑內以二塼相並，上鋪方塼一重爲面。或只用條塼覆面。其高隨所用。塼並倍用純灰下。

馬臺

壘馬臺之制：高一尺六寸，分作兩踏。上踏方二尺四寸，下踏廣一尺，以此爲率。

馬槽

壘馬槽之制：高二尺六寸，廣三尺，長隨間廣。或隨所用之長。其下以五塼相並，壘高六塼。其上四邊壘塼一周，高三塼，次於槽內四壁側倚方塼一周，其方塼後隨斜分斫貼之，次〔1〕壘三重。方塼之上鋪條塼覆面一重。次於槽底鋪方塼一重，爲槽底面。塼並用純灰下。

〔1〕熹年謹按：据晁戴之《續談助》摘鈔北宋崇寧本改補注文「之、次」二字。故宮本、文津四庫本、張本均脱此二字。

井

甃井之制：以水面徑四尺爲法。

用塼：若長一尺二寸廣六寸厚二寸條塼，除抹角就圜，實收長一尺，視高計之。每深一丈，以六百口壘五十層。若深廣尺寸不定，皆積而計之。

底盤版：隨水面徑，料〔1〕每片廣八寸，牙縫搭掌在外。其厚二寸爲定法。

凡甃造井，於所留水面徑外四周各廣二尺開掘。其塼甋用竹並蘆蕟編夾，壘及一丈閃下甃砌。若舊井損脱〔2〕難於修補者，即於徑外各展掘一尺，攏套接壘下甃。

〔1〕熹年謹按：「斜」字故宫本、四庫本均作「料」。

〔2〕劉批陶本：諸本作「兊」，疑為「脱」字。

窯作制度

瓦

其名有二：一曰瓦，二曰㼧〔1〕。

造瓦坯，用細膠土不夾砂者，前一日和泥造坯，鴟獸事件同。先於輪上安定札圈，次套布筒，以水搭泥，撥圈打搭收光，取札並布筒晒曝。鴟獸事件捏造火珠之類用輪牀收托。其等第依下項：

瓪瓦：

長一尺四寸，口徑六寸，厚六〔2〕分。仍留曝乾並燒變所縮分數。下準此。

長一尺二寸，口徑五寸，厚五分。

長一尺，口徑四寸，厚四分。

長八寸，口徑三寸五分，厚三分五氂。

長六寸，口徑三寸，厚三分。

長四寸，口徑二寸五分，厚二分五氂。

瓪瓦：

長一尺六寸，大頭廣九寸五分，厚一寸；小頭廣八寸五分，厚八分。

長一尺四寸，大頭廣七寸，厚七分；小頭廣六寸，厚六分。

長一尺三寸，大頭廣六寸五分，厚六分；小頭廣五寸五分，厚五分五氂。

長一尺二寸，大頭廣六寸，厚六分；小頭廣五寸，厚五分。

長一尺，大頭廣五寸，厚五分；小頭廣四寸，厚四分。

長八寸，大頭廣四寸五分，厚四分；小頭廣四寸，厚三分五氂。

長六寸，大頭廣四寸，厚同上。小頭廣三寸五分，厚三分。

凡造瓦坯之制：候曝微乾，用刀剺畫，每桶作四片。瓶瓦作二片。線道瓦於每片中心畫一道，條子十字務畫。線道、條子瓦仍以水飾露明處一邊。

〔1〕劉批陶本：故宮本、丁本作「甍」，四库本作「㽁」。《玉篇》：「㽁」，坯也。非瓦脊之甍也。应从四库本作「㽁」。

〔2〕劉批陶本：故宮本、張本、丁本、陶本作「八」，四庫本作「六」，依下列各瓦比例，似以「六」為是。

塼

其名有四：一曰甓，二曰瓴甋，三曰瑴，四曰甗甎。

造塼坯前一日和泥打造，其等第依下項。

方塼：

二尺，厚三寸。

一尺七寸，厚二寸八分。

一尺五寸，厚二寸七分。

一尺三寸，厚二寸五分。

一尺二寸，厚二寸。

條塼：

長一尺三寸，廣六寸五分，厚二寸五分。

長一尺二寸，廣六寸，厚二寸。

壓闌塼：長二尺一寸，廣一尺一寸，厚二寸五分。

塼碇：方一尺一寸五分，厚四寸三分。

牛頭塼：長一尺三寸，廣六寸五分，一壁厚二寸五分，一壁厚二寸二分。

走趄塼：長一尺二寸，面廣五寸五分，底廣六寸，厚二寸。

趄條塼：面長一尺一寸五分，底長一尺二寸，廣六寸，厚二寸。

鎮子塼：方六寸五分，厚二寸。

凡造塼坯之制：皆先用灰襯隔模匣，次入泥，以杖刮[1]脫，曝令乾。

[1] 熹年謹按：陶本、張本誤作「剖」，故宮本、四庫本作「刮」，據改。

瑠璃瓦等 炒造黄丹附

凡造瑠璃瓦等之制：藥以黄丹、洛河石和銅末，用水調匀。冬月以湯。甋瓦於背面，鴟獸之類於安卓露明處，青掍同。並遍澆。刷瓪瓦於仰面內中心。重脣瓪瓦仍於背上澆大頭，其線道、條子瓦澆脣一壁。

凡合瑠璃藥所用黄丹闕炒造之制：以黑錫、盆硝等入鑊，煎一日爲粗扇，出候冷，擣羅作末；次日再炒，塼盖罨；第三日炒成。

青掍瓦 滑石掍、茶〔1〕土掍

青掍瓦等之制：以乾坯用瓦石磨擦，甋瓦於背，瓪瓦於仰面，磨去布文。次用水濕布揩拭，候乾，次以洛河石掍研，次摻滑石末令勻。用茶土掍者，准先摻茶土，次以石掍研。

〔1〕熹年謹按：「茶土」陶本誤「荼土」，據故宮本、四庫本、張本改。

燒變次序

凡燒變塼瓦等之制：素白窯：前一日裝窯，次日下火燒變，又次日上水窨，更三日開，候冷透及七日出窯。青棍窯：裝窯燒變出窯日分準上法。先燒芟草，茶土棍者止於曝窯內〔1〕搭帶燒變，不用柴草、羊屎、油粈。次蒿草、松柏柴、羊屎、麻粈、濃油，蓋罨不令透煙。瑠璃窯：前一日裝窯，次日下火燒變，三日開窯，候火冷〔2〕，至第五日出窯。

〔1〕劉批陶本：故宮本作「露內」，文津四庫本作「窯內」，据文津四庫本改。

〔2〕劉批陶本：陶本作「火候冷」，依文義改正。

熹年謹按：上二項張本亦均誤。

壘造窯

壘窯之制：大窯高二丈二尺四寸，徑一丈八尺，外圍地在外。曝窯同。

門：高五尺六寸，廣二尺六寸。曝窯高一丈五尺四寸，徑一丈二尺八寸，門高同大窯，廣二尺四寸。

平坐：高五尺六寸，徑一丈八尺，曝窯一丈二尺八寸。壘二十八層。曝窯同。其上壘五匝，高七尺，曝窯壘三匝，高四尺二寸。壘七層。曝窯同。

收頂：七匝，高九尺八寸，壘四十九層。曝窯四匝，高五尺六寸，壘二十八層，逐層各收入五寸，遞減半塼。

龜殼窯眼暗突：底脚長一丈五尺，上留空分方四尺二寸蓋暗〔1〕，實收長二尺四寸。曝窯同。廣五寸，壘二十層。曝窯長一丈八尺，廣同大窯，壘一十五層。

牀：長一丈五尺，高一尺四寸，壘七層。曝窯長一丈八寸，高一尺六寸，壘八層。

壁：長一丈五尺，高一丈一尺四寸，壘五十七層。下作出煙口子承重托柱。其曝窯長一丈八寸，高一丈，壘五十層。

門：兩壁各廣五尺四寸，高五尺六寸，壘二十八層。仍壘脊。子門同。曝窯廣四尺八寸，高同大窯。

子門：兩壁各廣五尺二寸，高八尺，壘四十層。

外圍：徑二丈九尺，高二丈，壘一百層。曝窯徑二丈二寸，高一丈八寸，壘五十四層。

池：徑一丈，高二尺，壘一十層。曝窯徑八尺，高一尺，壘五層。

踏道：長三丈八尺四寸。曝窯長二丈。

凡壘窯用長一尺二寸廣六寸厚二寸條塼。平坐並窯門、子門、窯牀、外圍、踏道皆並二砌。其窯池下面作蛾眉壘砌承重，上側使暗突出煙。

〔1〕 熹年謹按：「暗」陶本誤「罨」，據故宫本、四庫本、張本改。

營造法式卷第十五

營造法式卷第十六

通直郎管修蓋皇弟外第專一提舉修蓋班直諸軍營房等臣李誡奉
聖旨編修

壕寨功限

石作功限

壇　卷輂水窗
水槽　馬臺
井口石　山棚鋜脚石
幡竿頰　贔屓碑
笏頭碣

〔1〕熹年謹按：陶本下有「望柱」二字，故宫本、四庫本、張本無，據以刪去。

壕寨功限

總雜功

諸土，乾重六十斤爲一擔。諸物準此。如粗重物用八人以上、石段用五人以上可舉者，或瑠璃瓦名件等，每重五十斤爲一擔。

諸石，每方一尺重一百四十三斤七兩五錢，方一寸，二兩三錢。塼八十七斤八兩，方一寸，一兩四錢。瓦九十斤六兩二錢五分。方一寸，一兩四錢五分。

諸木，每方一尺重依下項：

黄松　寒松、赤甲松同。：二十五斤。方一寸，四錢。

白松：二十斤。方一寸，三錢二分。

山雜木　謂海棗、榆、槐木之類。：三十斤。方一寸，四錢八分。

諸於三十里外般運物：一擔往復一功。若一百二十步以上，紐〔1〕計每往復共一里六十擔亦如之。牽拽舟車栰地里準此。

諸功作般運物：若於六十步外往復者，謂七十步以下者。並祗用本作供作功。或無供作功者，每一百八十擔一功。或不及六十步者，每短一步加一擔。

諸於六十步內掘土般供者：每七十尺一功。如地堅硬，或砂礓相雜者，減二十尺。

諸自下就土供壇基牆等用本功。如加膊版，高一丈以上用者，以一百五十擔一功。

諸掘土裝車及搓籃：每三百三十擔一功。如地堅硬或砂礓相雜者，裝一百三十擔。

諸磨褫石段：每石面二尺一功。

諸磨褫二尺方塼：每六口一功。一尺五寸方塼八口，壓闌塼一十口，一尺三寸方塼一十八口，一尺二寸方塼二十三口，一尺三寸條塼三十五口同。

諸脫造壘牆條墼：長一尺二寸，廣六寸，厚二〔2〕寸，乾重十斤。每二〔3〕百口一功。和泥起壓在內。

〔1〕朱批陶本：「紐計」似係一名詞。

熹年謹按：故宮本、文津四库本、張本均作「紐計」。

〔2〕劉校故宮本：丁本作「三」，故宮本作「二」，从故宮本。

熹年謹按：張本作「三」，文津四库本同故宮本，亦作「二」。

〔3〕劉批陶本：丁本、陶本作一，故宮本、四库本作二，从故宮本。

熹年謹按：張本同故宮本，亦作「二。」因知丁本雖出於張本，二者亦偶有差誤。

築基

諸殿閣堂廊等基址開掘出土在內。若去岸一丈以上，即別計般土功。方八十尺，謂每長廣方深各一尺爲計。就土鋪填打築六十尺：各一功。若用碎塼瓦石札者，其功加倍。

築城

諸開掘及填築城基：每各五十尺一功。削掘舊城及就土修築女頭牆及護嶮牆者亦如之。

諸於三十步內供土築城：自地至高一丈，每一百五擔一功。自一丈以上至二丈每一百擔、自二丈以上至三丈每九十擔、自三丈以上至四丈每七十五擔、自四丈以上至五丈每五十五擔同。其地步及城高下不等準此細計。

諸紐草葽二百條，或斫橛子五百枚，若剗削城壁四十尺，般取膊椽功在內。各一功。

築牆

諸開掘牆基每一百二十尺一功。若就土築牆，其功加倍。

諸用葽、橛就土築牆每五十尺一功。就土抽紝築屋下牆同。露牆六十尺亦準此。

穿井

諸穿井開掘，自下出土：每六十尺一功。若深五尺以上，每深一尺每功減一尺，減至二十尺止。

般運功

諸舟船般載物裝卸在內。依下項：

一，去六十步外般物裝船，每一百五十擔：如麤重物一件，及一百五十斤以上者減半。

一，去三十步外取掘土兼般運裝船者，每一百擔：一，去一十五步外者，加五十擔。

泝流拽船，每六十擔：

順流駕放：每一百五十擔：

右各一功。

諸車般載物 裝卸、拽車在內。依下項：

螭車載䨻重物：

重一千斤以上者，每五十斤：

重五百斤以上者，每六十斤：

右各一功。

轒轒車載䨻重物：

重一千斤以下者，每八十斤一功。

驢拽車：

每車裝物重八百五十斤爲一運。其重物一件重一百五十斤以上者，別破裝卸功。

獨輪小車子：扶駕二人。

每車子裝物重二百斤。

諸河內繫栰駕放牽拽般運竹木依下項：

慢水泝流 謂蔡河之類。牽拽：每七十三尺；如水淺，每九十八尺。

順流駕放：謂汴河之類。每二百五十尺；綰繫在內。若細碎及三十件以上者，二百尺。

出漉：每一百六十尺；其重物一件長三十〔1〕尺以上者，八十尺。

右各一功。

〔1〕刘校故宫本：故宫本无十字，似脱简。

熹年謹按：故宫本作「一」。四庫本作「十」，據劉校及四庫本改「十」。陶本作「十」，不誤。

供諸作功

諸工作破供作功依下項：

瓦作結瓦；

泥作；

塼作；

鋪壘安砌；

砌壘井；

窯作壘窯；

右本作每一功供作各二功。

大木作釘椽：每一功供作一功。

小木作安卓：每一件及三功以上者，每一功供作五分功。平棊、藻井、栱眼、照壁、裹栿版安卓，雖不及三功者，並計供作功。即每一件供作不及一功者不計。

石作功限

總造作功

平面每廣一尺，長一尺五寸：打剝、麤搏、細漉、斫砟在內。

四邊褊棱鑿搏縫，每長二丈：應有棱者準此。

面上布墨蠟：每廣一尺，長二丈：安砌在內。減地平鈒者，先布墨蠟，而後雕鐫。其剔地起突及壓地隱起華者，並雕鐫畢方布蠟。或亦用墨。

右各一功。如平面柱礎在牆頭下用者，減本功四分功。若牆內用者，減本功七分功。下同。

凡造作石段名件等，除造覆盆及鐫鑿圜混若成形物之類外，其餘皆先計平面及褊棱功。如有雕鐫者，加雕鐫功。

柱礎

柱礎方二尺五寸，造素覆盆：

造作功：

每方一尺，一功二分。方三尺、方三尺五寸各加一分功。方四尺加二分功。方五尺加三分功。方六尺加四分功。

雕鐫功：其雕鐫功並於素覆盆所得功上加之。

方四尺，造剔地起突海石榴華，內間化生：四角水地內間魚獸之類，或亦用華。下同。八十功。方五尺加五十功，方六尺加一百二十功。

方三尺五寸，造剔地起突水地雲龍或牙魚、飛魚。寶山：五十功。方四尺加三十功。方五尺加七十五功。方六尺加一百功。

方三尺，造剔地起突諸華：三十五功。方三尺五寸加五功。方四尺加一十五功。方五尺加四十五功。方六尺加六十五功。

方二尺五寸，造壓地隱起諸華：一十四功。方三尺加一十一功。方三尺五寸加一十六功。方四尺加二十六功。方五尺加四十六功。方六尺加五十六功。

方二尺五寸，造減地平鈒諸華：六功。方一尺加二功，方三尺五寸加四功，方四尺加九功，方五尺加一十四功，方六尺加二十四功。

方二尺五寸造仰覆蓮華：一十六功。若造鋪地蓮華，減八功。

方二尺造鋪地蓮華：五功。若造仰覆蓮華，加八功。

角石 角柱

角石：

安砌功：

角石一段，方二尺，厚八寸：一功。

雕鐫功：

角石兩側造剔地起突龍鳳間華或雲文：一十六功。若面上鐫作師子加六功。造壓地隱起華減一十功。減地平鈒華減一十二功。

角柱 城門角〔1〕柱同。：

造作剜鑿功：

疊澀坐角柱，兩面：共二十功。

安砌功：

角柱：每高一尺，方一尺，二分五釐功。

雕鐫功：

方角柱，每長四尺，方一尺，造剔地起突龍鳳間華或雲文：兩面共六十功。若造壓地隱起華，減二十五功。

疊澀坐角柱，上下澀造壓地隱起華：兩面共二十功。

版柱上造剔地起突雲地昇龍：兩面共一十五功。

〔1〕劉批陶本：「角」誤「確」。丁本、故宮本亦誤作「確」。
熹年謹按：故宮本、文津四庫本、張本均誤作「確」，然依文義應作「角」，據劉批改。

殿階基

殿階基一坐：

雕鐫功每一段：

頭子上減地平鈒華：二功。

束腰造剔地起突蓮華：二功。版柱子上減地平鈒華同。

撻澀減地平鈒華：二功。

安砌功每一段：

土襯石：一功。壓闌地面石同。

頭子石：二功。束腰石、隔身版柱子、撻澀同。

地面石 壓闌石

地面石、壓闌石：

安砌功：

每一段，長三尺，廣二尺，厚六寸：一功。

雕鐫功：

壓闌石一段，階頭廣六寸，長三尺，造剔地起突龍鳳間華：二十功。若龍鳳間雲文減二功。造壓地隱起華減一十六功。造減地平鈒華減一十八功。

殿階螭首

殿階螭首一隻，長七尺：

造作鐫鑿：四十功。

安砌：一十功。

殿內鬭八

殿階心內鬭八一段，共方一丈二尺：

雕鐫功：

鬭八心內造剔地起突盤龍一條，雲捲水地：四十功。

鬭八心外諸科格內並造壓地隱起龍鳳化生諸華：三百功。

安砌功：

每石二段，一功。

踏道

踏道石每一段，長三尺，廣二尺，厚六寸：

安砌功：

土襯石：每一段一功。踏子石同。

象眼石：每一段二功。副子石同。

雕鐫功：

副子石一段，造減地平鈒華：二功。

單鈎闌　重臺鈎闌

單鈎闌一段，高三尺五寸，長六尺：

造作功：

剜鑿尋杖至地栿等事件內万字不透。：共八十功。

尋杖下若作單托神：一十五功。雙托神倍之。

華版內若作壓地隱起華龍或雲龍：加四十功。若万字透空亦如之。

重臺鈎闌：如素造，比單鈎闌每一功加五分功。若盆脣、癭項、地栿、蜀柱並作壓地隱起華，大小華版作剔地起突華造者：一百六十功。

望柱：

八瓣[1]望柱，每一條長五尺，徑一尺，出上下卯：共一功。

造剔地起突纏柱雲龍：五十功。

造壓地隱起諸華：二十四功。

造減地平鈒華：一十二功。

杜下坐造覆盆蓮華：每一枚七功。

杜上鐫鑿像生師子：每一枚二十功。

安卓六功。

〔1〕熹年謹按：陶本誤作六瓣，據故宫本、四庫本、張本改。

螭子石

安鈎闌螭子石一段：

鑿劄眼、剜口子：共五分功。

門砧限

臥立柣、將軍石、止扉石

門砧一段：

雕鐫功：

造剔地起突華或盤龍：

長五尺：二十五功。

長四尺：一十九功。

長三尺五寸：一十五功。

長三尺：一十二功。

安砌功：

長五尺：四功。

長四尺：三功。

長三尺五寸：一功五分。

長三尺：七分功。

門限，每一段長六尺，方八寸：

雕鐫功：

面上造剔地起突華或盤龍：二十六功。若外側造剔地起突行龍間雲文，又加四功。

臥立柣一副：

剜鑿功：

臥柣，長二尺，廣一尺，厚六寸：每一段三功五分。

立柣，長三尺，廣同臥柣，厚六寸（側面上分心鑿金口一道。）：五功五分。

安砌功：

臥、立柣：各五分功。

將軍石一段，長三尺，方一尺：

造作：四功。（安、立在內。）

止扉石，長二尺，方八寸：

造作：七功。（剜口子、鑿栓寨眼子在內。）

地栿石

城門地栿石、土襯石：

造作剜鑿功，每一段：

地栿：一十功。

土襯：三功。

安砌功：

地栿：二功。

土襯：二功。

流盃渠

流盃渠一坐剜鑿水渠造。：每石一段，方三尺，厚一尺二寸

造作：一十功。開鑿渠道加二功。

安砌：四功。出水斗子，每一段加一功。

雕鐫功：

河道兩邊面上絡周華，各廣四寸，造壓地隱起寶相華、牡丹華：每一段三功。

流盃渠一坐砌壘底版造：

造作功：

心內看盤石一段，長四尺，廣三尺五寸：

廂壁石及項子石，每一段：

右各八功。

底版石：每一段三功。

斗子石：每一段一十五功。

安砌功：

看盤及廂壁項子石、斗子石：每一段各五功。地架每一段三功。

底版石：每一段三功。

雕鐫功：

心內看盤石造剔地起突華：五十功。若間以龍鳳，加二十功。

河道兩邊面上遍造壓地隱起華：每一段二十功。若間以龍鳳，加一十功。

壇

壇一坐：

雕鐫功：

頭子版柱子牙縫造，減地平鈒華：每一段各二功。束腰剔地起突造蓮華亦如之。

安砌功：

土襯石：每一段一功。

頭子、束腰、隔身版柱子、牙縫石：每一段各二功。

卷輂水窗

卷輂水窗石河渠同。：每一段，長三尺，廣二尺，厚六寸。

開鑿功：

下熟鐵鼓卯，每三〔1〕枚：一功。

安砌一功。

〔1〕熹年謹按：丁本、陶本誤作「二」，故宫本、文津四庫本、張本、瞿本均作「三」，今從故宫本。

水槽

水槽：長七尺，高廣各二尺，深一尺八寸。

造作開鑿：共六十功。

馬臺

馬臺一坐，高二尺二寸，長三尺八寸，廣二尺二寸。

造作功：

剜鑿踏道：二十功〔1〕。疊澀造加二十功。

雕鐫功：

造剔地起突華：一百功。

造壓地隱起華：五十功。

造減地平鈒華：二十功。

臺面造壓地隱起水波，內出沒魚獸：加一十功。

〔1〕熹年謹按：陶本誤作「三十功」，據故宮本、四庫本、張本改。

井口石

井口石並蓋口拍子一副：

造作鐫鑿功：

透井口石方二尺五寸，井口徑一尺：共一十二功。造素覆盆加二功。若華覆盆加六功。

安砌：二功。

山棚鋜脚石

山棚鋜脚石，方二尺，厚七寸。

造作開鑿：共五功。

安砌：一功。

幡竿頰

幡竿頰一坐：

造作開鑿功：

頰二條及開栓眼：共十六功。

鋜腳：六功。

雕鐫功：

造剔地起突華：一百五十功。

造壓地隱起華：五十功。

造減地平鈒華：三十功。

安卓：一十功。

贔屓碑

贔屓鼇坐碑一坐：

雕鐫功：

碑首，造剔地起突盤龍雲盤：共二百五十一功。

鼇坐，寫生鐫鑿：共一百七十六功。

土襯，周回造剔地起突寶山水地等：七十五功。

碑身，兩側造剔地起突海石榴華或雲龍：一百二十功。

絡周造減地平鈒華：二十六功。

安砌功：

土襯石：共四功。

笏頭碣

笏頭碣一坐：

雕鐫功：

碑身及額絡周造減地平鈒華：二十功。

方直坐上造減地平鈒華：一十五功。

疊澀坐剜鑿：三十九功。

疊澀坐上造減地平鈒華：三十功。

營造法式卷第十六

營造法式卷第十七

通直郎管修蓋皇弟外第專一提舉修蓋班直諸軍營房等臣李誡奉聖旨編修

大木作功限一

栱枓等造作功

殿閣外檐補間鋪作用栱枓等數

殿閣身槽內補間鋪作用栱枓等數

樓閣平坐補間鋪作用栱枓等數

枓口跳每縫用栱枓等數

杷頭絞項作每縫用栱枓等數

鋪作每間用方桁等數

栱料等造作功

造作功並以第六等材爲準。

材：長四十尺一功。材每加一等，遞減四尺。材每減一等，遞增五尺。

栱：

令栱，一隻：二分五氂功。

華栱，一隻；

泥道栱，一隻；

瓜子栱，一隻；

右各二分功。

慢栱，一隻：五分功。

若材每加一等，各隨逐等加之：華栱、令栱、泥道栱、瓜子栱、慢栱並各加五氂功。若材每減一等，各隨逐等減之：華栱減二氂功，令栱減三氂功，泥道栱、瓜子栱各減一氂功，慢栱減五氂功。其自第四等加第三等，於遞加功內減半加之。加足材及枓、柱、槫之類並準此。

若造足材栱，各於逐等栱上更加功限。華栱、令栱各加五氂功，泥道栱、瓜子栱各加四氂功，慢栱加七氂功。其材每加、減一等，遞加、減各一氂功。如角內列栱，各以栱頭爲計。

枓：

櫨枓，一隻：五分功。材每增、減一等，遞加、減各一分功。

交互枓，九隻材每增、減一等。遞加、減各一隻；

齊心枓，十隻加減同上；

散枓，一十一只加減同上；

右各一功。

出跳上名件：

昂尖，一十一只：一功。加、減同交互科法。

爵頭，一隻：

華頭子，一隻：

右各一分功。材每增、減一等，遞加、減各二氂功。身內並同材法。

殿閣外檐補間鋪作用栱枓等數

殿閣等外檐自八鋪作至四鋪作，內外並重栱計心，外跳出下昂，裏跳出卷頭。每補間鋪作一朵用栱昂等數下項：八鋪作裏跳用七鋪作。若七鋪作，裏跳用六鋪作。其六鋪作以下裏外跳並同。轉角者準此。

自八鋪作至四鋪作各通用：

單材華栱一隻。若四鋪作插昂不用。

泥道栱一隻。

令栱二隻。

兩出耍頭一隻。並隨昂身上下斜勢分作二隻。內四鋪作不分。

襯方頭一條。足材八鋪作、七鋪作各長一百三十分，六鋪作、五鋪作各長九十分，四鋪作長六十分。

櫨枓一隻。

闇栔二條。一條長四十六分，一條長七十六分。八鋪作、七鋪作又加二條，各長隨補間之廣。

昂栓二條。八鋪作各長一百三十分，七鋪作各長一百一十五分，六鋪作各長九十五分，五鋪作各長八十分，四鋪作各長五十分。

八鋪作、七鋪作各獨用：

第二抄華栱一隻。長四跳。

第三抄外華頭子內華栱一隻。長六跳。

六鋪作、五鋪作各獨用：

第二抄外華頭子內華栱一隻。長四跳。

八鋪作獨用：

第四抄內華栱一隻。外隨昂槫，斜長七十八分。

四鋪作獨用：

第一抄外華頭子內華栱一隻。長兩跳。若卷頭不用。

自八鋪作至四鋪作各用：

瓜子栱：

八鋪作七隻。

七鋪作五隻。

六鋪作四隻。

五鋪作二隻。四鋪作不用。

慢栱：

八鋪作八隻。

七鋪作六隻。

六鋪作五隻。

五鋪作三隻。

四鋪作一隻。

下昂：

八鋪作三隻。一隻身長三百分，一隻身長二百七十分，一隻身長一百七十分。

七鋪作：二隻。一隻身長二百七十分，一隻身長一百七十分。

六鋪作：二隻。一隻身長二百四十分，一隻身長一百五十分。

五鋪作：一隻。身長一百二十分。

四鋪作插昂一隻。身長四十分。

交互枓：

八鋪作九隻。

七鋪作七隻。

六鋪作五隻。

五鋪作四隻。

四鋪作二隻。

齊心枓：

八鋪作一十二隻。

七鋪作一十隻。

六鋪作五隻。五鋪作同。

四鋪作三隻。

散枓

八鋪作三十六隻。

七鋪作二十八隻。

六鋪作二十隻。

五鋪作一十六隻。

四鋪作八隻。

殿閣身槽內補間鋪作用栱枓等數

殿閣身槽內裏外跳並重栱計心出卷頭，每補間鋪作一朶用栱枓等數下項：

自七鋪作至四鋪作各通用：

泥道栱一隻。

令栱二隻。

兩出耍頭一隻。七鋪作長八跳，六鋪作長六跳，五鋪作長四跳，四鋪作長兩跳。

襯方頭一隻。長同上。

櫨枓一隻。

闇栔二條。一條長七十六分°，一條長四十六分°。

自七鋪作至五鋪作各通用：

瓜子栱：

七鋪作六隻。

六鋪作四隻。

五鋪作二隻。

自七鋪作至四鋪作各用：

兩出〔1〕華栱：

七鋪作四隻。一隻長八跳，一隻長六跳，一隻長四跳，一隻長兩跳。

六鋪作三隻。一隻長六跳，一隻長四跳，一隻長兩跳。

五鋪作二隻。一隻長四跳，一隻長兩跳。

四鋪作一隻。長兩跳。

慢栱：

七鋪作七隻。

六鋪作五隻。

五鋪作三隻。
四鋪作一隻。
交互枓：
七鋪作八隻。
六鋪作六隻。
五鋪作四隻。
四鋪作二隻。
齊心枓：
七鋪作一十六隻。
六鋪作一十二隻。
五鋪作八隻。
四鋪作四隻。

散料：

七鋪作三十二隻。

六鋪作二十四隻。

五鋪作一十六隻。

四鋪作八隻。

〔1〕 熹年謹按：據故宫本、四庫本、張本增「兩出」二字

樓閣平坐補間鋪作用栱枓等數

樓閣平坐自七鋪作至四鋪作並重栱計心，外跳出卷頭，裏跳挑斡棚栿及穿串上層柱身。每補間鋪作一朶使栱枓等數下項：

自七鋪作至四鋪作各通用：

泥道栱一隻。

令栱一隻。

耍頭一隻。七鋪作身長二百七十分，六鋪作身長二百四十分，五鋪作身長二百一十分，四鋪作身長一百八十分。

襯方一隻。七鋪作身長三百分，六鋪作身長二百七十分，五鋪作身長二百四十分，四鋪作身長二百一十分。

櫨枓一隻。

闇栔二條。一條長七十六分，一條長四十六分。

自七鋪作至五鋪作各通用：

瓜子栱：

七鋪作三隻。

六鋪作二隻。

五鋪作一隻。

自七鋪作至四鋪作各用：

華栱：

七鋪作：四隻。一隻身長一百五十分，一隻身長一百二十分，一隻身長九十分，一隻身長六十分。

六鋪作三隻。一隻身長一百二十分，一隻身長九十分，一隻身長六十分。

五鋪作二隻。一隻身長九十分，一隻身長六十分。

四鋪作一隻。身長六十分。

慢栱：

七鋪作四隻。

六鋪作三隻。

五鋪作二隻。

四鋪作一隻。

交互枓：

七鋪作四隻。

六鋪作三隻。

五鋪作二隻。

四鋪作一隻。

齊心枓：

七鋪作九隻。

六鋪作七隻。

五鋪作五隻。

四鋪作三隻。

散枓：

七鋪作一十八隻。

六鋪作一十四隻。

五鋪作一十隻。

四鋪作六隻。

枓口跳每縫用栱枓等數

枓口跳每柱頭外出跳一朶，用栱枓等下項：

泥道栱一隻。

華栱頭一隻。

櫨枓一隻。

交互枓一隻。

散枓二隻。

闇栔二條。

杷〔1〕頭絞項作每縫用栱枓等數

杷頭絞項作每柱頭用栱枓等下項：

泥道栱一隻。

耍頭一隻。

櫨枓一隻。

齊心枓一隻。

散枓二隻。

闇栔二條。

〔1〕熹年謹按：張本、陶本作「把」，故宮本、文津四庫本作「杷」，故宮本卷三十八亦有「杷頭栱」，據以改正。此即一斗三升斗栱，如交栿項，即為「杷頭絞項」。

鋪作每間用方桁等數

自八鋪作至四鋪作每一間一縫內外用方桁等下項：

方桁：

八鋪作一十一條。

七鋪作八條。

六鋪作六條。

五鋪作四條。

四鋪作二條。

撩檐方一條。

遮椽版 難子加版數一倍，方一寸爲定。

八鋪作九片。

七鋪作七片。

六鋪作六片。

五鋪作四片。

四鋪作二片。

殿槽內自八鋪作至四鋪作每一間一縫內外用方桁等下項：

方桁：

七鋪作九條。

六鋪作七條。

五鋪作五條。

四鋪作三條。

遮椽版：

七鋪作八片。

六鋪作六片。

五鋪作四片。

四鋪作二片。

平坐自八鋪作至四鋪作每間外出跳用方桁等下項：

方桁：

七鋪作五條。

六鋪作四條。

五鋪作三條。

四鋪作二條。

遮椽版：

七鋪作四片。

六鋪作三片。

五鋪作二片。

四鋪作一片。

鴈翅版：一片。廣三十分。

枓口跳每間内前後檐用方桁等下項：

方桁二條。

撩檐方二條。

杷頭絞項作每間内前後檐用方桁下項：

方桁：二條。

凡鋪作如單栱及偷心造或柱頭内騎絞梁栿處出跳，皆隨所用鋪作除減枓栱。如單栱造者，不用慢栱，其瓜子栱並改作令栱。若裏跳别有增減者，各依所出之跳加減。其鋪作安勘絞割展拽，每一朵昂栓、暗㮇、開枓口、安劄及行繩墨等功並在内。以上轉角者並準此。取所用枓栱等造作功十分中加四分。

營造法式卷第十七

營造法式卷第十八

通直郎管修蓋皇弟外第專一提舉修蓋班直諸軍營房等臣李誡奉聖旨編修

大木作功限二

殿閣外檐轉角鋪作用栱枓等數

殿閣身內轉角鋪作用栱枓等數

樓閣平坐轉角鋪作用栱枓等數

殿閣外檐轉角鋪作用栱枓等數

殿閣等自八鋪作至四鋪作内外並重栱計心，外跳出下昂，裏跳出卷頭，每轉角鋪作一朵用栱昂等數下項：

自八鋪作至四鋪作各通用：

華栱列泥道栱二隻。若四鋪作插昂不用。

角内耍頭一隻。八鋪作至六鋪作身長一百一十七分，五鋪作、四鋪作身長八十四分。

角内由昂一隻。八鋪作身長四百六十分，七鋪作身長四百二十分，六鋪作身長三百七十六分，五鋪作身長三百三十六分，四鋪作身長一百四十分。

櫨枓一隻。

闇栔四條。二條長三十六〔1〕分，二條長二十一分。

自八鋪作至五鋪作各通用：

慢栱列切几頭二隻。

瓜子栱列小栱頭分首二隻。身長二十八分°。

角內華栱一隻。

足材耍頭二隻。八鋪作七鋪作身長九十分°，六鋪作五鋪作身長六十五分°。

襯方二條。八鋪作七鋪作長一百三十分°，六鋪作、五鋪作長九十分°。

自八鋪作至六鋪作各通用：

令栱二隻。

瓜子栱列小栱頭分首二隻。身內交隱鴛鴦栱，長五十三分°。

令栱列瓜子栱二隻。外跳用。

慢栱列切几頭分首二隻。外跳用，身長二十八分°。

令栱列小栱頭二隻。裏跳用。

瓜子栱列小栱頭分首四隻。裏跳用。八鋪作添二隻。

慢栱列切几頭分首四隻。八鋪作同上。

八鋪作七鋪作各獨用：

華頭子二隻。身連間內方桁。

瓜子栱列小栱頭二隻。外跳用。八鋪作添二隻。

慢栱列切几頭二隻。外跳用，身長五十三分°。

華栱列慢栱二隻。身長二十八分°。

瓜子栱二隻。八鋪作添二隻。

第二抄華栱一隻。身長七十四分°。

第三抄外華頭子內華栱一隻。身長一百四十七分°。

六鋪作五鋪作各獨用：

華頭子列慢栱二隻。身長二十八分°。

八鋪作獨用：

慢栱二隻。

慢栱列切几頭分首二隻。身內交隱鴛鴦栱，長七十八分。

第四抄內華栱一隻。外隨昂槫斜，身長一百一十七分。

五鋪作獨用：

令栱列瓜子栱二隻。身內交隱鴛鴦栱，身長五十六分。

四鋪作獨用：

令栱列瓜子栱分首二隻。身長三十分。

華頭子列泥道栱二隻。

耍頭列慢栱二隻。身長三十分。

角內外華頭子內華栱一隻。若卷頭造不用。

自八鋪作至四鋪作各用：

交角昂：

八鋪作六隻。二隻身長一百六十五分°，二隻身長一百四十分°，二隻身長一百一十五分°。

七鋪作四隻。二隻身長一百四十分°，二隻身長一百一十五分°。

六鋪作四隻。二隻身長一百分°，二隻身長七十五分°。

五鋪作二隻。身長七十五分°。

四鋪作二隻。身長三十五分°。

角內昂：

八鋪作三隻。一隻身長四百二十分°，一隻身長三百八十分°，一隻身長二百分°。

七鋪作二隻。一隻身長三百八十分°，一隻身長二百四十分°。

六鋪作二隻。一隻身長三百三十六分°，一隻身長一百七十五分°。

五鋪作、四鋪作各一隻。五鋪作身長一百七十五分°，四鋪作身長五十分°。

交互枓：

八鋪作一十隻。

七鋪作八隻。

六鋪作六隻。

五鋪作四隻。

四鋪作二隻。

齊心枓：

八鋪作八隻。

七鋪作六隻。

六鋪作二隻。五鋪作、四鋪作同。

平盤枓：

八鋪作一十一只。

七鋪作七隻。六鋪作同。
五鋪作六隻。
四鋪作四隻。
散枓：
八鋪作七十四隻。
七鋪作五十四隻。
六鋪作三十六隻。
五鋪作二十六隻。
四鋪作一十二隻。

〔1〕熹年謹按：張本、陶本作「三十一分」，據故宮本、四庫本改為「三十六分」。

殿閣身內轉角鋪作用栱枓等數

殿閣身槽內裏外跳並重栱計心出卷頭，每轉角鋪作一朵用枓栱等數下項：

自七鋪作至四鋪作各通用：

華栱列泥道栱三隻。外跳用。

令栱列小栱頭分首二隻。裏跳用。

角內華栱一隻。

角內兩出耍頭一隻。七鋪作身長二百八十八分，六鋪作身長一百四十七分，五鋪作身長七十七分，四鋪作身長六十四分。

櫨枓一隻。

闇栔四條。二條長三十一分，二條長二十一分。

自七鋪作至五鋪作各通用：

瓜子栱列小栱頭分首二隻。外跳用，身長二十八分°。
慢栱列切几頭分首二隻。外跳用，身長二十八分°。
角內第二抄華栱一隻。身長七十七分°。
七鋪作六鋪作各獨用：
瓜子栱列小栱頭分首二隻。身內交隱鴛鴦栱，身長五十三分°。
慢栱列切几頭分首二隻。身長五十三分°。
令栱列瓜子栱二隻。
華栱列慢栱：二隻。
騎栿令栱：二隻。
角內第三抄華栱一隻。身長一百四十七分°。
七鋪作獨用：
慢栱列切几頭分首二隻。身內交隱鴛鴦栱，身長七十八分°。

瓜子栱列小栱頭二隻。

瓜子丁頭栱四隻。

角內第四抄華栱一隻。身長二百一十七分。

五鋪作獨用：

騎栿令栱分首二隻。身內交隱鴛鴦栱，身長五十三分。

四鋪作獨用：

令栱列瓜子栱分首二隻。身長二十分。

耍頭列慢栱二隻。身長五十分。

自七鋪作至五鋪作各用：

慢栱列切几頭：

七鋪作六隻。

六鋪作四隻。

五鋪作二隻。

瓜子栱列小栱頭：數並同上。

自七鋪作至四鋪作各用：

交互枓：

七鋪作四隻。六鋪作同。

五鋪作二隻。四鋪作同。

平盤枓：

七鋪作一十隻。

六鋪作八隻。

五鋪作六隻。

四鋪作四隻。

散料：

七鋪作六十隻。

六鋪作四十二隻。

五鋪作二十六隻。

四鋪作一十二隻。

樓閣平坐轉角鋪作用栱枓等數

樓閣平坐自七鋪作至四鋪作並重栱計心，外跳出卷頭，裏跳挑斡棚栿及穿串上層柱身，每轉角鋪作一朵用栱枓等數下項：

自七鋪作至四鋪作各通用：

第一抄角內足材華栱一隻。身長四十二分。

第一抄入柱華栱二隻。身長三十二分°。

第一抄華栱列泥道栱二隻。身長三十二分°。

角內足材耍頭一隻。七鋪作身長二百一十分°，六鋪作身長一百六十八分°，五鋪作身長一百二十六分°，四鋪作身長八十四分°。

耍頭列慢栱分首二隻。七鋪作身長一百五十二分°，六鋪作身長一百二十二分°，五鋪作身長九十二分°，四鋪作身長六十二分°。

入柱耍頭二隻。長同上。

耍頭列令栱分首二隻。長同上。

襯方三條。七鋪作內：二條單材，長一百八十分°；一條足材，長二百五十二分°。六鋪作內：二條單材，長一百五十分°；一條足材，長二百一十分°。五鋪作內：二條單材，長一百二十分°；一條足材，長一百六十八分°。四鋪作內：二條單材，長九十分°；一條足材，長一百二十六分°。

櫨枓三隻。

闇梊四條。二條長六十八分，二條長五十三分。

自七鋪作至五鋪作各通用：

第二抄角內足材華栱一隻。身長八十四分。

第二抄入柱華栱二隻。身長六十二分。

第三抄華栱列慢栱二隻。身長六十三分。

七鋪作六鋪作五鋪作各用：

耍頭列方桁：二隻。七鋪作身長一百五十二分，六鋪作身長一百二十三分，五鋪作身長九十二分。

華栱列瓜子栱分首：

七鋪作六隻。二隻身長一百二十二分，二隻身長九十二分，二隻身長六十二分。

六鋪作四隻。二隻身長九十二分，二隻身長六十二分。

五鋪作二隻。身長六十二分。

七鋪作六鋪作各用：

交角耍頭：

七鋪作四隻。二隻身長一百五十二分，二隻身長一百二十二分。

六鋪作二隻。身長一百二十二分。

華栱列慢栱分首：

七鋪作：四隻。二隻身長一百二十二分，二隻身長九十二分。

六鋪作：二隻。身長九十二分。

七鋪作六鋪作各獨用：

第三抄角內足材華栱一隻。身長一百〔1〕二十六分。

第三抄入柱華栱二隻。身長九十二分。

第三抄華栱列柱頭方二隻。身長九十二分。

七鋪作獨用：

第四抄入柱華栱二隻。身長一百二十二分。

第四抄交角華栱二隻。身長九十二分。

第四抄華栱列柱頭方二隻。身長一百二十二分。

第四抄角內華栱一隻。身長一百六十八分。

自七鋪作至四鋪作各用：

交互科：

七鋪作二十八隻。

六鋪作一十八隻。

五鋪作一十隻。

四鋪作四隻。

齊心科：

七鋪作五十隻。
六鋪作四十一隻。
五鋪作一十九隻。
四鋪作八[2]隻。
平盤枓：
七鋪作五隻。
六鋪作四隻。
五鋪作三隻。
四鋪作二隻。
散枓：
七鋪作一十八隻。
六鋪作一十四隻。

五鋪作一十隻。

四鋪作六隻。

凡轉角鋪作各隨所用每鋪作料栱一朵，如四鋪作、五鋪作，取所用栱料等造作功，於十分中加八分爲安勘、絞割、展拽功。若六鋪作以上，加造作功一倍。

〔1〕劉批陶本：諸本均脫「一百」二字。

熹年謹按：四庫本、張本亦脫「一百」二字。據劉批改。

〔2〕劉批陶本：「八」疑為「七」。

營造法式卷第十八

營造法式卷第十九

通直郎管修蓋皇弟外第專一提舉修蓋班直諸軍營房等臣李誡奉

聖旨編修

大木作功限三

殿堂梁柱等事件功限

城門道功限　樓臺鋪作準殿閣法

倉廒庫屋功限　其名件以七寸五分材爲祖計之，更不加減。常行散屋同。

常行散屋功限　官府廊屋之類同

跳舍行牆功限　望火樓功限

營屋功限　其名件以五寸材爲祖計之。

折修挑拔舍屋功限　飛檐同。

薦拔抽換柱栿等功限

殿堂梁柱等事件功限

造作功：

月梁：材每增、減一等，各遞加減八寸。直梁準此。

八椽栿，每長六尺七寸：六椽栿以下至四椽栿各遞加八寸，四椽栿至三椽栿加一尺六寸，三椽栿至兩椽栿及丁栿、乳栿各加二尺四寸。

直梁：

八椽栿，每長八尺五寸：六椽栿以下至四椽栿各遞加一尺，四椽栿至三椽栿加二尺，三椽栿至兩椽栿及丁栿、乳栿各加三尺。

右各一功。

柱：每一條長一丈五尺，徑一尺一寸，一功。穿鑿功在內。若角柱，每一功加一分功。如徑增一寸，加一分二氂功。如一尺三寸以上，每徑增一寸，又遞加三氂功。若長增一尺五寸，加本功一分功。或徑一尺一寸以下者，每減一寸，減一分七氂功，減至一分五氂止。或用方柱，每一功減二分功。若壁內闇柱，圜者每一功減三分功，方者減一分功。如只用柱頭額者，減本功一分功。

駝峯：每一坐〔1〕，兩瓣或三瓣卷殺。高二尺五寸，長五尺，厚七寸：

綽幕三瓣頭每一隻：

柱櫍：每一枚：

右各五分功。材每增減一等，綽幕頭各加減五氂功，柱櫍各加減一分功。其駝峯若高增五寸，長增一尺，加一分功。或作氈笠樣造，減二分功。

大角梁，每一條：一功七分。材每增減一等，各加減三分功。

子角梁，每一條：八分五氂功。材每增減一等，各加減一分五氂功。

續〔2〕角梁，每一條：六分五氂功。材每增減一等，各加減一分功。

襻間、脊串、順身串：並同材。

替木一枚，卷殺兩頭：共七氂功。身內同材木沓子同。若作華木沓，加功分之一。

普拍方，每長一丈四尺：材每增減一等，各加減一尺。

撩檐方，每長一丈八尺五寸：加減同上。

槫，每長二丈：加減同上。如草架，加一倍。

劄牽，每長一丈六尺：加減同上。

大連檐，每長五丈：材每增減一等，各加減五尺。

小連檐，每長一百尺：材每增減一等，各加減一丈。

椽，纏斫事造者，每長一百三十尺：如斫稜事造者，加三十尺。若事造圜椽者，加六十尺。材每增減一等，各加減十分之一。

飛子，每三十五隻：材每增減一等，各加減三隻。

大額，每長一丈四尺二寸五分：材每增減一等，各加減五寸。

由額，每長一丈六尺：加減同上。照壁方、承椽串同。

托腳，每長四丈五尺：材每增減一等，各加減四尺。叉手同。

平闇版，每廣一尺長十丈：遮椽版、白版同。如要用金漆及法油者，長即減三分。

生頭，每廣一尺長五丈：

樓閣上平坐內地面版，每廣一尺，厚二寸，牙縫造：長同上。若直縫造者，長增一倍。

右各一功。

凡安勘絞割屋內所用名件，柱額等加造作名件功四分。如有草架，壓槽方、襻間、闇栔、樘柱固濟等方木在內。卓立、搭架、釘椽、結椽、結裹又加二分。倉廒庫屋功限及常行散屋功限準此。其卓立、搭架等，若樓閣五間三層以上者，自第二層平坐以上又加二分功。

〔1〕熹年謹按：「駝峯每一坐」五字張本、丁本均脫，據故宮本、四庫本補入。

〔2〕劉批故宮本：「續角梁」疑為「隱角架」之誤。

熹年謹按：文津四庫本亦作「續角梁」，故不改，存劉批備考。

城門道功限 樓臺鋪作準殿閣法

造作功：

排叉柱，長二丈四尺，廣一尺四寸，厚九寸。每一條：一功九分二氂。每長增減一尺，各加減八氂功。

洪門栿，長二丈五尺，廣一尺五寸，厚一尺。每一條：一功九分二氂五毫。每長增減一尺，各加減七氂七毫功。

狼牙栿，長一丈二尺，廣一尺，厚七寸。每一條：八分四氂功。每長增減一尺，各加減七氂功。

托腳，長七尺，廣一尺，厚七寸。每一條：四分九氂功。每長增減一尺，各加減七氂功。

蜀柱，長四尺，廣一尺，厚七寸。每一條：二分八氂功。每長增減一尺，各加減七氂功。

涎衣木〔1〕，長二丈四尺，廣一尺五寸，厚一尺。每一條：三功八分四氂。每長增減一尺，各加減一分六氂功。

永定柱事造頭口，每一條：五分功。

檐門方，長二丈八尺，廣二尺，厚一尺二寸。每一條：二功八分。每長增減一尺，各加減一氂功。

盝頂版，每七十尺：一功。

散子木，每四百尺：一功。

跳方柱脚方、鴈翅版同。：功同平坐。

凡城門道取所用名件等造作功，五分中加一分爲展拽、安勘、穿攏功。

〔1〕朱批陶本：社中初校本因「涎衣」不可解，誤引「夜叉」，茲加審定，尺寸懸殊，不當混用。按「涎衣」與「扊扅」同音。百里奚妻以扊扅烹雞，見《列女傳》。

倉廒庫屋功限

其名件以七寸五分材爲祖計之，更不加減。常行散屋同。

造作功：

衝脊柱，謂十架椽屋用者。每一條：三功五分。每增減兩椽，各加減五分之一。

四椽栿，每一條：二功。壼門柱同。

八椽栿項柱一條，長一丈五尺，徑一尺二寸：一功三分。如轉角柱，每一功加一分功。

三椽栿，每一條：一功二分五氂。

角栿，每一條：一功二分。

大角梁，每一條：一功一分。

乳栿，每一條：

椽，共長三百六十尺：

大連檐，共長五十尺；

小連檐，共長二百尺；

飛子，每四十枚；

白版，每廣一尺，長一百尺；

横抹，共長三百尺；

搏風版，共長六十尺；

右各一功。

下檐柱，每一條：八分功。

兩下栿，每一條：七分功。

子角梁，每一條：五分功。

槏柱，每一條：四分功。

續角梁，每一條：三分功。

壁版柱，每一條：二分五氂功。
劄牽，每一條：二分功。
槫，每一條：
矮柱，每一枚：
壁版，每一片：
　　右各一分五氂功。
料，每一隻：一分二氂功。
脊串，每一條：
蜀柱，每一枚：
生頭，每一條：
腳版，每一片：
　　右各一分功。

護替木楷子，每一隻：九氂功。

額，每一片：八氂功。

仰合楷子，每一隻：六氂功。

替木，每一枚：

叉手，每一片：托脚同。

右各五氂功。

常行散屋功限 官府廊屋之類同

造作功：

四椽栿，每一條：二功。

三椽栿，每一條：一功二分。

乳栿，每一條：

椽，共長三百六十尺：

連檐[1]，每長二百尺：

搏風版，每長八十尺：

右各一功。

兩椽栿，每一條：七分功。

駝峯，每一坐：四分功。

槫，每一條：二分功。梢槫加二氂功。

劄牽，每一條：一分五氂功。

枓，每一隻：

生頭木，每一條：

脊串，每一條：

蜀柱，每一條：

右各一分功。

額，每一條：九氂功。側項額同。

替木，每一枚：八氂功。梢槫下用者加一氂功。

叉手，每一片：托脚同。

楷子，每一隻：

右各五氂功。

右若料口跳以上，其名件各依本法。

〔1〕劉批陶本：諸本均作「連椽」，實為「連檐」之誤，應改。

熹年謹按：故宮本、張本亦誤作「連椽」。然文津四庫本即作「連檐」，因據改。

跳舍行牆功限

造作功穿鑿、安勘等功在內。：

柱，每一條：一分功。槫同。

椽，共長四百尺：杚巴子所用同。

連檐，共長三百五十尺：杚巴子同上。

右各一功。

跳子，每一枚：一分五氂功。角內者加二氂功。

替木，每一枚：四氂功。

望火樓功限

望火樓一坐，四柱，各高三十尺，基高十尺。上方五尺，下方一丈一尺。

造作功：

柱，四條：共一十六功。

榥，三十六條：共二功八分八氂。

梯腳，二條：共六分功。

平栿，二條：共二分功。

蜀柱，二枚：

搏風版，二片：

右各共六氂功。

槫，三條：共三分功。

角柱，四條：

廈瓦版，二十片：

右各共八分功。

護縫，二十二條：共二分二氂功。

壓脊，一條：一分二氂功。

坐版，六片：共三分六氂功。

右以上穿鑿、安卓共四功四分八氂。

營屋功限

其名件以五寸材爲祖計之。

造作功：

栿項柱，每一條：

兩椽栿，每一條：

右各二分功。

四椽下檐柱，每一條：一分五氂功。三椽者一分功，兩椽者七氂五毫功。

枓，每一隻：

槫，每一條：

右各一分功。梢槫加二氂功。

搏風版，每共廣一尺，長一丈：九氂功。

蜀柱，每一條：

額，每一片：

右各八鼇功。

牽，每一條：七鼇功。

脊串，每一條：五鼇功。

連檐，每長一丈五尺：

替木，每一隻：

右各四鼇功。

叉手，每一片：二鼇五毫功。虻翅三分中減二分功。

椽，每一條：一鼇功

右以上釘椽結裹每一椽四分功。

拆修挑拔舍屋功限 飛檐附。

拆修鋪作舍屋每一椽：

槫檁衮轉脱落、全拆重修：一功二分。枓口跳之類八分功，單枓隻替以下六分功。

揭箔番修、挑拔柱木、修整檐宇：八分功。枓口跳之類六分功，單枓隻替以下五分功。

連瓦挑拔推薦柱木：七分功。枓口跳之類以下五分功。如相連五間以上，各減功五分之一。

重別結裹飛檐，每一丈：四分功。如相連五丈以上，減功五分之一。其轉角處加功三分之一。

薦拔抽換柱栿等功限

薦拔抽換殿宇樓閣等柱栿之類，每一條：

殿宇樓閣：

平柱：

有副階者 以長二丈五尺爲率。：一十功。每增、減一尺，各加、減八分功。

其廳堂、三門、亭臺栿項柱減功三分之一。

無副階者 以長一丈七尺爲率。：六功。〔1〕每增、減一尺，各加、減五分功。

其廳堂、三門、亭臺下檐柱減功三分之一。

副階平柱 以長一丈五尺爲率。：四功。每增減一尺，各加減三分功。

角柱：比平柱每一功加五分功。廳堂、三門、亭臺同。下準此。

明栿：

六架椽：八功。草栿六功五分。

四架椽：六功。草栿五功。

三架椽：五功。草栿四功。

兩下栿乳栿同：四功。草栿三功。草乳栿同。

牽：六分功。劄牽減功五分之一。

椽，每一十條：一功。如上、中架，加數二分之一。

枓口跳以下、六架椽以上舍屋：

栿，六架椽：四功。四架椽二功，三架椽一功八分，兩下栿一功五分，乳栿一功五分。

牽：五分功。劄牽減功五分之一。

栿項柱：一功五分。下檐柱八分功。

單枓隻替以下四架椽以上舍屋：枓口跳之類四椽以下舍屋同。

栿，四架椽：一功五分。三架椽一功二分，兩下栿並乳栿各一功。

牽：四分功。劄牽減功五分之一。

栿項柱：一功。下檐柱五分功。

椽，每一十五條：一功。中、下架加數二分之一。

〔1〕熹年謹按：此下丁本脱「六功。每增、減一尺，各加、減五分功。其廳堂、三門、亭臺」二十字，據故宫本補。四庫本、張本、陶本不脱。

營造法式卷第十九

營造法式卷第二十

通直郎管修蓋皇弟外第專一提舉修蓋班直諸軍營房等臣李誡奉

聖旨編修

小木作功限一

版門　獨扇版門、雙扇版門

烏頭門

軟門　牙頭護縫軟門、合版用楅軟門

破子櫺窗

睒電窗

版櫺窗

截間版帳

照壁屏風骨　截間屏風骨、四扇屏風骨

隔截横鈐立旌　　露籬

版引檐　　水槽

井屋子　　地棚

版門 獨扇版門、雙扇版門

獨扇版門，一坐，門額、限、兩頰及伏兔、手栓全：

造作功：

高五尺：一功二分。

高五尺五寸：一功四分。

高六尺：一功五分。

高六尺五寸：一功八分。

高七尺：二功。

安卓功：

高五尺：四分功。

高五尺五寸：四分五氂功。

高六尺：五分功。

高六尺五寸：六分功。

高七尺：七分功。

雙扇版門，一間兩扇，額、限、兩頰、鷄棲木及兩砧全：

造作功：

高五尺至六尺五寸：加獨扇版門一倍功。

高七尺：四功五分六氂。

高七尺五寸：五功九分二氂。

高八尺：七功二分。

高九尺：一十功。

高一丈：一十三功六分。

高一丈一尺：一十八功八分。

高一丈二尺：二十四功。

高一丈三尺：三十功八分。

高一丈四尺：三十八功四分。

高一丈五尺：四十七功二分。

高一丈六尺：五十三功六分。

高一丈七尺：六十功八分。

高一丈八尺：六十八功。

高一丈九尺：八十功八分。

高二丈：八十九功六分。

高二丈一尺：一百二十三功。

高二丈二尺：一百四十二功。

高二丈三尺：一百四十八功。

高二丈四尺：一百六十九功六分。

雙扇版門所用手栓、伏兔、立㮫、橫關等依下項：計所用名件添入造作功限內。

手栓一條，長一尺五寸，廣二寸，厚一寸五分；並伏兔二枚，各長一尺二寸，廣三寸，厚二寸：共二分功。

上、下伏兔各一枚，各長三尺，廣六寸，厚二寸：共三分功。

又，長二尺五寸，廣六寸，厚二寸五分：共二分四氂功。

又，長二尺，廣五寸，厚二寸：共二分功。

又，長一尺五寸，廣四寸，厚二寸：共一分二氂功。

立㮫一條，長一丈五尺，廣二寸，厚一寸五分：二分功。

又，長一丈二尺五寸，廣二寸五分，厚一寸八分：二分二氂功。

又，長一丈一尺五寸，廣二寸二分，厚一寸七分：二分一氂功。

又，長九尺五寸，廣二寸，厚一寸五分：一分八氂功。

又，長八尺五寸，廣一寸八分，厚一寸四分：一分五氂功。

立㮰身內手把一枚，長一尺，廣三寸五分，厚一寸五分：八氂功若長八寸，廣三寸，厚一寸三分，則減二氂功。

立㮰上下伏兔各一枚，各長一尺二寸，廣三寸，厚二寸：共五氂功。

搕鎖柱二條，各長五尺五寸，廣七寸，厚二寸五分：共六分功。

門橫關一條，長一丈一尺，徑四寸：五分功。

立柣、臥柣一副，四件：共二分四氂功。

地栿版一片，長九尺，廣一尺六寸福在內：一功五分。

門簪四枚，各長一尺八寸，方四寸：共一功。每門高增一尺，加二分功。

托關柱二條，各長二尺，廣七寸，厚三分：共八分功。

安卓功：

高七尺：一功二分。

高七尺五寸：一功四分。

高八尺：一功七分。

高九尺：二功三分。

高一丈：三功。

高一丈一尺：三功八分。

高一丈二尺：四功七分。

高一丈三尺：五功七分。

高一丈四尺：六功八分。

高一丈五尺：八功。

高一丈六尺：九功三分。

高一丈七尺：一十功七分。

高一丈八尺：一十二功二分。

高一丈九尺：一十三功八分。

高二丈：一十五功五分。

高二丈一尺：一十七功三分。

高二丈二尺：一十九功二分。

高二丈三尺：二十一功二分。

高二丈四尺：二十三功三分。

烏頭門

烏頭門，一坐，雙扇，雙腰串造：

造作功：

方八尺：一十七功六分。若下安鋜脚者，加八分功。每門高增一尺，又加一分功。如單腰串造者，減八分功。下同。

方九尺：二十一功二分四氂。

方一丈：二十五功二分。

方一丈一尺：二十九功四分八氂。

方一丈二尺：三十四功八氂。每扇各加承欞一條，共加一功四分。每門高增一尺，又加一分功。若用雙承欞者，準此計功。

方一丈三尺：三十九功。

方一丈四尺：四十四功二分四氂。
方一丈五尺：四十九功八分。
方一丈六尺：五十五功六分八氂。
方一丈七尺：六十一功八分八氂。
方一丈八尺：六十八功四分。
方一丈九尺：七十五功二分四氂。
方二丈：八十二功四分。
方二丈一尺：八十九功八分八氂。
方二丈二尺：九十七功六分。

安卓功：

方八尺：二功八分。
方九尺：三功二分四氂。

方一丈：三功七分。

方一丈一尺：四功一分八氂。

方一丈二尺：四功六分八氂。

方一丈三尺：五功二分。

方一丈四尺：五功七分四氂。

方一丈五尺：六功三分。

方一丈六尺：六功八分八氂。

方一丈七尺：七功四分八氂。

方一丈八尺：八功一分。

方一丈九尺：八功七分四氂。

方二丈：九功四分。

方二丈一尺：一十功八氂。

方二丈二尺：一十功七分八氂。

軟門 牙頭護縫軟門、合版用楅軟門

軟門一合，上下內外牙頭護縫攏桯雙腰串造，方六尺至一丈六尺：

造作功：

高六尺：六功一分。如單腰串造，各減一功。用楅軟門同。

高七尺：八功三分。

高八尺：一十功八分。

高九尺：一十三功三分。

高一丈：一十七功。

高一丈一尺：二十功五分。

高一丈二尺：二十四功四分。

高一丈三尺：二十八功七分。

高一丈四尺：三十三功三分。

高一丈五尺：三十八功二分。

高一丈六尺：四十三功五分。

安卓功：

高八尺：二功。每高增、減一尺，各加、減五分功。合版用楅軟門同。

軟門一合，上下牙頭護縫合版用楅造，方八尺至一丈三尺：

造作功：

高八尺：一十一功。

高九尺：一十四功。

高一丈：一十七功五分。

高一丈一尺：二十一功七分。

高一丈二尺：二十五功九分。

高一丈三尺：三十功四分。

破子櫺窗

破子櫺窗一坐，高五尺，子桯長七尺：

造作：三功三分。額、腰串、立頰在內。

窗上横鈐立旌：共二分功。横鈐三條，共一分功。立旌二條，共一分功。若用槫柱，準立旌。下同。

窗下障水版難子：共二功一分。障水版難子一功七分。心柱二條，共一分五氂功。槫柱二條，共一分五氂功。地栿一條，一分功。

窗下或用牙頭、牙脚、填心：共六分功。牙頭三枚，牙脚六枚，共四分功。填心三枚，共二分功。

安卓：一功。

窗上横鈐、立旌：共一分六氂功。〔1〕横鈐三條，共八氂功。立旌二條，共八氂功。

窗下障水版難子：共五分六氂功。〔1〕障水版難子共三分功。心柱、槫柱各二條，共二分功。地栿一條，六氂功。

窗下或用牙頭、牙脚、填心：共一分〔1〕五氂功。牙頭三枚，牙脚六枚，共一分功。填心三枚，共五氂功。

〔1〕熹年謹按：此三行〔1〕後丁本均脱文，据故宫本补。四庫本、張本、陶本均不脱。

睒電窗

睒電窗一坐，長一丈，高三尺：

造作：一功五分。

安卓：三分功。

版櫺窗

版櫺窗一坐，高五尺，長一丈：

造作：一功八分。

窗上横鈐立旌：準破子櫺窗內功限。

窗下地栿立旌：共二分功。地栿一條，一分功。立旌二條，共一分功。若用槫柱準立旌。下同。

安卓：五分功。

窗上横鈐、立旌：同上。

窗下地栿、立旌：共一分四氂功。地栿一條，六氂功。立旌二條，共八氂功。

截間版帳

截間牙頭護縫版帳，高六尺至一丈。每廣一丈一尺：若廣增減者，以本功分數加減之。

造作功：

高六尺：六功。每高增一尺，則加一功。若添腰串，加一分四氂功。添槏〔1〕柱，加三分功。

安卓功：

高六尺：二功一分。每高增一尺，則加三分功。若添腰串，加八氂功。添槏柱，加一分五氂功。

〔1〕 劉批陶本：據故宫本、文津四庫本作「槏」。陶本誤作「槫」，不取。

照壁屏風骨　截間屏風骨、四扇屏風骨

截間屏風，每高、廣各一丈二尺：

造作：一十二功。如作四扇造者，每一功加二分功。

安卓：二功四分。

隔截横鈐立旌

隔截横鈐立旌，高四尺至八尺。每廣一丈一尺：若廣增、减者，以本功分數加、减之。

造作功：

高四尺：五分功。每高增一尺，則加一分功。若不用額，减一分功。

安卓功：

高四尺：三分六氂功。每高增一尺，則加九氂功。若不用額，减六氂功。

露籬

露籬，每高廣各一丈：

造作：四功四分。內版屋二功四分，立旌、橫鈐等二功。若高減一尺，即減三分功。版屋減一分，餘減二分。若廣減一尺，即減四分四氂功。版屋減二分四氂，餘減二分。加亦如之。若每出際造垂魚、惹草、搏風版、垂脊，加五分功。

安卓：一功八分。內版屋八分，立旌、橫鈐等一功。若高減一尺，即減一分五氂功。版屋減五氂，餘減一分。若廣減一尺，即減一分八氂功。版屋減八氂，餘減一分。加亦如之。若每出際造垂魚、惹草、搏風版、垂脊，加二分功。

版引檐

版引檐，廣四尺，每長一丈：

造作：三功六分。

安卓：一功四分。

水槽

水槽，高一尺，廣一尺四寸，每長一丈：

造作：一功五分。

安卓：五分功。

井屋子

井屋子，自脊至地，共高八尺，井匱子高一尺二寸在內。方五尺：

造作：一十四功。攏裹在內。

地棚

地棚，一間，六椽，廣一丈一尺，深二丈二尺：

造作：六功。

鋪放安釘：三功。

營造法式卷第二十

營造法式卷第二十一

通直郎管修蓋皇弟外第專一提舉修蓋班直諸軍營房等臣李誡奉

聖旨編修

胡梯　垂魚、惹草

栱眼壁版　裹栿版

擗簾竿　護殿閣檐竹網木貼

平棊　鬭八藻井

小鬭八藻井　拒馬叉子

叉子　鈎闌 重臺鈎闌 單鈎闌

棵籠子　井亭子

牌

格子門

四斜毬文格子、四斜毬文上出條桱重格眼、四直方格眼、版壁、兩明格子

四斜毬文格子門，一間四扇，雙腰串造，高一丈，廣一丈二尺：

造作功：額、地栿、槫柱在內。如兩明造者，每一功加七分功。其四直方格眼及格子門程準此。

四混中心出雙線；

破瓣雙混平地出雙線；

右各四十功。若毬文上出條桱重格眼造，即加二十功。

四混中心出單線；

破瓣雙混平地出單線；

右各三十九功。

通混出雙線：

通混出單線：

通混壓邊線：

素通混：

方直破瓣：

右通混出雙線者三十八功。餘各遞減一功。

安卓：二功五分。若兩明造者，每一功加四分功。

四直方格眼格子門，一間四扇，各高一丈，共廣一丈一尺，雙腰串造：

造作功：

格眼四扇：

四混絞雙線：二十一功。

四混出單線：

麗口絞瓣雙混出邊線：

右各二十功。〔1〕

麗口絞瓣單混出邊線：一十九功。〔1〕

一混絞雙線：一十五功。

一混絞單線：一十四功。

一混不出線：

麗口素絞瓣：

右各一十三功。

平地出線：一十功。

四直方絞眼：八功。

格子門桯事件在內。如造版壁，更不用格眼功限。於腰串上用障水版加六功。若單腰串造，如方直破瓣減一功，混作出線減二功。

四混出雙線：

破瓣雙混平地出雙線：

右各一十九功。

四混出單線：

破瓣雙混平地出單線：

右各一十八功。

一混出雙線：

一混出單線：

通混壓邊線：

素通混：

方直破瓣攛尖：

右一混出雙線一十七功。餘各遞減一功。其方直破瓣，若叉瓣造，又減一功。

安卓功：

四直方格眼格子門，一間，高一丈，廣一丈一尺，事件在內：共二功五分。

〔1〕熹年謹按：此二行張本、丁本均脱失，故宫本、四庫本不脱，陶本據四庫本補入。

闌檻鈎〔1〕窗

鈎〔1〕窗，一間，高六尺，廣一丈二尺，三段造：

造作功：安卓事件在內。

四混絞雙線：一十六功。

四混絞單線：

麗口絞瓣，瓣內雙混，面上出線：

右各一十五功。

麗口絞瓣，瓣內單混，面上出線：一十四功。

一混雙線：一十二功五分。

一混單線：一十一功五分。

麗口絞素瓣：

一混絞眼：

右各一十一功。

方絞眼：八功。

安卓：一功三分。

闌檻，一間，高一尺八寸，廣一丈二尺：

造作：共一十功五氂。檻面版一功二分。鵝項四枚，共二功四分。雲栱四枚，共二功。心柱二條，共二分功。槫柱二條，共二分功。地栿三分功。障水版三片，共六分功。托柱四枚，共一功六分。難子二十四條，共五分功。八混尋杖一功五氂。其尋杖若六混，減一分五氂功，四混減三分功，一混減四分五氂功。

安卓：二功二分。

〔1〕熹年謹按：「鈞」陶本誤作「鉤」，據故宮本、四庫本改。

殿內截間格子

殿內截間四斜毬文格子，一間，單腰串造，高廣各一丈四尺。心柱〔1〕、槫柱等在內。

造作：五十九功六分。

安卓：七功。

〔1〕熹年謹按：「柱」陶本誤作「枓」，據故宮本、四庫本、張本改。

堂閣內截間格子

堂閣內截間四斜毬文格子，一間，高一丈，廣一丈一尺，槫柱在內。額子、泥道雙扇門造：

造作功：

破瓣攛尖、瓣內雙混、面上出心線、壓邊線：四十六功。

破瓣攛尖、瓣內單混：四十二功。

方直破瓣攛尖：四十功。方直造者減二功。

安卓：二功五分。

殿閣照壁版

殿閣照壁版，一間，高五尺至一丈一尺，廣一丈四尺。如廣增減者，以本功分數加減之：

造作功：

高五尺：七功。每高增一尺，加一功四分。

安卓功：

高五尺：二功。每高增一尺，加四分功。

障日版

障日版，一間，高三尺至五尺，廣一丈一尺。如廣增、減者，即以本功分數加、減之。

造作功：

高三尺：三功。每高增一尺，則加一功。若用心柱、槫柱、難子合版造，則每功各加一分功。

安卓功：

高三尺：一功二分。〔1〕每高增一尺，則加三分功。若用心柱、槫柱、難子合版造，則每功減二分功。下同。

〔1〕熹年謹按：此下注文三十字丁本脱，故宫本、四庫本、張本不脱。陶本據四庫本補。

廊屋照壁版

廊屋照壁版，一間，高一尺五寸至二尺五寸，廣一丈一尺。如廣增、減者，即以〔1〕本功分數加、減之：

造作功：

高一尺五寸：二功一分。每增高五寸，則加七分功。

安卓功：

高一尺五寸：八分功。每增高五寸，則加二分功。

〔1〕劉校故宮本：故宮本、丁本皆作「一」，依文義及前後例應為「以」字。

熹年謹按：張本亦誤作「一」。然文津四庫本即作「以」。陶本不誤。

胡梯

胡梯，一坐，高一丈，拽脚長一丈，廣三尺，作十二踏，用料子蜀柱單鈎闌造：

造作：一十七功。

安卓：一功五分。

垂魚、惹草

垂魚，一枚，長五尺，廣三尺：

造作：二功一分。

安卓：四分功。

惹草，一枚，長五尺：

造作：一功五分。

安卓：二分五氂功。

栱眼壁版

栱眼壁版，一片，長五尺，廣二尺六寸。於第三〔1〕等材栱內用：

造作：一功九分五氂。如單栱內用，於三分中減一分功。若長加一尺，增三分五氂功。材加一等，增一分三氂功。

安卓：二分功。

〔1〕劉校故宮本：此字故宮本、丁本均空缺，陶本作「一」。按栱眼壁版分單栱、重栱二類，見卷三十四彩畫作圖樣。依大木斗栱結構，單栱者高三十三分°，重栱者高五十四分°，此云高二尺六寸，決非單栱內之栱眼壁版，因一等材以六分為一分°，三十三分°合一尺九寸八分，視此稍低，應為三等材之重栱栱眼壁版。故从「三」。

熹年謹按：文津四庫本誤作「一」，張本空格，因據劉校故宮本改。

裏栿版

裏栿版一副，廂壁兩段，底版一片：

造作功：

殿槽內裏栿版，長一丈六尺五寸，廣二尺五寸，厚一尺四寸：共二十功。

副階內裏栿版，長一丈二尺，廣二尺，厚一尺：共一十四功。

安釘功：

殿槽二功五氂。副階減五氂功。

擗簾竿

擗簾竿，一條，並腰串：

造作功：

竿，一條，長一丈五尺，八混造：一功五分。破瓣造減五分功。方直造減七分功。

串，一條，長一丈，破瓣造：三分五氂功。方直造減五氂功。

安卓：三分功。

護殿閣檐竹網木貼

護殿閣檐枓栱竹雀眼網上下木貼，每長一百尺：地衣簟貼同：

造作：五分功。地衣簟貼繞碇之類隨曲剜造者，其功加倍。安釘同。

安釘：五分功。

平棊

殿內平棊，一段：

造作功：

每平棊於貼內貼絡華文，長二尺，廣一尺，背版、桯、貼在內：共一功。

安搭：一分功。

鬬八藻井

殿內鬬八，一坐：

造作功：

下鬬四方井，內方八尺，高一尺六寸，下昂重栱六鋪作枓栱，每一朵：

共二功二分。或只用卷頭造，減二功。

中腰八角井，高二尺二寸，內徑六尺四寸，枓槽壓廈版、隨瓣方等

事件：共八功。

上層鬬八，高一尺五寸，內徑四尺二寸，內貼絡龍鳳華版並背版、

陽馬等：共二十二功。其龍鳳並雕作計功。如用平棊制度貼絡華文，

加一十二功。

上昂重栱七鋪作枓栱，每一朵：共三功。若入〔1〕角，其功加倍。下同。

攏裹功：

上下昂六鋪作枓栱，每一朶：五分功。如卷頭者，減一分功。

安搭：共四功。

〔1〕熹年謹按：「入」四庫本誤作「八」，故宫本、張本作「入」。陶本不誤。

小鬬八藻井

小鬬八一坐，高二尺二寸，徑四尺八寸：

造作：共五十二功。

安搭：一功。

拒馬叉子

拒馬叉子，一間，斜高五尺，間廣一丈，下廣三尺五寸：

造作：四功。如雲頭造，加五分功。

安卓：二分功。

叉子

叉子，一間，高五尺，廣一丈：

造作功：下並用三瓣霞子。

櫺子：

笏頭方直串方直。：三功。

挑瓣雲頭方直串破瓣。：三功七分。

雲頭方直出心線串側面出心線。：四功五分。

雲頭方直出邊線壓白串側面出心線壓白：五功五分。

海石榴頭一混心出單線兩邊線串破瓣單混出線：六功五分。

海石榴頭破瓣瓣裏單混面上出心線串側面上出心線，壓白邊線。：七功。

望柱：

仰覆蓮胡桃子破瓣單混面上出線：一功。

海石榴頭：一功二分。

地栿：

連梯混，每長一丈：一功二分。

連梯混側面出線，每長一丈：一功五分。

衮砧，每一枚：

雲頭：五分功。

方直：三分功。

托棖，每一條：四氂功。

曲棖，每一條：五氂功。

安卓：三分功。若用地栿、望柱，其功加倍。

鉤闌　重臺鉤闌　單鉤闌

重臺鉤闌，長一丈爲率，高四尺五寸：

造作功：

角柱，每一枚：一功二分。

望柱破瓣仰覆蓮胡桃子造。每一條：一功五分。

矮柱，每一枚：三分功。

華托柱，每一枚：四分功。

蜀柱癭項，每一枚：六分六氂功。

華盆霞子，每一枚：一功。

雲栱，每一枚：六分功。

上華版，每一片：二分五氂功。下華版減五氂功。其華文並雕作計功。

地栿，每一丈：二功。

束腰 長同上：一功二分。盆脣並八混尋杖同。其尋杖若六混減一分五氂功，四混減三分功，一混減四分五氂功。

攏裹：共三功五分。

安卓：一功五分。

單鉤闌，長一丈爲率，高三尺五寸：

造作功：

望柱：

海石榴頭：一功一分九氂。

仰覆蓮胡桃子：九分四氂五毫功。

萬[1]字，每片四字：二功四分。如減一字，即減六分功。加亦如之。如作鉤片，每一功減一分功。若用華版，不計。

托根，每一條：三氂功。

蜀柱攝項，每一枚：四分五氂功。青蜓頭減一分功。枓子減二分功。

地栿，每長一丈四尺：七氂功。盆脣加三氂功。

華版，每一片：二分功。其華文並雕作計功。

八混尋杖，每長一丈：一功。六混減二分功，四混減四分功，一混減六分七氂功。

雲栱，每一枚：五分功。

臥櫺子，每一條：五氂功。

攏裏：一功。

安卓：五分功。

〔1〕 朱批陶本：四庫本省作「萬」字。

熹年謹按：故宮本、張本均作「萬」，故不改。四庫本作「卐」，录以备考。

棵籠子

棵籠子，一隻，高五尺，上廣二尺，下廣三尺：

造作功：

四瓣鋜脚單榥櫺子：二功。

四瓣鋜脚雙榥腰串櫺子、牙子：四功。

六瓣雙榥單腰串櫺子、子桯仰覆蓮華胡桃子：六功。

八瓣雙榥鋜脚腰串櫺子、垂脚牙子、柱子海石榴頭：七功。

安卓功：

四瓣鋜脚單榥櫺子：

四瓣鋜脚雙榥腰串、櫺子、牙子：

右各三分功。

六瓣雙棍單腰串櫺子、子桯、仰覆蓮華單胡桃子：
八瓣雙棍鋜腳腰串櫺子、垂腳牙子、柱子海石榴頭：
右各五分功。

井亭子

井亭子，一坐，鋜腳至脊共高一丈一尺，鴟尾在外。方七尺：
造作功：
結瓦柱木鋜腳等：共四十五功。
料栱，一寸二分材，每一朵：一功四分。
安卓：五功。

牌

殿堂、樓閣、門、亭等牌，高二尺至七尺，廣一尺六寸至五尺六寸：如官府或倉庫等用，其造作功減半，安卓功三分減一分。

造作功 安勘頭帶舌內華版在內。：

高二尺：六功。每高增一尺，其功加倍。安掛功同。

安掛功：

高二尺：五分功。

營造法式卷第二十一

營造法式卷第二十二

通直郎管修蓋皇弟外第專一提舉修蓋班直諸軍營房等臣李誡奉聖旨編修

小木作功限三

佛道帳　牙脚帳

九脊小帳　壁帳

佛道帳

佛道帳一坐，下自龜腳，上至天宫鴟尾，共高二丈九尺：

坐高四尺五寸，間廣六丈一尺八寸，深一丈五尺：

造作功：

車槽上下澀、坐面猴面澀、芙蓉瓣造，每長四尺五寸：

子澀，芙蓉瓣造，每長九尺：

卧棍，每四條：

立棍，每一十條：

上下馬頭棍，每一十二條：

車槽澀並芙蓉華版，每長四尺：

坐腰並芙蓉華版，每長三尺五寸：

明金版芙蓉華瓣，每長二丈：

拽後榥，每一十五條：羅文榥同。

柱脚方，每長一丈二尺：

榻頭木，每長一丈三尺：

龜脚，每三十枚：

料槽版並鑰匙頭，每長一丈二尺：壓厦版同。

鈿面合版，每長一丈，廣一尺：

右各一功。

貼絡門窗並背版，每長一丈：共三功。

紗窗上五鋪作重栱卷頭枓栱，每一朵：二功。方桁及普拍方在內。若出角或入角者，其功加倍。腰簷平坐同。諸帳及經藏準此。

攏裹：一百功。

安卓：八十功。

帳身，高一丈二尺五寸，廣五丈九尺一寸，深一丈二尺三寸，分作五間造。

造作功：

帳柱，每一條：

上內外槽隔料版〔1〕，並貼絡及仰托榥在內。每長五尺：

歡門，每長一丈：

右各一功五分。

裹槽下鋜腳版，並貼絡等。每長一丈：共二功二分。

帳帶，每三條：

虛柱，每二〔2〕條：

兩側及後壁版，每長一丈，廣一尺：

心柱，每三條：

難子，每長六丈：

隨間栿，每二條：

方子，每長三丈：

前後及兩側安平棊搏難子，每長五尺：

右各一功。

平棊：依本功。

鬭八，一坐，徑三尺二寸，並八角共高一尺五寸，五鋪作重栱卷頭：

共三十功。

四斜毬文截間格子，一間：二十八功。

四斜毬文泥道格子門，一扇：八功。

攏裹：七十功。

安卓：四十功。

腰檐，高三尺，間廣五丈八尺八寸，深一丈：

造作功：

前後及兩側枓槽版並鑰匙頭，每長一丈二尺：

壓廈版，每長一丈二尺：山版同。

枓槽臥棍，每四條：

上下順身棍，每長四丈：

立棍，每一十條：

貼生〔3〕，每長四丈：

曲椽，每二十條：

飛子，每二十五枚：

屋內槫，每長二丈：槫脊同。

大連簷，每長四丈：瓦隴條同。

廈瓦版並白版，每各長四丈，廣一尺：

瓦口子，並剜〔4〕切。每長三丈：

右各一功。

抹角栿，每一條：二分功。

角梁，每一條：

角脊，每四條：

右各一功二分。

六鋪作重栱一抄兩昂枓栱，每一朶：共二功五分。

攏裹：六十功。

安卓：三十五功。

平坐，高一尺八寸，廣五丈八尺八寸，深一丈二尺：

造作功：

枓槽版並鑰匙頭，每長一丈二尺：

壓廈版，每長一丈：

臥棍，每四條：

立棍，每一十條：

鴈翅版，每長四丈：

面版，每長一丈：

右各一功。

六鋪作重栱卷頭枓栱，每一朵：共二功三分。

攏裏：三十功。

安卓：二十五功。

天宮樓閣：

造作功：

殿身，每一坐，廣三瓣。重簷並挾屋及行廊各廣二瓣，諸事件並在內：共一百三十功。

茶樓子，每一坐：廣三瓣，殿身、挾屋、行廊同上。

角樓，每一坐：廣一瓣半，挾屋、行廊同上。

右各一百一十功。

龜頭，每一坐廣二瓣：四十五功。

擺裹：二百功。

安卓：一百功。

圜橋子，一坐，高四尺五寸，拽腳長五尺五寸。廣五尺，下用連梯、龜腳，上施鉤闌、望柱：

造作功：

連梯桯，每二條：

龜腳，每一十二條：
促踏版榥，每三條：
　右各六分功。
連梯當，每二條：五分六氂功。
連梯榥，每二條：二分功。
主〔5〕柱，每一條：一分三氂功。
背版，每長廣各一尺：
月版，長廣同上：
　右各八氂功。
主〔5〕柱上榥，每一條：一分二氂功。
難子，每五丈：一功。
頰版，每一片：一功二分。

促踏版，每一片：一分五氂功。

隨圜勢鉤闌：共九功。

擸裹：八功。

右佛道帳總計：造作共四千二百九功九分，擸裹共四百六十八功，安卓共二百八十功。

若作山華帳頭造者，唯不用腰簷及天宫樓閣，除造作、安卓，共一千八百二十功九分。於平坐上作山華帳頭，高四尺，廣五丈八尺八寸，深一丈二尺。

造作功：

頂版，每長一丈，廣一尺：

混肚方，每長一丈：

楅：每二十條：

右各一功。

仰陽版，每長一丈：貼絡在內。

山華版，長同上：

右各一功二分。

合角貼，每一條：五氂功。

以上造作計一百五十三功九分。

攏裹：一十功。

安卓：一十功。

〔1〕朱批陶本：「上內外槽隔科版」據本卷八葉牙腳帳，應作「內外槽上隔科版」，因據改。熹年謹按：丁本、陶本、四庫本、故宮本亦誤作「上內外槽隔科版」，據朱批改。

〔2〕劉校故宮本：「虛柱」丁本作三條，據故宮本改為二條。熹年謹按：張本同故宮本，亦作「二條」，因據改。文津四庫本作「一條」，錄以備考

〔3〕熹年謹按：陶本作「貼身」，據故宮本、四庫本、張本改「貼生」。

〔4〕朱批陶本：故宮本、丁本均作「篸切」，應作「剜切」，本書屢見之。

〔5〕熹年謹按：故宮本、四庫本、張本均作「主柱」，唯陶本作「望柱」。此據故宮本。

牙腳帳

牙腳帳，一坐，共高一丈五尺，廣三丈，內外槽共深八尺，分作三間，帳頭及坐各分作三段（帳頭枓栱在外。）：

牙腳坐，高二尺五寸，長三丈二尺，（坐頭在內。）深一丈：

造作功：

連梯，每長一丈：

龜腳，每三十枚：

上梯盤，每長一丈二尺：

束腰，每長三丈：

牙腳，每一十枚：

牙頭，每二十片：（剜切在內。）

填心，每一十五枚：
壓青牙子，每長二丈：
背版，每廣一尺，長二丈：
梯盤棍，每五條：
立棍，每一十二條：
面版，每廣一尺，長一丈：
　右各一功。
角柱，每一條：
鋜脚上襯版，每一十片：
　右各二分功。
重臺小鉤闌，共高一尺，每長一丈：七功五分。
攏裹：四十功。

安卓：二十功。

帳身，高九尺，長三丈，深八尺，分作三間：

造作功：

內外槽帳柱，每三條：

裏槽下鋜腳，每二條：

右各三功。

內外槽上隔科版，並貼絡仰托榥在內。每長一丈：共二功二分。內外槽歡門同。

頰子，每六條：共一功二分。虛柱同。

帳帶，每四條：

帳身版難子，每長六丈：泥道版難子同。

平棊纏〔1〕難子，每長五丈：

平棊貼內貼络华文，每廣一尺，長二尺：

右各一功。

兩側及後壁帳身版，每廣一尺，長一丈：八分功。

泥道版，每六片：共六分功。

心柱，每三條：共九分功。

攏裹：四十功。

安卓：二十五功。

帳頭，高三尺五寸，枓槽長二丈九尺七寸六分，深七尺七寸六分，分作三段造：

造作功：

內外槽並兩側夾枓槽版，每長一丈四尺：壓廈版同。

混肚方，每長一丈：山華版、仰陽版並同。

臥榥，每四條：

馬頭榥，每二十條：楅同。

右各一功。

六鋪作重栱一抄兩昂枓栱，每一朵：共二功三分。

頂版，每廣一尺，長一丈：八分功。

合角貼，每一條：五氂功。

攏裹：二十五功。

安卓：一十五功。

右牙脚帳總計：造作共七百四功三分，攏裹共一百五功，安卓共六十功。

〔1〕朱批陶本：故宫本、丁本、陶本均作「搏」字，疑誤，非「槫」即「纏」。

熹年謹按：四庫本、張本亦作「搏」，録此備考。

九脊小帳

九脊小帳，一坐，共高一丈二尺，廣八尺，深四尺：

牙腳坐，高二尺五寸，長九尺六寸，深五尺：

造作功：

連梯，每長一丈：

龜腳，每三十枚：

上梯盤，每長一丈二[1]尺：

右各一功。

連梯棍：

梯盤棍：

右各共一功。

面版：共四功五分。
立榥：共三功七分。
背版：
牙脚：
　　右各共三功。
塡心：
束腰鋜脚：
　　右各共二功。
牙頭：
壓青牙子：
　　右各共一功五分。
束腰鋜脚襯版：共一功二分。

角柱：共八分功。

束腰鋜腳內小柱子：共五分功。

重臺小鈎闌並望柱等：共一十七功。

攏裹：二十功。

安卓：八功。

帳身，高六尺五寸，廣八尺，深四尺：

造作功：

內外槽帳柱，每一條：八分功。

裹槽後壁並兩側下鋜腳版並仰托榥貼絡在內。：共三功五氂。

內外槽兩側並後壁上隔科版並仰托榥貼絡柱子在內：共六功四分。

兩頰：

虛柱：

右各共四分功。

心柱：共三分功。

帳身版：共五功。

帳身難子：

內外歡門：

內外帳帶：

右各二功。

泥道版：共二分功。

泥道難子：六分功。

攏裹：二十功。

安卓：一十功。

帳頭，高三尺，鴟尾在外。廣八尺，深四尺：

造作功：

五鋪作重栱一抄一下昂料栱，每一朵：共一功四分。

結瓦事件等：共二十八功。

攏裹：一十二功。

安卓：五功。

帳內平棊：

造作：共一十五功。安難子又加一功。

安掛功：

每平棊一片，一分功。

右九脊小帳總計：造作共一百六十七功八分，攏裹共五十二功，安卓共二十三功三分。

〔1〕熹年謹按：丁本作「四尺」，據故宮本、四庫本、張本改作「二尺」。陶本據四庫本排，不誤。

壁帳

壁帳，一間，廣一丈一尺，共高一丈五尺：

造作功：攏裹功在內。

枓栱五鋪作一抄一下昂普拍方在內每一朵：一功四分。

仰陽山華版、帳柱、混肚方、枓槽版、壓厦版等：共七功。

毬文格子、平棊叉子。並各依本法。

安卓：三功。

營造法式卷第二十二

營造法式卷第二十三

通直郎管修蓋皇弟外第專一提舉修蓋班直諸軍營房等臣李誡奉聖旨編修

小木作功限四

轉輪經藏

壁藏

轉輪經藏

轉輪經藏，一坐，八瓣，內外槽帳身造：

外槽：帳身、腰檐、平坐，上施天宮樓閣，共高二丈，徑一丈六尺：

帳身，外柱至地高一丈二尺：

造作功：

帳柱，每一條：

歡門，每長一丈：

右各一功五分。

隔科版並貼、柱子及仰托榥，每長一丈：二功五分。

帳帶，每三條：一功。

攏裹：二十五功。

安卓：一十五功。

腰檐，高二尺，枓槽徑一丈五尺八寸四分：

造作功：

枓槽版，長一丈五尺壓廈版及山版同。：一功。

內外六鋪作，外跳一抄兩下昂，裏跳並卷頭枓栱，每一朵：共二功三分。

角梁，每一條子角梁同。：八分功。

貼生，每長四丈：

飛子，每四十枚：

白版，紐[1][2]計每長三丈廣一尺：廈瓦版同。

瓦隴條，每四丈：

搏脊，每長二丈五尺：搏脊槫同。

角脊，每四條：

瓦口子，每長三丈：

小山子版，每三十枚：

井口榥，每三條：

立榥，每一十五條：

馬頭榥，每八條：

右各一功。

擺裹：三十五功。

安卓：二十功。

平坐，高一尺，徑一丈五尺八寸四分：

造作功：

料槽版，每長一丈五尺：壓厦版同。

鴈翅版，每長三丈：

井口榥，每三條：

馬頭榥，每八條；

面版，每長一丈，廣一尺：

右各一功。

枓栱六鋪作並卷頭，材廣厚同腰檐。每一朵：共一功一分。

單鈎闌，高七寸，每長一丈望柱在內：共五功。

攏裹：二十功。

安卓：一十五功。

天宮樓閣，共高五尺，深一尺：

造作功：

角樓子，每一坐，廣二瓣。並挾屋行廊各廣二瓣：共七十二功。

茶樓子，每一坐，廣同上。並挾屋行廊各廣同上。：共四十五功。

攏裹：八十功。

安卓：七十功。

裹槽，高一丈三尺，徑一丈：

坐，高三尺五寸，坐面徑一丈一尺四寸四分，料槽徑九尺八寸四分：

造作功：

龜腳，每二十五枚：

車槽上下澀、坐面澀、猴面澀，每各長五尺：

車槽澀並芙蓉華版，每各長五尺：

坐腰上下子澀、三澀，每各長一丈：壼門神龕並背版同。

坐腰澀並芙蓉華版，每各長四尺：

明金版，每長一丈五尺：

料槽版，每長一丈八尺：壓厦版同。

坐下榻頭木，每長一丈三尺：下臥槐同。

立榥，每一十條：

柱脚方，每長一丈二尺：方下臥榥同。

拽後榥，每一十二條：猴面鈿面榥同。

猴面梯盤榥，每三條：

面版，每長一丈，廣一尺：

右各一功。

六鋪作重栱卷頭枓栱，每一朶：共一功一分。

上下重臺鉤闌：高一尺，每長一丈：七功五分。

攏裹：三十功。

安卓：二十功。

帳身，高八尺五寸，徑一丈：

造作功：

帳柱，每一條：一功一分。

上隔科版並貼絡柱子及仰托榥，每各長一丈：二功五分。

下鋜脚隔科版並貼絡柱子及仰托榥，每各長一丈：二功。

兩頰，每一條：三分功。

泥道版，每一片：一分功。

歡門華瓣，每長一丈：

帳帶，每三條：

帳身版，紐計每長一丈，廣一尺：

帳身內外難子及泥道難子，每各長六丈：

右各一功。

門子，合版造，每一合：四功。

攏裹：二十五功。

安卓：一十五功。

柱上帳頭，共高一尺，徑九尺八寸四分：

造作功：

料槽版，每長一丈八尺：壓厦版同。

角栿，每八條：

搭平棊方子，每長三丈：

右各一功。

平棊：依本功。

六鋪作重栱卷頭枓栱：每一朶一功一分。

攏裹：二十功。

安卓：一十五功。

轉輪，高八尺，徑九尺，用立軸長一丈八尺，徑一尺五寸：

造作功：

軸，每一條：九功。

輻，每一條：

外輞，每二片：

裏輞，每一片：

裏柱子，每二十條：

外柱子，每四條：

頰〔3〕木，每二十條：

面版，每五片：

格版，每一十片：

後壁格版，每二十四片：
難子，每長六丈：
托輻牙子，每一十枚：
托棖，每八條：
立絞棍，每五條：
十字套軸版，每一片：
泥道版，每四十片：
　　右各一功。
攏裹：五十功。
安卓：五十功。
經匣，每一隻長一尺五寸，高六寸，盝頂在內。廣六寸五分。
造作、攏裹：共一功。

右轉輪經藏總計：造作共一千九百三十五功二分，攏裹〔4〕共二百八十五功，安卓共二百二十功。

〔1〕劉批陶本：疑「約」誤「紐」。

〔2〕朱批陶本：紐、約、細三字在十二年前校印時屢經審議，殊難斷定。熹年謹按：依朱批，紐字未改。

〔3〕劉批陶本：陶本、故宮本作「挾木」，應作「頰木」。熹年謹按：四庫本、張本亦誤作「挾木」，據劉批改。

〔4〕熹年謹按：此下至下条壁藏立榥部分丁本共缺半叶十行，陶本据四库本补。故宮本、張本均不缺。

壁藏

壁藏一坐，高一丈九尺，廣三丈，兩擺手各廣六尺，內外槽共深四尺；

坐高三尺，深五尺二寸：

造作功：

車槽上下澀並坐面猴面澀、芙蓉瓣，每各長六尺；

子澀，每長一丈；

臥棍，每一十條；

立棍，每一十二條：拽後棍、羅文棍同。（丁本缺文至此，據故宮本補。）

上下馬頭棍，每一十五條；

車槽澀並芙蓉華版，每各長五尺；

坐腰並芙蓉華版，每各長四尺；

明金版，並造瓣 每長二丈：枓槽壓厦版同。

柱脚方，每長一丈二尺：

榻頭木，每長一丈三尺：

龜脚，每二十五枚：

面版，合縫在內。紐計每長一丈，廣一尺：

貼絡神龕並背版，每各長五尺：

飛子，每五十枚：

五鋪作重栱卷頭枓栱，每一朵：

右各一功。

上下重臺鈎闌，高一尺，長一丈：七功五分。

攏裹：五十功。

安卓：三十功。〔1〕

帳身，高八尺，深四尺，作七格，每格內安經匣四十枚：

造作功：

上隔科並貼絡〔2〕及仰托榥，每各長一丈：共二功五分。

下錠腳並貼絡及仰托榥，每各長一丈：共二功。

帳柱，每一條：

歡門，剜造華瓣在內。每長一丈：

帳帶，剜切在內。每三條：

心柱，每四條：

腰串，每六條：

帳身合版，紐計每長一丈，廣一尺：

格榥，每長三丈：逐格前後柱子同。

鈿面版榥，每三十條：

格版，每二十片，各廣八寸：

普拍方，每長二丈五尺：

隨格版難子，每長八丈：

帳身版難子，每長六丈：

右各一功。

平棊：依本功。

摺疊門子，每一合：共三功。

逐格鈿面版，紐計每長一丈，廣一尺：八分功。

攏裹：五十五功。

安卓：三十五功。

腰檐，高二尺，科槽共長二丈九尺八寸四分，深三尺八寸四分：

造作功：

料槽版，每長一丈五尺：鑰匙頭及壓廈版並同。
山版，每長一丈五尺，合廣一尺：
貼生，每長四丈：瓦隴條同。
曲椽，每二十條：
飛子，每四十枚：
白版，紐計每長三丈，廣一尺：廈瓦版同。
搏脊槫，每長二丈五尺：
小山子版，每三十枚：
瓦口子，簽切在內。每長三丈：
臥棍，每一十條：
立棍，每一十二條。
　右各一功。

六鋪作重栱一抄兩下昂枓栱，每一朶：一功二分。

角梁，每一條（子角梁同。）：八分功。

角脊，每一條：二分功。

攏裹：五十功。

安卓：三十功。

平坐，高一尺，枓槽共長二丈九尺八寸四分，深三尺八寸四分：

造作功：

枓槽版，每長一丈五尺（鑰匙頭及壓廈版並同。）：

鴈翅版，每長三丈：

臥棍，每一十條：

立棍，每一十二條：

鈿面版，紐計每長一丈，廣一尺：

右各一功。

六鋪作重栱卷頭枓栱，每一朵：共一功一分。

單鈎闌，高〔3〕七寸，每長一丈：五功。

攏裹：二十功。

安卓：一十五功。

天宫樓閣：

造作功：

殿身，每一坐，廣二瓣。並挾屋、行廊屋各廣二瓣。各三層：共八十四功。

角樓，每一坐，廣同上。並挾屋、行廊等：並同上。

茶樓子：並同上。

右各七十二功。

龜頭，每一坐廣一瓣。並行廊屋〔4〕廣二瓣。各三層：共三十功。

攏裹：一百功。

安卓：一百功。

經匣準轉輪藏經匣功。

右壁藏一坐總計：造作共三千二百八十五功三分，攏裹共二百七十五功，安卓共二百一十功。

〔1〕熹年謹按：「安卓三十功」一條據四庫本補入。故宮本、張本亦脱此條。

〔2〕熹年謹按：故宮本、張本、丁本均脱「絡」字，據四庫本補入。

〔3〕劉批陶本：故宮本作「高」，陶本誤為「共」，今從故宮本。

熹年謹按：四庫本、張本不誤，均作「高」。

〔4〕劉批陶本：前文云「挾屋行廊」，此獨云「行廊屋」，疑有誤？

營造法式卷第二十三

營造法式卷第二十四

通直郎管修蓋皇弟外第專一提舉修蓋班直諸軍營房等臣李誡奉聖旨編修

諸作功限一

雕木作

每一件：

混作：

照壁內貼絡：

寶牀，長三尺每尺高五寸，其牀垂牙豹脚造，上雕香爐、香合、蓮華寶照[1]、香山七寶等。：共五十七功。每增、減一寸，各加、減一功九分。仍以寶牀長爲法。

眞人，高二尺，廣七寸，厚四寸：六功。每高增、減一寸，各加、減三分功。

仙女，高一尺八寸，廣八寸，厚四寸：一十二功。每高增、減一寸，各加、減六分六氂功。

童子，高一尺五寸，廣六寸，厚三寸：三功三分。每高增、減一寸，各加、減二分二氂功。

雲盆或雲氣，曲長四尺，廣一尺五寸：七功五分。每廣增、減一寸，各加、減五分功。〔2〕

角神，高一尺五寸：七功一分四氂。每增、減一寸，各加減四分七氂六毫功。寶藏神每功減三分功。

鶴子，高一尺，廣八寸，首尾共長二尺五寸：三功。每高增、減一寸，各加、減三分功。

帳上：

纏柱龍，長八尺，徑四寸，五段造，並爪、甲、脊膊、火〔3〕燄雲盆或山子。三十六功。每長增、減一尺，各加、減三功。若牙魚並纏寫生華，每功減一分功。

虛柱蓮華蓬，五層，下層蓬徑六寸爲率，帶蓮荷、藕葉、枝梗：六功四分。每增、減一層，各加減六分功。如下層蓮徑增、減一寸，各加減三分功。

扛坐神，高七寸：四功。每增、減一寸，各加、減六分功。力士每功減一分功。

龍尾，高一尺：三功五分。每增、減一寸，各加、減三分五氂功。鴟尾功減半。

嬪伽，高五寸，連翅並蓮華坐，或雲子、或山子：一功八分。每增、減一寸各加、減四分功。

獸頭，高五寸：七分功。每增、減一寸，各加、減一分四氂功。

套獸，長五寸：功同獸頭。

蹲獸，長三寸：四分功。每增、減一寸，各加、減一分三氂功。

柱頭：取徑爲率。

坐龍，五寸：四功。每增、減一寸，各加、減八分功。其柱頭如帶仰覆蓮荷臺坐，每徑一寸，加功一分。下同。

師子，六寸：四功二分。每增、減一寸，各加、減七分功。

孩兒，五寸：單造三功。每增、減一寸，各加、減六分功。雙造每功加五分功。

鴛鴦，鵝鴨之類同。四寸：一功。每增、減一寸，各加、減二分五氂功。

蓮荷：

　蓮華，六寸實雕六層。：三功。每增、減一寸，各加、減五分功。如增、減層數，以所計功作六分，每層各加減一分，減至三層止。如蓬葉造，其功加倍。

　荷葉，七寸：五分功。每增、減一寸，各加、減七氂功。

半混：

雕插及貼絡寫生華：透突造同。如剔地，加功三分之一。

華盆：

牡丹，芍藥同。高一尺五寸：六功。每增、減一寸，各加、減五分功，加至二尺五寸，減至一尺止。

雜華，高一尺二寸卷搭造。：三功。每增、減一寸，各加、減二分三氂功。平雕減功三分之一。

華枝，長一尺，廣五寸至八寸。：

牡丹，芍藥同：三功五分。每增、減一寸，各加、減三分五氂功。

雜華：二功五分。每增、減一寸，各加、減二分五氂功。

貼絡事件：

昇龍，行龍同。長一尺二寸下飛鳳同：二功。每增、減一寸，各加、減一分六氂功。

牌上貼絡者同。下準此。

飛鳳，立鳳、孔雀、牙魚同。：一功二分。每增、減一寸，各加、減一分功。內鳳如華尾造平雕，每功加三分功。若卷搭，每功加八分功。

飛仙，嬪伽同。長一尺一寸：二功。每增、減一寸，各加、減一分七氂功。

師子，狻猊、麒麟、海馬同。長八寸：八分功。每增、減一寸，各加、減一分功。

眞人，高五寸下至童子同。：七分功。每增、減一寸，各加、減一分五氂功。

仙女：八分功。每增、減一寸，各加、減一分六氂功。

菩薩：一功二分。每增、減一寸，各加、減一分四氂功。

童子孩兒同。：五分功。每增、減一寸，各加、減一分功。

鴛鴦，鸂鶒、羊、鹿之類同。長一尺下雲子同。：八分功。每增減一寸，各加、減八氂功。

雲子：六分功。每增、減一寸，各加減六氂功。

香草，高一尺：三分功。每增、減一寸，各加、減三氂功。

故實人物，以五件爲率。各高八寸：共三功。每增、減一件，各加、減六分功。即每增減一寸各加減三分功。

帳上：

帶，長二尺五寸兩面結帶造。：五分功。每增、減一寸，各加、減二氂功。若雕華者，同華版功。

山華蕉葉版　以長一尺、廣八寸爲率。寶雲頭造。：三分功。

平棊事件：

盤子，徑一尺，剗雲子間起突盤龍。其牡丹華間起突龍鳳之類，平雕者同，卷搭者加功三分之一。：三功。每增、減一寸，各加、減三分功，減至五寸止。下雲圈、海眼版同。

雲圈，徑一尺四寸：二功五分。每增、減一寸，各加、減二分功。

海眼版，水地間海魚等。徑一尺五寸：二功。每增、減一寸，各加、減一分四氂功。

雜華。方三寸，透突平雕。：三分功。角華減功之半，角蟬又減三分之一。

華版：

透突，間龍鳳之類同。廣五寸以下，每廣一寸：一功。如兩面雕，功加倍。其剔地減長六分之一，廣六寸至九寸者減長五分之一，廣一尺以上者減長三分之一。華牌帶同。

卷搭，雕雲龍同。如兩卷造，每功加一分功。下海石榴華兩卷三卷造准此。長一尺八寸：廣六寸至九寸者，即長三尺五寸。廣一尺以上者，即長七尺二寸。

海石榴，長一尺：廣六寸至九寸者，即長二尺二寸。廣一尺以上者，即長四尺五寸。

牡丹，芍藥同。長一尺四寸：廣六寸至九寸者，即長二尺八寸。廣一尺以上者，即長五尺五寸。

平雕，長二〔4〕尺五寸：廣六寸至九寸者，即長六尺。廣一尺以上者，即長一十尺。如長生蕙草間羊鹿鴛鴦之類，各加長三分之一。〔5〕

鈎闌檻面：實雲頭兩面雕造。如鑿撲，每功加一分功。其雕華樣者同華版功。如一面雕者，減功之半。

雲栱，長一尺：七分功。每增、減一寸，各加、減七氂功。

鵝項，長二尺五寸：七分五氂功。每增、減一寸，各加、減三氂功。

地霞，長二尺：一功三分。每增、減一寸，各加、減六氂五毫功。如用華盆，即同華版功。

矮柱，長一尺六寸：四分八氂功。每增、減一寸，各加、減三氂功。

剗万字版，每方一尺：二分功。如鉤片，減功五分之一。

椽頭盤子　鉤闌尋杖頭同。剔地雲鳳或雜華，以徑三寸爲率：七分五氂功。每增、減一寸，各加減二分五氂功。如雲龍造，功加二分之一。

垂魚，鑿撲實雕雲頭造，惹草同。每長五尺：四功。每增、減一尺，各加、減八分功。如間雲鶴之類，加功四分之一。

惹草，每長四尺：二功。每增、減一尺，各加、減五分功。如間雲鶴之類，加功三分之一。

搏〔6〕窠蓮華，帶枝梗。長一尺二寸：一功二分。每增、減一寸，各加、減一分功。如不帶枝梗，減功三分之一。

手把飛魚，長一尺：一功二分。每增、減一寸，各加、減一分二氂功伏兔荷葉，長八寸：四分功。每增、減一寸，各加、減五氂功。如蓮華造，加功三分之一。

叉子：

雲頭，兩面雕造雙雲頭，每八條：一功。單雲頭加數二分之一。若雕一面，減功之半。

鋜脚壼門版實雕結帶華，透突華同。每一十一盤：一功。

毬文格子挑白，每長四尺，廣二尺五寸，以毬文徑五寸爲率：計七分功。如毬文徑每增、減一寸，各加、減五氂功。其格子長、廣不同者，以積尺加減。

〔1〕朱批陶本：「料」疑是「照」字之誤。按寶照為鏡之古名，彩畫作有「團科寶照」。熹年謹按：故宫本、四庫本均作「料」。然朱批似有見地，據改。

〔2〕熹年謹按：据故宫、四库二本，雲盆條移角神条前。

〔3〕朱批陶本：宜作「火焰雲盆山子」，「火」字宜加，「或」字宜删，有圖樣可參考。

熹年謹按：故宮本、四庫本均無「火」字。然朱批似可參考。

〔4〕熹年謹按：陶本作「一尺五寸」，據故宮本、四庫本、張本改為「二尺五寸」。

〔5〕熹年謹按：卷搭、海石榴、牡丹、平雕四條，諸本均未注明用功數？

〔6〕劉批陶本：丁本、陶本作「搏科」，誤，應作「團窠」。

熹年謹按：故宮本、四庫本、張本均作「槫科」，故未改，存劉批備考。

旋作

殿堂等雜用名件：

椽頭盤子，徑五寸，每一十五枚：每增、減五分，各加減一枚。

楷角梁寶缾，每徑五寸：每增、減五分，各加、減一分功。

蓮華柱頂，徑二寸，每三十二枚：每增、減五分，各加、減三枚。

木浮漚，徑三寸，每二十枚：每增、減五分，各加、減二枚。

鈎闌上葱臺釘，高五寸，每一十六枚：每增、減五分，各加、減二枚。

蓋葱臺釘筒子，高六寸，每一〔1〕十二枚：每增、減三分，各加、減一枚。

右各一功。

柱頭仰覆蓮胡桃子，二段造。徑八寸：七分功。每增一寸，加一分功。若三段造，每功加二分功。

照壁寶牀等所用名件：

注子，高七寸：一功。每增一寸，加二分功。

香爐，徑七寸：每增一寸加一分功。下酒杯盤、荷葉同。

鼓子，高三寸：鼓上釘鐶等在內。每增一寸，加一分功。

注盌，徑六寸：每增一寸，加一分五氂功。

右各八分功。

酒杯盤：七分功。

荷葉，徑六寸：

鼓坐，徑三寸五分：每增一寸，加五氂功。

右各五分功。

酒杯，徑三寸：蓮子同。

卷荷，長五寸：

杖鼓，長三寸：

右各三分功。如長徑各增一寸，各加五氂功。其蓮子外貼子造。若剔空旋靨貼蓮子，加二分功。

披蓮，徑二寸八分：二分五氂功。每增、減一寸，各加、減三氂功。

蓮蓓蕾，高三寸：並同上。

佛道帳等名件：

火珠，徑二寸，每一十五枚：每增、減二分，各加、減一枚。至三寸六分以上，每徑增、減一分同。

滴當子，徑一寸，每四十枚：每增、減一分，各加、減三〔2〕枚。至一寸五分以上，每增、減一分，各加、減一枚。

瓦頭子，長二寸，徑一寸，每四十枚：每徑增、減一分，各加、減四枚，加至一寸五分止。

瓦錢子，徑一寸，每八十枚：每增、減一分，各加、減五枚。

寶柱子，長一尺五寸，徑一寸二分，如長一尺徑二寸者同。每一十五條：每長增、減一寸，各加、減一條。如長五寸，徑二寸，每三十條：每長增、減一寸，各加、減二條。

貼絡門盤浮漚，徑五分，每二百枚：每增、減一分，各加、減一十五枚。

平棊錢子，徑一寸，每一百一十枚：每增、減一分，各加、減八枚，加至一寸二分止。

角鈴，以大鈴高三寸爲率，每一鈴：每增、減五分，各加減一分功。

櫨枓，徑二寸，每四十枚：每增、減一分，各加、減一枚。

右各一功。

虛柱頭蓮華並頭瓣，每一副胎錢子徑五寸：八分功。每增、減一寸，各加、減一分五氂功。

〔1〕劉校故宮本：丁本作「二」，據故宮本改作「一」。

熹年謹按：四庫本、張本亦均作「一」。

〔2〕熹年謹按：陶本作「二」，據故宮本、四庫本改作「三」。

鋸作

解割功：

椆、檀、櫪木，每五十尺：

榆、槐木、雜硬材，每五十五尺：雜硬材謂海棗、龍菁之類。

白松木，每七十尺：

柟、柏木、雜軟材，每七十五尺：雜軟材謂香椿、椵木之類。

榺、黃松、水松、黃心木，每八十尺：

杉桐木，每一百尺：

右各一功。每二人爲一功，或內有盤截不計。若一條長二丈以上枝樘高遠，或舊材內有夾釘脚者，並加本功一分功。

竹作

織簟，每方一尺：

細棊文素簟：七分功。劈篾刮削拖摘收廣一分五氂。如刮篾收廣三分者，其功減半。織華加八分功。織龍鳳又加二分五氂功。

麤簟劈篾青白，收廣四分。：二分五氂功。假棊文造減五氂功。如刮篾收廣二分，其功加倍。

織雀眼網，每長一丈，廣五尺：

間龍鳳人物雜華刮篾造：三功四分五氂六毫。事造貼釘在內。如係小木釘貼，即減一分功，下同。

渾青刮篾造：一功九分二氂。

青白造：一功六分。

笍索，每一束長二百尺，廣一寸五分，厚四分。
渾青造：一功一分。
青白造：九分功。
障日篛，每長一丈：六分功。如織簟造，別計織簟功。
每織方一丈：
笆：七分功。樓閣兩層以上處，加二分功。
編道：九分功。如縛棚閣，兩層以上加二分功。
竹栅：八分功。
夾截，每方一丈：三分功。劈竹篾在內。
搭蓋涼棚，每方一丈二尺：三功五分。如打笆造，別計打笆功。

營造法式卷第二十四

營造法式卷第二十五

通直郎管修蓋皇弟外第專一提舉修蓋班直諸軍營房等臣李誡奉聖旨編修

諸作功限二

瓦作　泥作

彩畫作　塼作

窰作

瓦作

斫事甋瓦口：以一尺二寸甋瓦、一尺四寸瓪瓦爲率，打造同。

瑠璃：

攛窠，每九十口：每增、減一等，各加減二十口。至一尺以下，每減一等，各加三十口。

解撟，打造大當溝同。每一百四十口：每增、減一等，各加減三十口。至一尺以下。每減一等，各加四十口。

青掍素白：

攛窠，每一百口：每增、減一等，各加、減二十口。至一尺以下，每減一等，各加三十口。

解撟，每一百七十口：每增、減一等，各加、減三十五口。至一尺以下，每減一等，各加四十五口。

右各一功。

打造甋㼧瓦口：

瑠璃㼧瓦：

線道，每一百二十口：每增、減一等，各加、減二十五口，加至一尺四寸止。至一尺以下，每減一等，各加三十五口。牓畫者加三分之一。青掍素白瓦同。

條子瓦，比線道加一倍：牓畫者加四分之一。青掍素白瓦同。

素掍素白：

甋瓦大當溝，每一百八十口：每增、減一等，各加、減三十口。至一尺以下，每減一等，各加三十五口。

㼧瓦：

線道，每一百八十口：每增、減一等，各加、減三十口，加至一尺四寸止。

條子瓦，每三百口：每增、減一等，各加、減六分之一。加至一尺四寸止。

小當溝，每四百三十枚：每增、減一等，各加、減三十枚。

右各一功。

結瓦，每方一丈：如尖斜高峻，比直行每功加五分。

瓶瓪瓦：

瑠璃 以一尺二寸爲率〔1〕。：二功二分。每增、減一等，各加、減一分功。

青掍素白：比瑠璃其功減三分之一。

散瓪大當溝：四分功。小當溝減三分之一功。

壘脊，每長一丈：曲脊加長二倍。

瑠璃六層：

青掍素白用大當溝一十層：用小當溝者，加一層。

右各一功。

安卓：

火珠，每坐以徑二尺爲率。：二功五分。每增、減一等，各加、減五分功。

瑠璃每一隻：

龍尾，每高一尺：八分功。青提、素白者減二分功。

鴟尾，每高一尺：五分功。青提、素白者減一分功。

獸頭以高二尺五寸爲率。：七分五氂功。每⊠、減一等，各加、減五氂功，減至一分止。

套獸以口徑一尺爲率。：二分五氂功。每增、減二寸，各加、減六氂功。

嬪伽以高一尺二寸爲率。：一分五氂功。每增、減二寸，各加、減三氂功。

閥閱，高五尺：一功。每增、減一尺，各加、減二分功。

蹲獸，以高六寸爲率。每一十五枚：每增、減二寸，各加、減三枚。

滴當子，以高八寸爲率。每三十五枚：每增、減二寸，各加、減五枚。

右各一功。

繫大箔，每三百領：鋪箔減三分之一。

抹棧及笆箔，每三百尺：

開燕頷版，每九十尺：安釘在內。

織泥籃子，每一十枚：

右各一功。

〔1〕劉校故宮本：丁本、陶本均誤作「準」，據故宮本作「率」，下同。

熹年謹按：張本亦誤作「準」，丁本、陶本之誤實源於張本。然文津四庫本即作「率」，當以作「率」為是。下文多處均依此改正。

泥作

每方一丈：殿宇、樓閣之類有轉角合用托匙處，於本作每功上加五分功。高二丈以上，每丈、每功各加一分二氂功，加至四丈止。供作並不加。即高不滿七尺不須棚閣者，每功減三分功，貼補同。

紅石灰 黃、青、白石灰同。：五分五氂功。收光五遍、合和斫事麻擣在內。如仰泥縛棚閣者，每兩椽加七氂五毫功，加至一十椽。上下並同。

破灰：

細泥：

右各三分功。收光在內。如仰泥縛棚閣者，每兩椽各加一氂功。其細泥作畫壁並灰襯，二分五氂功。

麤泥：二分五氂功。如仰泥縛棚閣者，每兩椽加二氂功。其畫壁披蓋麻篾並搭乍中泥。

若麻灰細泥下作襯，一分五氂功。如仰泥縛棚閣，每兩椽各加五毫功。

沙泥畫壁：

劈篾披〔1〕篾：共二分功。

披麻：一分功。

下沙收壓，一十遍：共一功七分。栱眼壁同。

壘石山泥假山同。：五功。

壁隱假山：一功。

盆山，每方五尺：三功。每增、減一尺，各加、減六分功。

用坯：

殿宇牆，廳堂、門樓牆並補壘柱窠同。每七百口：廊屋散舍牆加一百口。

貼壘脱〔2〕落牆壁，每四百五十口：掰接壘牆頭射垛加五十口。

壘燒錢爐，每四百口：

側劄照壁，窗坐、門頰之類同。每三百五十口：

壘砌竈，茶爐同。每一百五十口：用塼同。其泥飾各紐計積尺別計功。

右各一功。

織泥籃子，每一十枚：一功。

〔1〕朱批陶本：「被」為「披」。

熹年謹按：故宮本、四庫本、張本亦均作「被」，依文義以「披」為妥。

〔2〕劉批陶本：陶本作「兑」，為「脱」之误。

熹年謹按：四庫本、故宮本、張本亦误作「兑」，依文義应作「脱」。

彩畫作

五彩間金：

描畫裝染，四尺四寸：平棊華子之類係雕造者，即各減數之半。

上顏色雕華版，一尺八寸：

五彩遍裝亭子、廊屋、散舍之類，五尺五寸：殿宇、樓閣各減數五分之一。如裝畫暈錦，即各減數十分之一。若描白地枝條華，即各加數十分之一。或裝四出、六出錦者同。

上粉貼金出褫，每一尺：一功五分。

右各一功。

青緑碾玉紅或搶金碾玉同。亭子、廊屋、散舍之類，一十二尺：殿宇、樓閣各減數六分之一。

青緑間紅三暈稜間亭子、廊屋、散舍之類，二十尺：殿宇、樓閣減數四分之一。

青緑二暈稜間亭子、廊屋、散舍之類，二十五尺：殿宇、樓閣各減數五分之一。

解緑畫松青緑緣道廳堂、亭子、廊屋、散舍之類，四十五尺：若殿宇、樓閣減數九分之一。如間紅三暈，即各減十分之二。

解緑赤白廊屋、散舍、華架之類，一百四十尺：殿宇即減數七分之二。若樓閣、亭子、廳堂、門樓及內中屋各減廊屋數七分之一。若間結華或卓柏，各減十分之二。

丹粉赤白廊屋、散舍、諸營廳堂及鼓樓華架之類，一百六十尺：殿宇、樓閣減數四分之一。即亭子、廳堂、門樓及皇城內屋減八分之一。

刷土黃白緣道廊屋、散舍之類，一百八十尺：廳堂、門樓、涼棚減數六分之一。若墨緣道，即減十分之一。

土朱刷間黃丹或土黃刷，帶護縫牙子抹緑同。版壁、平闇、門窗、叉子、鉤闌、棵籠之類，一百八十尺：若護縫、牙子解染青緑者，減數三分之一。

合朱刷：

格子，九十尺：抹合緑方眼同。如合緑刷毬文，即減數六分之一。若合朱畫松，難子、壼門解壓青緑，即減數之半。如抹合緑於障水版上，刷青地描染戲獸雲子之類，即減數九分之一。若朱紅染難子，壼門牙子解染青緑，即減數三分之一。如土朱刷間黄丹，即加數六分之一。

平闇、軟門、版壁之類，難子、壼門、牙頭護縫解染青緑。一百二十尺：通刷素緑同。若抹緑，牙頭護縫解染青華，即減數四分之一。如朱紅染，牙頭護縫等解染青緑，即減數之半。

檻面鉤闌，抹緑同。一百八尺：万〔1〕字鉤片版難子上解染青緑，或障水版上描染戲獸雲子之類，即各減數三分之一。朱紅染同。

叉子，雲頭望柱頭五彩或碾玉裝造。五十五尺：抹緑者加數五分之一。若朱紅染者，即減數五分之一。

棵籠子，間刷素緑，牙子、難子等解壓青緑。六十五尺：

烏頭綽楔門，牙頭、護縫、難子壓染青緑，櫺子抹緑。一百尺：若高廣一丈以上，即減數四分之一。若土朱刷間黄丹者，加數二分之一。

抹合緑窗，難子刷黄丹，頰串、地栿刷土朱。一百尺：

華表柱並裝染柱頭鶴子、日月版：須縛棚閣者，減數五分之一。

刷土朱通造，一百二十五尺：

緑笏通造，一百尺：

用桐油每一斤：煎合在內。

右各一功。

〔1〕劉校故宮本：「萬」字故宮本、丁本均作「万」，據改。

熹年謹按：張本作「萬」，四庫本作「卐」，錄以備考。

塼作

斫事：

方塼：

二尺，一十三口：每減一寸，加二口。

一尺七寸，二十口：每減一寸，加五口。

一尺二寸，五十口：

壓闌塼，二十口：

右各一功。鋪砌功並以斫事塼數加之。二尺以下加五分，一尺七寸加六分，一尺五寸以下各倍加，一尺二寸加八分。壓闌塼加六分。其添補功即以鋪砌之數減半。

條塼，長一尺三寸，四十口趄面塼加一分。一功。壘砌功〔1〕以斫事塼數加一倍。

趄面塼同。其添補者，即減創壘塼八分之五。若砌高四尺以上者，減塼四分之一。如補換華頭，以斫事之數減半。

麤壘條塼，謂不斫事者。長一尺三寸，二百口每減一寸，加一倍。：一功。其添補者，即減創壘塼數：長一尺三寸者減四分之一，長一尺二寸各減半。若壘高四尺以上，各減塼五分之一，長一尺二寸者，減四分之一。

事造剜鑿：並用一尺三寸塼。

地面鬭八，階基、城門坐塼側頭、須彌臺坐之類同。龍鳳華樣人物、壼門寶缾之類：

方塼一口：間窠毬文加一口半。

條塼五口：

右各一功。

透空氣眼：

方塼每一口：

神子：一功七分。

龍鳳華盆：一功三分。

條塼壼門：三枚半每一枚用塼四口。一功。

刷染塼甬瓦基階之類：每二百五十尺須縛棚閣者減五分之一。一功。

甃壘井：每用塼二百口，一功。

淘井，每一眼徑四尺至五尺：二功。每增一尺加一功。至九尺以上，每增一尺加二功。

〔1〕熹年謹按：陶本增「即」字，據故宮本、四庫本刪。

窯作

造坯：

方塼：

二尺，一十口：每減一寸加二口。

一尺五寸，二十七口：每減一寸加六口。塼碇與一尺三寸方塼同。

一尺二寸，七十六口：盤龍、鳳、雜華同。

條塼：

長一尺三寸，八十二口：牛頭塼同。其趄面塼加十分之一。

長一尺二寸，一百八十七口：趄條並走趄塼同。

壓闌塼，二十七口：

右各一功。般取土末和泥、事褫撫曝、排垛在內。

瓪瓦，長一尺四寸，九十五口：每減二寸，加三十口。其長一尺以下者，減一十口。

㼧瓦：

長一尺六寸，九十口：每減二寸，加六十口。其長一尺四寸展樣比長一尺四寸瓦減二十口。

長一尺，一百三十六口：每減二寸加一十二口。

右各一功。其瓦坯並華頭所用膠土即別計。

黏瓪瓦華頭，長一尺四寸，四十五口：每減二寸，加五口。其一尺以下者即倍加。

撥㼧瓦重脣，長一尺六寸，八十口：每減二寸，加八口。其一尺二寸以下者即倍加。

黏鎮子塼系，五十八口：

右各一功。

造鴟獸等每一隻：

鴟尾，每高一尺：二功。龍尾功加三分之一。

獸頭：

高三尺五寸：二功八分。每減一寸，減八釐功。

高二尺：八分功。每減一寸，減一分功。

高一尺二寸：一分六釐八毫功。每減一寸，減四毫功。

套獸，口徑一尺二寸：七分二釐功。每減二寸，減一分三釐功。

蹲獸，高一尺四寸：二分五釐功。每減二寸，減二釐功。

嬪伽，高一尺四寸：四分六釐功。每減二寸，減六釐功。

角珠，每高一尺：八分功。

火珠，徑八寸：二功。每增一寸，加八分功。至一尺以上，更於所加八分功外遞加一分功。謂如徑一尺加九分功，徑一尺一寸加一功之類。

閥閱，每高一尺：八分功。

行龍、飛鳳、走獸之類，長一尺四寸：五分功。

用茶〔1〕土掍甋瓦，長一尺四寸，八十口：一功。長一尺六寸瓪瓦同。其華頭、重脣在內。餘準此。每減二寸，加四十口。

裝素白塼瓦坯：青掍瓦同。如滑石掍，其功在內。大窯計燒變所用芟草數，每七百八十束曝窯三分之一。爲一窯。以坯十分爲率，須於往來一里外至二里般六分，共三十六功。遞轉在內。曝窯三分之一。若般取六分以上，每一分加三功，至四十二功止。曝窯每一分加一功，至二十五功止。即四分之外及不滿一里者，每一分減三功，減至二十四功止。曝窯每一分減一功，減至七功止。

燒變大窯，每一窯：

燒變：一十八功。曝窯三分之一，出窯功同。

出窯：一十五功。

燒變瑠璃瓦等，每一窯：七功。合和用藥、般裝出窯在內。

擣羅洛河石末，每六斤一十兩：一功。

炒黑錫，每一料：一十五功。

壘窯每一坐：

大窯：三十二功。

曝窯：一十五功三分。

〔1〕熹年謹按：「茶土」陶本誤作「荼土」，據故宮本、四庫本、張本改。

營造法式卷第二十五

營造法式卷第二十六

通直郎管修蓋皇弟外第專一提舉修蓋班直諸軍營房等臣李誡奉聖旨編修

諸作料例一

石作

蠟面，每長一丈，廣一尺：碑身鼇坐同。

黄蠟：五錢。

木炭：三斤。一段通及一丈以上者減一斤。

細墨：五錢。

安砌，每長三尺，廣二尺：礦石灰五斤。贔屓碑一坐三十斤。笏頭碣一十斤。

每段：

熟鐵鼓卯：二枚。上下大頭各廣二寸，長一寸，腰長四寸，厚六分，每一枚重一斤。

鐵葉，每鋪石二重：隔一尺用一段。每段廣三寸五分，厚三分。如並四造長七尺，並三造長五尺。〔1〕

灌鼓卯縫，每一枚：用白錫三斤。如用黑錫，加一斤。

〔1〕 熹年謹按：四庫本在此句下脱「石作」最末一行「灌鼓夘縫……」。此下脱「大木作」四十行，「竹作」全部四十三行，其後之「瓦作」自「麥䴬一十八觔」起，前脱首十六行，此卷共脱九十九行。故宫本、張本不脱。

大木作 小木作附

用方木：

大料模方，長八十尺至六十尺，廣三尺五寸至二尺五寸，厚二尺五寸至二尺：充十二架椽至八架椽栿。

廣厚方，長六十尺至五十尺，廣三尺至二尺，厚二尺至一尺八寸：充八架椽栿並檐栿、綽幕、大檐額。

長方，長四十尺至三十尺，廣二尺至一尺五寸，厚一尺五寸至一尺二寸：充出跳六架椽至四架椽栿。

松方，長二丈八尺至二丈三尺，廣二尺至一尺四寸，厚一尺二寸至九寸：充四架椽、三架椽栿、大角梁、檐額、壓槽方，高一丈五尺以上版門及裹栿版、佛道帳所用料槽壓厦版。其名件廣厚非小松方以下可充者同。

朴柱〔1〕，長三十尺，徑三尺五寸至二尺五寸：充五間八架椽以上殿柱。

松柱，長二丈八尺至二丈三尺，徑二尺至一尺五寸：就料剪截，充七間八架椽以上殿副階柱，或五間、三間八架椽至六架椽殿身柱，或七間至三間八架椽至六架椽廳堂柱。

就全條料及剪截解割用下項：

小松方：長二丈五尺至二丈二尺，廣一尺三寸至一尺二寸，厚九寸至八寸。

常使方：長二丈七尺至一丈六尺，廣一尺二寸至八寸，厚七寸至四寸。

官樣方：長二丈至一丈六尺，廣一尺二寸至九寸，厚七寸至四寸。

截頭方：長二丈至一丈八尺，廣一尺三寸至一尺一寸，厚九寸至七寸五分。

材子方：長一丈八尺至一丈六尺，廣一尺二寸至一尺，厚八寸至六寸。

方八方：長一丈五尺至一丈三尺，廣一尺一寸至九寸，厚六寸至四寸。

常使方八方：長一丈五尺至一丈三尺，廣八寸至六寸，厚五寸至四寸。

方八子方：長一丈五尺至一丈二尺，廣七寸至五寸，厚五寸至四寸。

〔1〕 朱批陶本：「枏」誤作「朴」。非枏木不能有此長徑。「朴」正寫作「樸」，營造中不見此等木材也。「厚朴」為曲材。

竹作

色額等第：

上等：每徑一寸，分作四片，每片廣七分。每徑加一分，至一寸以上，準此計之。中等同。其打笆用下等者只推竹造。

漏三：長二丈，徑二寸一分。係除梢實收數。下並同。

漏二：長一丈九尺，徑一寸九分。

漏一：長一丈八尺，徑一寸七分。

中等：

大竿條：長一丈六尺，織簟減一尺，次竿、頭竹同。徑一寸五分。

次竿條：長一丈五尺，徑一寸三分。

頭竹：長一丈二尺，徑一寸二分。

次頭竹：長一丈一尺，徑一寸。

下等：

笪竹：長一丈，徑八分。

大管：長九尺，徑六分。

小管：長八尺，徑四分。

織細棊文素簟，織華或龍鳳造同。每方一尺：徑一寸二分作一條。襯簟在內。

織麄簟：假棊文簟同。每方二尺：徑一寸二分竹一條八分。

織雀眼網，每長一丈廣五尺。以徑一寸二分竹：

渾青造：一十一條。內一條作貼。如用木貼，即不用。下同。

青白造：六條。

笍索，每一束，長二百尺，廣一寸五分，厚四分。以徑一寸三分竹：

渾青疊四造，一十九條。

青白造，一十三條。

障日篛，每三片各長一丈，廣二尺：

徑一寸三分竹，二十一條。劈篾在內。

蘆蓆，八領。壓縫在內。如織簟造不用。

每方一丈：

打笆：以徑一寸三分竹爲率，用竹三十條造。一十二條作經，一十八條作緯，鈎頭攙壓在內。其竹若甬瓦瓦結瓦六椽以上用上等，四椽及瓪瓦六椽以上用中等，瓻瓦兩椽瓪瓦四椽以下用下等。若闕本等，以別等竹比折充。

編道：以徑一寸五分竹爲率，用二十三條造。榥並竹釘在內，闕以別色充。若照壁中縫及高不滿五尺或栱壁、山斜、泥道，以次竿或頭竹、次竹比折充。

竹柵：以徑八分竹一百八十三條造。四十條作經，一百四十三條作緯編造。如高不滿一丈，以大管竹或小管竹比折充。

夾截：

中箔五領。攙壓在內。

徑一寸二分竹一十條。劈篾在內。

搭蓋涼棚，每方一丈二尺：

中箔三領半。

徑一寸三分竹四十八條。三十二條作椽，四條走水，四條裹𦟛，三條壓縫，五條劈篾青白用。

蘆蕟九領。如打笆造不用。

瓦作

用純石灰：謂礦灰。下同。

結瓦，每一口：

甋瓦：一尺二寸，二斤。即澆灰結用五分之一。每增、減一等，各加、減八兩。至一尺以下，各減所減之半。下至壘脊條子瓦同。其一尺二寸瓪瓦準一尺甋瓦法。

仰瓪瓦：一尺四寸，三斤。每增、減一等，各加、減一斤。

點節甋瓦：一尺二寸，一兩。每增、減一等，各加、減四錢。

壘脊：以一尺四寸瓪瓦結瓪爲率。

大當溝：以甋瓦一口造。每二枚，七斤八兩。每增、減一等，各加、減四分之一。綫道同。

綫道：以瓪瓦一口造二片。每一尺，兩壁共二斤。

條子瓦：以瓪瓦一口造四片。每一尺，兩壁共一斤。每增、減一等，各加、減五分之一。

泥脊白道：每長一丈，一斤四兩。

用墨煤染脊：每層長一丈，四錢。

用泥壘脊；九層爲率，每長一丈：

麥麲一十八斤。每增、減二層，各加、減四斤。

紫土八擔。每一擔重六十斤，餘應用土並同。每增、減二層，各加、減一擔。

小當溝：每瓪瓦一口造二枚。仍取條子瓦二片。

燕頷或牙子版：每合角處用鐵葉一段。殿宇長一尺，廣六寸。餘長六寸，廣四寸。

結瓦：以瓪瓦長每口攙壓四分，收長六分。其解撟剪截不得過三分。合溜處尖斜瓦者，並計整口。

布瓦隴，每一行依下項：

瓪瓦：以仰瓪瓦爲計。

長一尺六寸：每一尺。

長一尺四寸：每八寸。

長一尺二寸：每七寸。

長一尺：每五寸八分。

長八寸：每五寸。

長六寸：每四寸八分。

瓪瓦：

長一尺四寸：每九寸。

長一尺二寸：每七寸五分。

結瓦，每方一丈：

中箔，每重：二領半。壓占在內。殿宇、樓閣五間以上用五重，三間四重，廳堂三重，餘並二重。

土：四十擔。係甋瓪結瓦，以一尺四寸瓪瓦爲率。下麲麩同。每增一等，加一十擔。每減一等，減五擔。其散瓪瓦各減半。

麥麩：二十斤。每增一等加一斤，每減一等減八兩，散瓪瓦各減半。如純灰結不用。其麥麲同。

麥麲：一十斤。每增一等加八兩，每減一等減四兩。散瓪瓦不用。

泥籃：二枚。散瓪瓦一枚。用徑一寸三分竹一條織造三枚。

繫箔常使麻：一錢五分。

抹柴棧或版笆箔，每方一丈：如純灰於版並笆箔上結瓦者不用。

土：二十擔。

麥麲：一十斤。

安卓：

鴟尾，每一隻：以高三尺爲率。龍尾同。

鐵脚子：四枚，各長五寸。每高增一尺，長加一寸。

鐵束：一枚，長八寸。每高增一尺，長加二寸。其束子大頭廣二寸，小頭廣一寸二分爲定法。

搶鐵：三十二片，長視身三分之一。每高增一尺，加八片。大頭廣二寸，小頭廣一寸爲定法。

拒鵲叉〔1〕子：二十四枚，上作五叉子，每高增一尺，加三枚。各長五寸。每高增一尺，加六分。

安拒鵲等石灰：八斤。坐鴟尾及龍尾同。每增、減一尺，各加、減一斤。

墨煤：四兩。龍尾三兩。每增、減一尺，各加、減一兩三錢。龍尾加減一兩。其瑠璃者不用。

鞠：六道，各長一尺。曲在內，爲定法。龍尾同。每增一尺，添八道，龍尾添六道。其高不及三尺者不用。

柏椿：二條，龍尾同。高不及三尺者減一條。長視高，徑三寸五分。三尺以下徑三寸。

龍尾：

鐵索：二條。兩頭各帶獨腳屈膝〔2〕，其高不及三尺者不用。

一條長視高一倍，外加三尺。

一條長四尺。每增一尺加五寸。

火珠，每一坐：以徑二尺爲率。

柏椿：一條，長八尺。每增、減一等，各加、減六寸。其徑以三寸五分爲定法。

石灰：一十五斤。每增、減一等，各加、減二斤。

墨煤：三兩。每增、減一等，各加減五錢。

獸頭，每一隻：

鐵鉤：一條。高三尺五寸以上鉤長五尺，高一尺八寸至二尺；鉤長三尺，高一尺四寸至一尺六寸，鉤長二尺五寸；高一尺二寸以下鉤長二尺。

繫肶鐵索：一條，長七尺。兩頭各帶直脚屈膝〔2〕。獸高一尺八寸以下並不用。

滴當子，每一枚以高五寸爲率。

石灰：五兩。每增減一等，各加減一兩。

嬪伽，每一隻以高一尺四寸爲率。

石灰：三斤八兩。每增、減一等，各加、減八兩；至一尺以下減四兩。

蹲獸，每一隻：以高六寸爲率。

石灰：二斤。每增、減一等，各加、減八兩。

石灰：每三十斤，用麻擣一斤。

出光瑠璃瓦：每方一丈，用常使麻八兩。

〔1〕劉批陶本：增「叉」字。

朱批陶本：「叉」字應增。

熹年謹按：故宮本、文津四庫本均無「叉」字，或為通俗簡稱歟？

〔2〕朱批陶本：「膝」字應作「戌」。

熹年謹按：故宮本、四庫本、張本均作「膝」，故未改，錄朱批備考。

營造法式卷第二十六

營造法式卷第二十七

通直郎管修蓋皇弟外第專一提舉修蓋班直諸軍營房等臣李誡奉

聖旨編修

諸作料例二

泥作　　彩畫作

塼作　　窰作

泥作

每方一丈：

紅石灰：乾厚一分三氂。下至破灰同。

石灰：三十斤。非殿閣等加四斤。若用礦灰，減五分之一。下同。

赤土：二十三斤。

土朱：一十斤。非殿閣等減四斤。

黃石灰：

石灰：四十七斤四兩。

黃土：一十五斤一十二兩。

青石灰：

石灰：三十二斤四兩。

軟石炭：三十二斤四兩。如無軟石炭，即倍加石灰之數，每石灰一十斤，用麤墨一斤，或墨煤十一兩。

白石灰：

石灰：六十三斤

破灰：

石灰：二十斤。

白蔑土：一擔半。

麥麸：一十八斤。

細泥：

麥麸：一十五斤。作灰襯同。其施之於城壁者倍用。下麥䴷準此。

土：三擔。

麤泥：中泥同。

麥䴴：八斤。搭絡及中泥作襯並減半。

土：七擔。

沙泥畫壁：

沙土、膠土、白蔑土：各擔半。

麻擣：九斤。栱眼壁同。每斤洗淨者收一十二兩。

麤麻：一斤。

徑一寸三分竹：三條。

壘石山：

石灰四十五斤。

麤墨：三斤。

泥假山：

長一尺二寸廣六寸厚二寸塼：三十口。

柴：五十斤。曲堰者。
徑一寸七分竹：一條。
常使麻皮：二斤。
中箔：一領。
石灰：九十斤。
麤墨：九斤。
麥麸：四十斤。
麥䴸：二十斤。
膠土：一十擔。
壁隱假山：
石灰：三十斤。
麤墨：三斤。

盆山：每方五尺：

石灰：三十斤。每增、減一尺，各加、減六斤。

麤墨：二斤。

每坐：

立竈：用石灰或泥並依泥飾料例紐〔1〕計。下至茶爐子準此。

突，每高一丈二尺，方六寸：坯四十口。方加至一尺二寸倍用。其坯係長一尺二寸，廣六寸，厚二寸。下應用塼坯並同。

壘竈身，每一斗：坯八十口。每增一斗，加一十口。

釜竈：以一石爲率。

突：依立竈法：每增一石，腔口直徑加一寸，至十石止。

壘腔口坑子罨煙：塼五十口。每增一石，加一十口。

坐甑：

生鐵竈門：依大小用。鑊竈同。

生鐵版：二片，各長一尺七寸，每增一石，加一寸。廣二寸，厚五分。

坯：四十八口。每增一石，加四口。

礦石灰：七斤。每增一石，加一斤。

鑊竈：以口徑三尺爲率。

突：依釜竈法。斜高二尺五寸，曲長一丈七尺，駝勢在內。自方一尺五寸並二壘砌爲定法。

塼：一百口。每徑加一尺，加三十口。

生鐵版：二片，各長二尺，每徑長加一尺，加三寸。廣二寸五分，厚八分。

生鐵柱子：一條，長二尺五寸，徑三寸。仰合蓮造。若徑不滿五尺不用。

茶爐子：以高一尺五寸爲率。

燎杖：用生鐵或熟鐵造。八條，各長八寸，方三分。

坯：二十口。每加一寸，加一口。

壘坯牆：

用坯，每一千口：徑一寸三分竹三條。造泥籃在內。

闇柱，每一條長一丈一尺，徑一尺二寸爲率。牆頭在外。：中箔一領

石灰，每一十五斤：用麻擣一斤。若用礦灰加八兩。其和紅、黃、青灰，即以的

所用土朱之類，斤數在石灰之內。

泥籃，每六椽屋一間：三枚。以徑一寸三分竹一條織造。

〔1〕劉批陶本：「紐」應作「約」。

熹年謹按：故宮本、張本作「紐」，四庫本作「細」，諸本不同，故不改，錄劉批備考。

彩畫作

應刷染木植每面方一尺各使下項：栱眼壁各減五分之一，雕木華版加五分之一，即描華之類準折計之。

定粉：五錢三分。

墨煤：二錢二分八氂五毫。

土朱：一錢七分四氂四毫。殿宇、樓閣加三分，廊屋、散舍減二分。

白土：八錢。石灰同。

土黄：二錢六分六氂。殿宇、樓閣加二分。

黄丹：四錢四分。殿宇、樓閣加二分，廊屋、散舍減一分。

雌黄：六錢四分。合雌黄、紅粉同。

合青華：四錢四分四氂。合緑華同。

合深青：四錢。合深緑及常使朱紅、心子朱紅、紫檀並用。

合朱：五錢。生青緑華、深朱紅同。

生大青：七錢。生大緑〔1〕、浮淘青、梓州熟大青緑、二青緑並同。

生二緑：六錢。生二青同。

常使紫粉：五錢四分。

藤黃：三錢。

槐華：二錢六分。

中綿胭脂：四片。若合色，以蘇木五錢二分，白礬一錢三分煎合充。

描畫細墨：一分。

熟桐油：一錢六分。若在暗處不見風日者，加十分之一。

應合和顏色每斤各使下項：

合色：

緑華：青華減定粉一兩，仍不用槐華、白礬。

定粉：一十三兩。

青黛：三兩。

槐華：一兩。

白礬：一錢。

朱：

黄丹：一十兩。

常使紫粉：六兩。

緑：

雌黄：八兩。

淀：八兩。

紅粉：

心子朱紅：四兩。
定粉：一十二兩。
紫檀：
常使紫粉：一十五兩五錢。
細墨：五錢。
草色：
綠華：青華減槐華、白礬。
淀〔2〕：一十二兩。
定粉：四兩。
槐花：一兩。
白礬：一錢。
深綠：深青即減槐花、白礬。

淀〔2〕：一斤。

槐華：一兩。

白礬：一錢。

緑：

淀〔2〕：一十四兩。

石灰：二兩。

槐華：二兩。

白礬：二錢。

紅粉：

黄丹：八兩。

定粉：八兩。

襯金粉：

定粉：一斤。

土朱：八錢。顆塊者。

應使金箔每面方一尺：使襯粉四兩，顆塊土朱一錢。每粉三十斤，仍用生白絹一尺，濾粉。木炭一十斤，熁粉。綿半兩。揾金。

應煎合桐油每一斤：

松脂、定粉、黃丹：各四錢。

木札：二斤。

應使桐油：每一斤用亂絲四錢。

〔1〕熹年謹按：「生大緑」陶本誤作「生大青」，據故宮本、四庫本、張本改。

〔2〕朱批陶本：陶本「淀」应作「靛」，下同。應查古本《本草》有無淀字。

熹年謹按：故宮本、文津四庫本、張本均作「淀」，故不改，録朱批備考。

塼作

應鋪壘安砌皆隨高廣指定合用塼等第，以積尺計之。若階基、慢道之類並二或並三砌、應用尺三條塼細壘者，外壁斫磨塼每一十行，裏壁麤塼八行填後。其隔減塼甋及樓閣高簷或行數不及者，並依此增減計定。

應卷輂河渠並隨圜用塼，每廣二寸計一口，覆背卷準此。其繳〔1〕背每廣六寸用一口。

應安砌所須礦灰，以方一尺五寸塼用一十三兩。每增減一寸，各加、減三兩。其條塼減方塼之半，壓闌於二尺方塼之數減十分之四。

應以墨煤刷塼甋基階之類，每方一百尺：用八兩。

應以灰刷塼牆之類，每方一百尺：用一十五斤。

應以墨煤刷塼甋基階之類，每方一百尺，並灰刷塼牆之類計：灰一百五十斤，各用苕帚一枚。

應甃壘井所用盤版長隨徑，每片廣八寸，厚二寸。每一片：

常使麻皮：一斤。

蘆蕟：一領。

徑一寸五分竹：二條。

〔1〕劉批陶本：故宮本、丁本、陶本均作「繞」，卷十五塼作制度卷輂河渠口條作「繳」，據改。

熹年謹按：四庫本、張本亦作「繞」，錄以備考。

窯作

燒造用芟草：

塼每一十口：

方塼：

方二尺[1]：八束。每束重二十斤。餘芟草稱束者，並同。每減一寸減六分。

方一尺二寸：二束六分。盤龍鳳華並塼碇同。

條塼：

長一尺三寸：一束九分。牛頭塼同。其趄面即減十分之一。

長一尺二寸：九分。走趄並趄條塼同。

壓闌[2]：長二尺一寸，八束。

瓦：

素白每一百口：

甋瓦：

長一尺四寸：六束七分。每減二寸，減一束四分。

長六寸：一束八分。每減二寸，減七分。

㼧瓦：

長一尺六寸：八束。每減二寸，減二束。

長一尺：三束。每減二寸，減五分。

青掍瓦：以素白所用數加一倍。

諸事件謂鴟獸、嬪伽、火珠之類。本作內餘稱事件者準此。每一功：一束。其龍尾所用芟草同鴟尾。

瑠璃瓦並事件，並隨藥料每窯計之。謂曝窯。大料分三窯。折大料同。一百束折大料八十五束，中料分二窯，小料同。一百一十束，小料一百束。

捏造鴟尾：龍尾同。每一隻以高一尺爲率：用麻擣二斤八兩。

青棍瓦：

滑石棍：

坯數：

大料，以長一尺四寸甋瓦、一尺六寸㼧瓦：各六百口。華頭重脣在內。下同。

中料，以長一尺二寸甋瓦、一尺四寸㼧瓦：各八百口。

小料，以甋瓦一千四百口、長一尺一千三百口，六寸並四寸各五千口。㼧瓦一千三百口。長一尺二寸一千二百口，八寸並六寸各五千口。〔3〕

柴藥數：

大料：滑石末三百兩，羊糞三箆，中料減三分之一，小料減半。濃油一十二斤，柏柴一百二十斤，松柴麻粈各四十斤。中料減四分之一，小料減半。

茶〔4〕土掍，長一尺四寸甋瓦、一尺六寸㼧瓦，每一口：一兩。每減二寸減五分。

造瑠璃瓦並事件：

藥料，每一大料：用黃丹二百四十三斤。折大料二百二十五斤，中料二百二十二斤，小料二百九斤四兩。每黃丹三斤用銅末三兩，洛河石末一斤。

用藥每一口：鴟獸事件及條子綫道之類，以用藥處通計尺寸折大料。

大料，長一尺四寸甋瓦：七兩二錢三分六氂。長一尺六寸㼧瓦減五分。

中料，長一尺二寸甋瓦：六兩六錢一分六毫六絲六忽。長一尺四寸㼧瓦減五分。

小料，長一尺甋瓦：六兩一錢二分四氂三毫三絲二忽。長一尺二寸㼧瓦減五分。

藥料所用黃丹闕，用黑錫炒造。其錫以黃丹十分加一分。即所加之數，斤以下不計。每黑錫一斤，用蜜駝僧二分九氂，硫黃八分八氂，盆硝二錢五分八氂，柴二斤一十一兩。炒成收黃丹十分之數。

〔1〕劉批陶本：丁本、陶本均誤作「二丈」，據故宫本改為「二尺」。

熹年謹按：四庫本與故宫本同，亦作「二尺」。張本亦誤作「二丈」，丁本、陶本之誤實源於張本。

〔2〕熹年謹按：陶本增塼字，據故宫本、四庫本改。

〔3〕據梁思成先生《營造法式注釋》卷二十七窰作條注〔3〕云：「五千口各本均作五十口，按比例似應為五千口」。

〔4〕熹年謹按：陶本誤作「茶」，據故宫本、文津四庫本、張本改。

營造法式卷第二十七

營造法式卷第二十八

通直郎管修蓋皇弟外第專一提舉修蓋班直諸軍營房等臣李誡奉聖旨編修

諸作用釘料例

用釘料例　用釘數

通用釘料例

諸作用膠料例

諸作等第

諸作用釘料例

用釘料例

大木作：

椽釘：長加椽徑五分。有餘分者從整寸。謂如五寸椽用七寸釘之類。下同。

角梁釘：長加材厚一倍。柱櫍同。

飛子釘：長隨材厚。

大小連簷釘：長隨飛子之厚。如不用飛子者，長減椽徑之半。

白版釘：長加版厚一倍。平闇、遮椽版同。

搏風版釘：長加版厚兩倍。

橫抹版釘：長加版厚五分。隔減並襻〔1〕同。

小木作：

凡用釘並隨版木之厚，如厚三寸以上或用簽釘者，其長加厚七分。若厚二寸以下者，長加厚一倍。或縫內用兩入釘者，加至二寸止。

雕木作：

凡用釘並隨版木之厚，如厚二寸以上者，長加厚五分，至五寸止。若厚一寸五分以下者，長加厚一倍。或縫內用兩入釘者，加至五寸止。

竹作：

壓笆釘：長四寸。

雀眼網釘：長二寸。

瓦作：

甋瓦上滴當子釘：如高八寸者，釘長一尺。若高六寸者，釘長八寸。高一尺二寸及一尺四寸嬪伽並長一尺二寸甋瓦同。或高三寸及四寸者，釘長六寸。高一尺嬪伽並六寸。華頭甋瓦同，並用本作蔥臺長釘。

套獸：長一尺者，釘長四寸。如長六寸以上者，釘長三寸。月版及釘箔同。

若長四寸以上者，釘長二寸。燕頷版、牙子同。

泥作：

沙壁內麻華釘：長五寸。造泥假山釘同。

塼作：

井盤版釘：長三寸。

用釘數

大木作：

連簷，隨飛子椽頭每一條：營房隔間同。

大角梁，每一條：續角梁二枚。子角梁三枚。

托槫，每一條：

生頭，每長一尺：搏風版同。

搏風版，每長一尺五寸：

横抹，每長二尺：

右各一枚。

飛子，每一條：襻槫同。

遮椽版，每長三尺雙使：難子每長五寸一枚。

白版，每方一尺：

榑枓，每一隻：

隔減，每一出入角：襻每條同。

右各二枚。

椽，每一條：上架三枚。下架一枚。

平闇版，每一片：

柱礩，每一隻：

右各四枚。

小木作：

門道立臥柣，每一條：平棊華、露籬棖、經藏猴面等榥之類同。帳上透栓臥榥隔縫用。井亭大連簷隨椽隔間用。

烏頭門上如意牙頭，每長五寸：難子、貼絡、牙脚、牌帶簽面並福、破子窗填心、水槽底版、胡梯促踏版、帳上山華貼及福、角脊瓦口、轉輪經藏鈿面版之類同。帳及經藏簽面版等隔榥用。帳上合角並山華貼絡、牙脚帳頭福用二枚。

釣窗檻面搏肘，每長七寸：

烏頭門並格子簽子桯，每長一尺：格子等搏肘、版引簷不用。門簪、鷄棲、平棊、梁抹瓣方、井亭等搏風版、地棚地面版、帳、經藏仰托榥、帳上混肚方、牙脚帳壓青牙子、壁藏枓槽版簽面之類同。其裹栿隨水路兩邊各用。

破子窗簽子桯，每長一尺五寸：

簽平棊桯，每長二尺：帳上槫同。

藻井背版，每廣二寸兩邊各用：

水槽底版罨頭，每廣三寸：

帳上明金版，每廣四寸：帳、經藏廈瓦版隨椽隔間用。

隨福簽門版，每廣五寸：帳並經藏坐面隨榥。背版、井亭廈瓦版隨椽隔間用。其山版用二枚。

平棊背版，每廣六寸：簽角蟬版兩邊各用。

帳上山華蕉葉，每廣八寸：牙腳帳隨棍。釘頂版同。

帳上坐面版隨棍，每廣一尺：

鋪作，每料一隻：

帳並經藏車槽等澀、子澀、腰華版，每瓣：壁藏坐、壺門牙頭同。車槽坐腰面等澀背版隔瓣用。明金版隔瓣用二枚。

右各一枚。

烏頭門搶柱，每一條：獨扇門等伏兔、手栓、承拐楅用。門簪鷄棲、立牌牙子、平棊護縫、鬭四瓣方、帳上椿子、車槽等處臥棍方子、壁帳馬銜填心，轉輪經藏輞頰子之類同。

護縫，每長一尺：井亭等脊、角梁，帳上仰陽隔科貼之類同。

右各二枚。

七尺以下門楅，每一條：垂魚釘槫頭、版引簷跳椽、鉤闌華托柱，叉子馬銜、井亭摶脊、帳並經藏腰簷、抹角栿曲剜椽子之類同。

露籬上屋版，隨山子版每一縫：

右各三枚。

七尺至一丈九尺門楅，每一條：四枚。平棊楅、小平棊科槽版〔2〕、横鈐立旌、版門等伏兔、槫柱日月版、帳上角梁、隨間栿、牙腳帳格榥、經藏井口榥之類同。

二丈以上門楅，每一條：五枚。隨圜橋子上促踏版之類同。

鬭四並井亭子上科槽版，每一條：帳帶猴面榥、山華蕉葉、鑰匙頭之類同。

帳上腰簷鼓坐山華蕉葉科槽版，每一間：

右各六枚。

截間格子槫柱，每一條：上面八枚。下面四枚。

闘八上料槽版，每片：一十枚。

小闘四、闘八平棊上並鈎闌、門窗、鴈翅版、帳並壁藏天〔2〕宮樓閣之類，

隨宜計數。

雕木作：

寶牀，每長五寸：腳並事件，每件三枚。

雲盆，每長廣五寸：

右各一枚。

角神安腳，每一隻：膝窠四枚，帶五枚。安釘每身六枚。

扛坐神，力士同。每一身：

華版，每一片：如通長造者，每一尺一枚。其華頭係貼釘者，每朵一枚。若二寸

以上，加一枚。

虛柱，每一條釘卯：

右各二枚。

混作眞人童子之類，高二尺以上，每一身：二尺以下二枚。

柱頭人物之類，徑四寸以上，每一件：如三寸以下一枚。

寶藏神臂膊，每一隻：腿腳四枚，襜二枚，帶五枚。每一身安釘六枚。

鶴子腿，每一隻：每翅四枚，尾每段一枚。如施於華表柱頭者，加腳釘，每只四枚。

龍鳳之類接搭造，每一縫：纏柱者加一枚。如全身作浮動者，每長一尺〔3〕又加二枚。

每長增五寸加一枚。

應貼絡每一件：以一尺為率。每增減五寸各加、減一枚。減至二枚止。

椽頭盤子，徑六寸至一尺，每一箇：徑五寸以下三枚。

右各三枚。

竹作：

雀眼網貼，每長二尺：一枚。

壓竹笆，每方一丈：三枚。

瓦作：

滴當子、嬪伽、甋瓦華頭同。每一隻：

燕頷或牙子版，每長二尺：

右各一枚。

月版，每段每廣八寸：二枚。

套獸，每一隻：三枚。

結瓦鋪箔繫轉角處者，每方一丈：四枚。

泥作：

沙泥畫壁披麻，每方一丈：五枚。

造泥假山，每方一丈：三十枚。

塼作：

井盤版，每一片：三枚。

通用釘料例

每一枚：

葱臺頭釘：長一尺二寸，蓋下方五分，重一十一兩。長一尺一寸，蓋下方四分八釐，重一十兩一分。長一尺，蓋下方四分六釐，重八兩五錢。

猴頭釘：長九寸，蓋下方四分，重五兩三錢。長八寸，蓋下方三分八釐，重四兩八錢。

卷蓋釘：長七寸，蓋下方三分五釐，重三兩。長六寸，蓋下方三分，重二兩。長五寸，蓋下方二分五釐，重一兩四錢。長四寸，蓋下方二分，重七錢。

圜蓋釘：長五寸，蓋下方二分三釐，重一兩二錢。長三寸五分，蓋下方一分八釐，重六錢五分。長三寸，蓋下方一分六釐，重三錢五分。

拐蓋釘：長二寸五分，蓋下方一分四釐，重二錢二分五釐。長二寸，蓋下方一分二釐，重一錢五分長一寸三分，蓋下方一分，重一錢。長一寸，蓋下方八釐，重五分。

蔥臺長釘：長一尺，頭長四寸，腳長六寸，重三兩六分。長八寸，頭長三寸，腳長五寸，重二兩三錢五分。長六寸，頭長二寸，腳長四寸，重一兩一錢。

兩入釘：長五寸，中心方二分二釐，重六錢七分。長四寸，中心方二分，重四錢三分。長三寸，中心方一分八釐，重二錢七分。長二寸，中心方一分五釐，重一錢二分。長一寸五分，中心方一分，重八分。

卷葉釘：長八分，重一分，每一百枚重一兩。

〔1〕劉批陶本：陶本误作「欅」，据故宫本、四库本、丁本改作「欅」。

〔2〕熹年謹按：兩〔2〕符號之間丁本為五葉下八行脫文。故宮本、四庫本、張本不脫。陶本據四庫本補。

〔3〕劉批陶本：陶本作「二尺」，故宮本、四庫本作「一尺」，如每長增五寸加一枚，則以一尺為是。

熹年謹按：張本亦作「二尺」。

諸作用膠料例

小木作：雕木作同。

每方一尺：入細生活，十分中三分用鰾。每膠一斤，用木札二斤煎。下準此。

縫：二兩。

卯：一兩五錢。

瓪作：

應使墨煤，每一斤：用一兩。

泥作：

應使墨煤，每一十一兩：用七錢。

彩畫作：

應使〔1〕顏色每一斤用下項：攏罩在內。

土朱：七兩。

黄丹：五兩。

墨煤：四兩。

雌黄：三兩。土黄淀、常使朱紅、大青緑、梓州熟大青緑、二青緑、定粉、深朱紅。常使紫粉同。

石灰：二兩。白土、生二青緑、青緑華同。

合色：

朱：

緑：

右各四兩。

緑華：青華同。二兩五錢。

紅粉：

紫檀：

右各二兩。

草色：

綠：四兩。

深綠：深青同。三兩。

綠華：青華同。

紅粉：

右各二兩五錢。

襯金粉：三兩。用鰾。

煎合桐油，每一斤：用四錢。

塼作：

應用墨煤，每一斤：用八兩。

〔1〕劉校陶本：諸本脱「使」字，據四庫本補。

諸作等第

石作：

鐫刻混作、剔地起突及壓地隱起華或平鈒華：混作謂螭頭或鉤闌之類。

右爲上等。

柱碇素覆盆：階基、望柱、門砧、流杯之類應素造者同。

地面：踏道、地栿同。

碑身：笏頭及坐同。

露明斧刃卷輂水窗：

水槽 井口、井蓋同。

右爲中等。

鉤闌下螭子石：闇柱碇同。

卷葦水窗揬後底版：山棚鋜腳同。

右爲下等。

大木作：

鋪作枓栱：角梁、昂、抄、月梁同。

絞割展拽地架：

右爲上等。

鋪作所用槫、柱、栿、額之類並安椽：

枓口跳絞泥道栱或安側項方及用杷頭栱者同。所用枓栱：華駝峯、楷子、大連簷、飛子之類同。

右爲中等。

枓口跳以下所用槫、柱、栿、額之類並安椽：

凡平闇內所用草架栿之類：謂不事斫〔1〕造者。其枓口跳以下所用素駝峯、楷子、小連簷之類同。

右爲下等。

小木作：

版門，牙縫透栓壘肘造：

格子門：闌檻鉤窗同。

毬文格子眼：四直方格眼出綫自一混四攛尖以上造者同。

桯出綫造：

鬭八藻井：小鬭八藻井同。

叉子：內霞子、望柱、地栿、衮砧隨本等造。下同。

櫺子，馬銜同。海石榴頭，其身瓣內單混、面上出心綫以上造，

串，瓣內單混出綫以上造，

重臺鉤闌：井亭子並胡梯同。

牌帶貼絡雕華：

佛道帳：牙腳九脊壁帳、轉輪經藏、壁藏同。

右爲上等。

烏頭門：軟門及版門牙縫同。

破子窗：井屋子同。

格子門：平棊及闌檻鈎窗同。

格子方絞眼平出綫或不出綫造：

桯方直破瓣攛尖：素通混或壓邊綫造同。

栱眼壁版：裹栿版、五尺以上。垂魚惹草同。

照壁版，合版造：障日版同。

擗簾竿，六混以上造：

叉子：

櫺子，雲頭、方直出心綫或出邊綫壓白造：

串，側面出心綫或壓白造：

單鉤闌，撮項蜀柱雲栱造：素牌及棵籠子六瓣或八瓣造同。

右爲中等。

版門，直縫造：版櫺窗、睒電窗同。

截間版帳：照壁、障日版牙頭護縫造並屏風骨子及横鈐立旌之類同。

版引簷：地棚並五尺以下。垂魚惹草同。

擗簾竿，通混破瓣造：

叉子：拒馬叉子同。

櫺子，挑瓣雲頭或方直笏頭造：

串，破瓣造：托棖或曲棖同。

單鉤闌，枓子蜀柱青蜓〔2〕頭造：棵籠子四瓣造同。

右爲下等。

凡安卓上等門窗之類爲中等，中等以下並爲下等。其門並版壁、格子以方一丈爲率，於計定造作功限內以一〔3〕功二分作下等。每增、減一尺，各加、減一分功。烏頭門比版門合得下等，功限加倍。破子窗以六尺爲率，於計定功限內以五分功作下等。每增、減一尺，各加、減五釐功。

雕木作：

混作：

角神：寶藏神同。

華牌浮動神僊、飛僊、昇龍、飛鳳之類：

柱頭或帶仰覆蓮荷臺坐，造龍、鳳、師子之類：

帳上纏柱龍：纏寶山或牙魚或間華並扛坐神、力士，龍尾、嬪伽同。

半混：

雕插及貼絡寫生牡丹華、龍、鳳、師子之類：寶牀事件同。

牌頭帶舌同。華版：

椽頭盤子，龍鳳或寫生華：鈎闌尋杖頭同。

檻面鈎闌同。雲栱，鵝項矮柱、地霞華盆之類同。中下等準此。剔地起突二卷或一卷造：

平棊內盤子，剔地雲子間起突雕華、龍、鳳之類：海眼版、水地間海魚等同。

華版：

海石榴或尖葉牡丹或寫生或寶相或蓮荷：帳上歡門，車槽猴面等華版及裹栿、障水、塡心版、格子、版壁腰內所用華版之類同。中等準此。

剔地起突卷搭造：透突、起突同。

透突窪葉間龍、鳳、師子、化生之類：

長生草或雙頭蕙草透突龍、鳳、師子、化生之類

右爲上等。

混作：帳上鴟尾：獸頭、套獸、蹲獸同。

半混：

貼絡鴛鴦、羊鹿之類：平棊內角蟬並華之類同。

檻面鉤闌同。雲栱窪葉平雕：

垂魚、惹草間雲鶴之類：立標手把飛魚同。

華版：透突窪葉平雕長生草或雙頭蕙草，透突平雕或剔地間鴛鴦、羊、鹿之類：

右爲中等。

半混：

貼絡香草山子雲霞：

檻面：鉤闌同。

雲栱實雲頭：

萬字鈎片剔地：

叉子雲頭或雙雲頭：

鋜腳壼門版 帳帶同。造實結帶或透突華葉：

垂魚、惹草實雲頭：

團窠〔4〕蓮華：伏兔蓮荷及帳上山華蕉葉版之類同。

毬文格子挑白：

右爲下等。

旋作：

寳牀所用名件：櫓角梁寳餅、穗鈴同。

右爲上等。

寳柱：蓮華柱頂、虚柱蓮華並頭瓣同。

火珠：滴當子、椽頭盤子、仰覆蓮胡桃子、葱臺釘並蓋釘筒子同。

右爲中等。

櫨料：

門盤浮漚：瓦頭子、錢子之類同。

右爲下等。

竹作：

織細棊文簟間龍鳳或華樣：

右爲上等。

織細棊文素簟：

織雀眼網間龍鳳人物或華樣：

右爲中等。

織麤簟：假棊文簟同。

織素雀眼網：

織笆：編道竹柵、打篛、笍索、夾截蓋棚同。

右爲下等。

瓦作：

結瓦殿閣樓臺：

安卓鴟獸事件：

斫事瑠璃瓦口：

右爲上等。

瓪瓪結瓦廳堂、廊屋：用大當溝散瓪結瓦，攤釘行壟同。

斫事大當溝：開剜燕頷、牙子版同。

右爲中等。

散瓪瓦結瓦：

斫事小當溝並綫道條子瓦：

抹棧笆箔：泥染黑粉白道、繫箔並織造泥籃同。

右爲下等。

泥作：

用紅灰：黃、青、白灰同。

沙泥畫壁：被篾、披麻同。

壘造鍋鑊竈：燒錢罏、茶罏同。

壘假山：壁隱山子同。

右爲上等。

用破灰泥：

壘坯牆：

右爲中等。

細泥：麤泥並搭乍中泥作襯同。

織造泥籃：

右爲下等。

彩畫作：

五彩裝飾：間用金同。

青緑碾玉：

右爲上等。

青緑稜間：

解緑赤白及結華：畫松文同。

柱頭腳及槫畫束錦：

右爲中等。

丹粉赤白：刷土黄丹。

刷門窗：版壁、叉子、鉤闌之類同。

右爲下等。

塼作：

鐫華：

壘砌象眼踏道：須彌華臺坐同。

右爲上等。

壘砌平階地面之類：謂用斫磨塼者。

斫事方條塼：

壘砌轞臺階之類：謂用不斫磨塼者。

右爲中等。

卷輂河渠之類：

右爲下等。

窯作：

鴟獸：行龍、飛鳳、走獸之類同。

火珠：角珠、滴當子之類同。

右爲上等。

瓦坯：黏較並造華頭、撥重脣同。

造瑠璃瓦之類：

燒變塼瓦之類：

右爲中等。

塼坯：

裝窰：壘葺〔5〕窰同。

右爲下等。

〔1〕劉批陶本：故宮本、丁本均脫「斫」字，據文義補。

〔2〕熹年謹按：陶本误「蜒」，據故宮本、四庫本、張本改「蜓」。

〔3〕熹年謹按：陶本误作「加」，依故宫本、四庫本、張本改。

〔4〕劉批陶本：故宫本、四庫本、丁本、陶本均作「槫料」，應為「團窠」。

〔5〕朱批陶本：「葦」字疑衍。或為「壘造窰同」。

熹年謹按：故宫本、四庫本、張本均作「葦」，故不改，録朱批備考。

營造法式卷第二十八

附録

現存諸本《營造法式》簡介

國家圖書館藏南宋刊《營造法式》簡介

據《營造法式》所附劄子，它撰成于北宋哲宗元符三年（一一〇〇年），徽宗崇寧二年（一一〇三年）批准以「小字鏤版」印行，是為此書的第一次印本。但此本早已不存，目前只有崇寧五年（一一〇六年）晁載之的摘鈔本傳世，可據以瞭解其成書時的卷次和特點。

在傳世的《營造法式》鈔本中，故宫本和張本在卷三十四末葉載有南宋紹興十五年（一一四五年）平江府據舊本校勘重刊《營造法式》的題記一則，全文為：

「平江府今得。

紹聖營造法式舊本並目錄看詳共一十四冊

紹興十五年五月十一日校勘重刊

左文林郎平江府觀察推官陳綱校勘

寶文閣直學士右通奉大夫知平江軍府事提舉

勸農使開国子食邑五百戶

王喚重刊」

據此可知紹興十五年曾在平江府（蘇州）重刊過此書。則知此書在北宋、南宋各有一次刊行的記錄。

現存宋刊《營造法式》殘卷原藏清代內閣大庫，以後流出，是僅存的宋刊《營造法式》殘本，但此本是否即紹興十五年（一一四五年）平江府所刊，尚須考證。

此殘宋本存卷十一至十三全卷，另有卷八首半葉及第二葉全葉，卷十第六至十葉，共三卷零七葉，總計四十二葉，其中原版三十四葉，明代補版八葉。版式每半葉十一行，每行二十二字，注雙行同，白口，左右雙闌，版心上方記卷數「法式□」，下方記葉數，最下記刻工姓名。刻工有金榮、賈裕、蔣宗、蔣榮祖、馬良臣、徐珙六人。通過王肇文《古籍宋元刊工姓名索引》[1]考查這六人之名見於宋刊各書的情況，對於確定此本的刊刻時間起決定性作用。

金榮曾見於南宋紹定平江府刊《吳郡志》、紹定四年（一二三一年）平江府刊《磧砂藏》和南宋刊《南齊書》的刻工人名中。

賈裕、蔣宗、蔣榮祖、馬良臣四人曾見於紹定平江府刊《吳郡志》、紹定四年平江府刊《磧砂藏》的刻工人名中。

徐珙曾見於紹定平江府刊《吳郡志》、南宋刊《南齊書》的刻工人名中。

據此可知，這些人都是南宋後期蘇浙地區刻工。紹定四年（一二三一年）上距紹興十五年（一一四五年）第一次重刻已有八十六年，同一刻工不可能工作這樣長的時間，因知這部殘卷是南宋紹定間平江府（蘇州）的第二次重刻之本。

此殘卷原藏清代內閣大庫，二十世紀二十年代左右流出，其中卷十一至十三全卷及卷十中四葉於五十年代後期入藏於國家圖書館（附圖一）。一九九二年經李一氓同志主持的古籍整理出版領導小組收入《古逸叢書三編》，編號為其第四十三種，由中華書局影印出版，使世人得見宋刊《營造法式》真面。

由於此宋版《營造法式》出於清末內閣大庫，而內閣大庫之物出自文淵閣，故它在元明時期的情況可從明梅鷟撰《南雍志》和明正统六年

營造法式卷第十一
通直郎[illegible]臣李誡奉
聖旨編修
小木作制度六
轉輪經藏
壁藏
轉輪經藏
造經藏之制共高二丈徑一丈六尺八棱每棱面廣六尺六寸六分內外槽柱外槽帳身柱上腰檐平坐坐上施天宮樓閣八面制度並同其名件廣厚皆隨逐層每尺之高積而為法
外槽帳身柱上用隔科歡門帳帶造高一丈二尺
帳身外槽柱長視高廣四分六氂厚四分歸瓣造
隔科版長隨帳柱內其廣一寸六分厚一分二氂
仰托榥長同上廣三分厚二分
隔科內外貼長同上廣二分厚九氂
內外上下柱子上柱長四分下柱長三分廣厚同上
歡門長同隔科版其廣一寸二分厚一分二氂
帳帶長二寸五分方二分六氂
腰檐并結瓦共高二尺科槽徑一丈五尺八寸四分科槽及出檐在外內外並六鋪作重栱用一寸材厚六分六氂每瓣補間鋪作五朶外跳單抄重昂

附圖一　宋刊《營造法式》書影

（一四四一年）楊士奇撰《文淵閣書目》中查到一些線索。

據《南雍志》卷十八「經籍考下篇·梓刻本末」記載，元滅南宋後，將南宋國子監改稱西湖書院，南宋國子監所藏書籍和印書版片都貯於此。明朝建立後，移藏至首都南京的國子監。但因管理不善，很多刊書版片逐漸被工匠竊出刊刻他書取利，至明成化初年（一四六五年或稍晚），在不足百年間所失書版已在二萬片以上。故在嘉靖七年（一五二八年）曾進行補刊，並在此基礎上由助教梅鷟把現存各書版片分類整理編目，詳記各書版片的現存數、損壞數、缺失數。〔2〕此目錄分九類，在其第八類「雜書類」中記有「《營造法式》三十卷。存殘板六十面。宋李誠撰」一條〔3〕，可知南宋所刊《營造法式》明嘉靖初在南京國子監已僅存殘版六十面。這是當時《營造法式》書版的情況。

據明楊士奇《文淵閣書目》記載，明初南京國子監所藏官書（包括從元西湖書院轉來的南宋、元官庫之書）於永樂十九年（一四二一年）運至北京紫禁城左順門內北廊暫存，正統六年（一四四一年）移至文淵閣東閣正式貯藏，並編成此《文淵閣書目》。書目共二十卷，其書按千字文編號編為二十號，貯五十書廚中。[4]其第十八卷來字型大小第一廚所存為「古今志」，其內載有：「營造法式六冊」「營造法式六冊」「營造法式撮要一冊」「營造大木法式一冊」「營造法式看詳七冊」等。[5]據此可知在明文淵閣藏書中至少有兩部來源於南宋、元官庫的《營造法式》。但因管理疏失，據晚明人記載，這批書在明後期已「殘缺不完」。據錢謙益《有學集》記載，明趙琦美收得的《營造法式》不全，多方購書、借書配補，「又於內閣借得刻本，而閣中卻缺六、七數卷」。趙氏所借內閣之書當即上述文淵閣所藏兩部之一，但此時已缺失「六、七數卷」。至清初，據《四庫全書·文淵閣書目提要》引王士禎《古夫於亭雜錄》記載，「文淵閣書散失殆盡」。至清末，又把這批殘損之書和內閣檔案移至午門內的內閣大庫。但因無專人管理，很多又被內閣官員陸續盜出。當時內閣屬官入內要穿長袍馬褂等官服，而路途中則穿便服，故上下班要攜一裝官服的長方形包袱，大量庫中之書就被這些官員裝在衣包中陸續盜出，包括一些單册的《永樂大典》和清代名人的殿試卷。這些盜出之物少量為盜書人自藏，大多售于宣武門內和隆福寺街兩處的舊書店，吸引一些收藏家去選購。至民國初年，這些殘書、殘檔大部分又被裝入麻袋按廢紙論斤出售，據云有八千麻袋之多，其中又流失了很多善本。現存的四十一葉《營造法式》殘本可能即出自內閣大庫打包出售的殘紙中，故它頗有可能即是這兩部各六册的印本的殘存部分。但從僅存四十一葉和夾有補版看，也不能排除是南京國子監所藏六十面殘版的印本。

宋本《營造法式》雖只餘殘卷四十一葉，但用它來校勘現存各抄本，核對版式、改正脱文誤字，仍可大體得知各鈔本與宋本的接近程度和差異之處，有利於探索出一個更接近於《營造法式》原貌的善本，這對於研究《營造法式》是極有幫助的。

但詳閱殘宋本文字後，結合上下文意，發見有五處誤字：

宋本卷十二第三葉下注文「及义子鋜脚版內」之「鋜」字誤作「鋌」。

宋本卷十三第四葉下注文「五間者十條」之「條」字誤作「餘」。

宋本卷十三第五葉下「並降正脊獸一等用之」多出一「正」字。

宋本卷十三第八葉上注文「每面斜收向上」之「向」字誤為「白」字。

宋本卷十三第八葉上「若高增一尺，則厚加二尺五寸，減亦如之。」據劉敦楨先生核算，「二尺五寸」為「二寸五分」之誤。

這五處誤字都出現在原版上，當是紹定重刊時出現的錯誤。

從在這僅存的四十一葉宋本中就出現五處誤字，且都發生在紹定本原版上的情況，我們可以推知原始文獻宋刊本在百餘年間的三次刊版中都有可能出現一些誤字，在校勘時也應加以考慮。在梁思成先生《營造法式注釋》和劉敦楨先生校故宮本《營造法式》和批陶本《營造法式》中都曾有通過與前後文對照或用製圖、計算的方法發現原本的一些誤處並加以訂正的例子，也證明這種情況是可能的。

故我們在據舊本校刊時應實事求是加以考慮、避免盲從，以求得正確的結果。

〔1〕據王肇文. 古籍宋元刊工姓名索引[M]。上海：古籍出版社版，一九九〇。

〔2〕《南雍志》卷十八，經籍考下篇，梓刻本末。近代仁和吳氏雙照樓刊本第一葉。

〔3〕《南雍志》卷十八，經籍考下篇，梓刻本末。近代仁和吳氏雙照樓刊本第三十九葉。卷中誤「李誡」為「李誠」，應是近代翻刻時的失誤。

〔4〕《文淵閣書目》楊士奇：《文淵閣書目題本》，《讀畫齋叢書》卷首。

〔5〕《文淵閣書目》卷十八，來字型大小第一廚書目，古今注。《讀畫齋叢書》卷十八第五葉下。

〔6〕《四庫全書·文淵閣書目提要》引王士禎《古夫於亭雜錄》。

故宫博物院藏清鈔本《營造法式》簡介

《營造法式》是北宋官方編定的建築技術專書，全面反映了宋代的建築設計、結構、構造、施工和工料定額等多方面的技術與藝術特點和水準，是現存最重要的古代建築典籍之一。

近代《營造法式》主要有兩個通行本，即一九一九年據南京圖書館藏錢唐丁氏八千卷樓舊藏清鈔本影印的石印本和一九二五年陶湘的仿宋刊本。仿宋刊本的文字主要依據石印本，並用《四庫全書》本和吳興蔣氏密韻樓藏清鈔殘本進行校勘，按新發現的宋刊本殘葉的版式刊板。但在研究過程中發現，這兩個通行的新印本都或多或少存在缺憾，或文字缺失，或圖樣有誤，需經反復比較、推算，始得其解，但因無原文、原圖為顯證，終是憾事。

三

營造法式卷第十一

通直郎管修蓋皇弟外第專一提舉修蓋班直諸軍營房等臣李誡奉

聖旨編修

小木作制度六

轉輪經藏

壁藏

轉輪經藏

造經藏之制共高二丈徑一丈六尺八棱每棱面廣六尺六寸六分内外槽柱外槽帳身柱上腰檐平坐ㄑ上施天宮樓閣八面制度並同其名件廣厚皆隨逐層每尺之高積而為法

外槽帳身柱上用隔科歡門帳帶造高一丈二尺

帳身外槽柱長視高廣四分六氂厚四分 歸瓣造

隔科版長隨帳柱内其廣一寸六分厚一分二氂

仰托榥長同上廣三分厚二分

隔科内外貼長同上廣二分厚九氂

内外上下柱子上柱長四分下柱長三分廣厚同上

歡門長同隔科版其廣一寸二分厚一分二氂

帳帶長二寸五分方二分六氂

腰檐并結瓦共高二尺科槽徑一丈五尺八寸四分

科槽及出檐在外 内外並六鋪作重拱用一寸材

厚六分六厘 每瓣補間鋪作五朶外跳單抄重

法式十一　一

附圖二　故宮博物院藏鈔本《營造法式》書影

一九三三年，在故宮博物院圖書館發現一部鈐有「虞山錢曾遵王藏書」印的舊鈔本《營造法式》（附圖二），經劉敦楨、謝國楨、單士元三位先生共同用以校勘石印丁氏本，發現丁本在文字和圖樣上的缺憾大部分能得到補正，被劉敦楨先生推為「最善本」。以後故宮藏《營造法式》遂成為學人想望、亟希一睹真面以解積疑的珍籍。

此書為鈔本，細白紙，墨畫闌格，每半葉十一行，每行二十一、二字，白口，左右雙闌，版心上方記法式卷數，下方記葉數。順序為首進書劄子、次序、次總目、次看詳，後接本書三十四卷，卷末附紹興十五年平江府重刊題記。裝订为十二册。與它本不同處是此本看詳在總目後，而張本、丁本、陶本在總目前，而四庫本則移看詳於卷三十四之末為附錄。從此本與宋本版式相同分析，可能此本之卷次順序為宋代原式。在卷三十四末叶有南宋绍兴十五年重刊题记，全文为

「平江府今得。

紹聖營造法式舊本並目錄看詳共一十四册

紹興十五年五月十一日校勘重刊

左文林郎平江府觀察推官陳綱校勘

寶文閣直學士右通奉大夫知平江軍府事提舉

勸農使開国子食邑五百戶

王�重刊」

在卷三十第九葉「亭榭鬭尖用筒瓦舉折」圖的中縫下方有「金榮」二字，為宋代刻工之名〔1〕；書之首冊鈐「虞山錢曾遵王藏書」朱文長方印。這幾點對探討此鈔本的來源頗為關鍵。

宋代刻書大都在版心下方刻有刻工的名字，既表明責任，也用以計工費。這對現在辨別該書的刊刻時代和地域極為重要。刻工金榮之名見於宋紹定以後平江府刻的《吳郡志》《磧沙藏》，也見於二十世紀初在清內閣大庫中發現的宋本《營造法式》殘卷中，可知故宮所藏這個鈔本也源於南宋紹定間平江府刊本《營造法式》。

此本卷首鈐印的主人錢曾字遵王，是清初著名藏書家，以述古堂為藏書齋名。在錢曾所撰《讀書敏求記》中記載了他得到這部《營造法式》的經過：

「李誡《營造法式》三十四卷，目錄、看詳二卷，牧翁（錢謙益）得之天水長公（趙琦美），圖樣界畫最為難事。己丑（一六四九年）春，予以四十千自牧翁購歸。牧翁又藏梁溪故家鏤本，庚寅（一六五〇年）不戒於火，縹緗囊帙盡為六丁取去，獨此本流傳人間，真希世之寶也。」〔2〕钱曾自撰的《述古堂书目》（原本今藏国家图书馆）中也载有此书，称：「营造法式三十六卷，十本，阁宋本钞」。可知它是据明内阁藏宋本转钞的钞本，装为十册。因把《看詳》和《目錄》計入卷數，故称三十六卷。

在錢謙益《有學集》中記載了此本的概況：

「《營造法式》余得之天水長公（趙琦美）。長公初得此書惟二十餘卷，遍訪藏書家，罕有蓄者。後於留院（南京國子監）得殘本三冊，又於內閣（北京文淵閣）借得刊本，而閣中卻闕六、七數卷，先後搜訪，竭二十餘年之力始為完書。圖樣界畫最為難事，用五十千購長安良工，始能厝手。長公嘗謂余言購書之難如此。長公歿，此書歸余。趙靈均又為余訪求梁溪故家鏤本，首尾完好，始無遺憾，恨長公之不及見也。靈均嘗手鈔一本，亦言界畫之難，經年始竣事云。」[3]

據此可知，此趙琦美藏本是在他先收得殘本二十餘卷後，又從南京國子監得到殘本三冊，并借北京內閣所藏宋刊本補鈔缺卷和圖樣，始配成全書的。

从錢曾在錢謙益所藏宋刊本《營造法式》失火被燒後，称這部趙琦美舊藏本為「希世之寶」，可知他极有可能据此传钞副本，以利保存和流传。在清前中期也有传钞述古堂本流传的记载，张金吾曾从苏州著名书肆五柳居收得一本即是其例。因故宫本上鈐有「虞山錢曾遵王藏書」印，故我們應首先考訂它與《讀書敏求記》著錄的趙琦美藏本《營造法式》的關係。

从故宮本為裝十二冊的一氣呵成的手鈔本考慮，應非述古堂所藏先後傳鈔合成的十冊的原本。而可能是在錢謙益藏宋刊《營造法式》焚毀後錢曾認為它已是「希世之寶」加以珍重而鈔存的副本。但從鈔寫的書風時代考慮，錢曾鈔存的副本應鈔寫於清初，而此本的紙質、書風卻又都近於清代前中期，存在著一定的時代差異。再進一步把卷首所鈐「虞山錢曾遵王藏書」印與故宮博物院運台文物中的宋刊《宣和奉使高麗圖經續記》和上海圖書館藏明鈔本《省心雜言》二書上所鈐的此印相比較，可發現二書之印相同，為真印，而此本所鈐者雖乍視與二印極相似，但仔細審對，筆劃仍有微小差異，應是精心翻刻者而非原印。據此二點，故宮本只能認為是清代前中期據錢曾傳鈔副本精鈔複製者而非錢曾傳鈔之原本。劉敦楨先生在《故宮鈔本營造法式校勘記》中說故宮本中「唯錢氏圖章極不可靠，紙色質地亦多疑點，恐非《讀書敏求記》以四十千購自絳雲樓之真本也。」對其是否即述古堂舊藏本致疑，是極有見地的。

關於宋代刊行《營造法式》的情況，據《營造法式》前所附《劄子》，紹聖四年（一〇九七年）官方下令編定《營造法式》，在元符三年（一一〇〇年）編成後，即於崇寧二年（一一〇三年）刊小字本行世，是為此書第一次刊本。在包括故宮本的後世傳鈔本中，大都在卷末附有紹興十五年（一一四五年）平江府重刊此書的題記，可知在南宋紹興十五年時平江府（蘇州）曾經重刊過，是為《營造法式》的第二次刊本。這是有明確文字記載的宋代兩次刊行情況。但在現存宋本《營造法式》的版心下方刻有金榮、賈裕、蔣宗、蔣榮祖、馬良臣、徐珙六個刻工姓名，這六個刻工之名又都見於紹定以後平江府刻的《吳郡志》和《磧沙藏》等書中。紹定元年為一二二八年，上距第一次重刻的一一四五年已有八十三年，同一刻工不可能工作這樣長時間，故可推知這個殘宋本不可能是紹興十五年刊本而只能是紹定以後的重刊本，據此可知，現存的殘宋本實是《營造法式》的第三次刊本。這樣，我們就可以知道《營造法式》在宋代有一一〇三年北宋崇寧刊小字本（紹興重刊題記稱之為「紹聖舊本」）、一一四五年南宋紹興平江府（蘇州）刊本和一二二八年以後南宋紹定刊本三個刊本。在現存諸鈔本中，《永樂大典》本、源于述古堂舊藏本的故宮本和源於明范氏天一閣藏本的《四庫全書》本內都保留有個別的宋代刻工人名，都屬紹定前後的刻工〔4〕，可證這三個鈔本都源于宋紹定刊本。但《永樂大典》本和四庫本已改變了行款版式，而故宮本則保留著宋紹定本的版式，反映了紹定本的面貌，這是故宮本在版本方面的重要價值。

國家圖書館藏清內閣大庫中發現的南宋紹定刊《營造法式》存卷八第一葉之前半葉和第二葉全葉、卷十末四葉和卷十一、十二、十三三個全卷，共有四十二葉。以此殘宋本校故宮本相應各葉，發現相應各卷的葉數、總行數均相同。卷中每葉各條的起止處在版面上的位置也都相同，只有個別條的次行第一字偶有上移或下錯之處，共二十七處。錄如下：

卷十第七葉：陽面第八行「貼絡華文」條與第十行「貼」前後倒置。

卷十一第一葉：陽面第九行末「天」字移至第十行首。

陽面第十行末「尺之高」三字移至第十一行首。

卷十一第三葉：陰面第三行末「子」字移至第四行首。

陰面第四行末「一」字移至第五行首。

陰面第五行末「行」字移至第六行首。

卷十二第五葉　陰面第八行首「一」字移至第七行末。

陰面第十一行末「尺」字移至第六葉一行之首

卷十二第六葉　陽面第一行末脱一「內」字。

陰面第七行末「盤」字移至第八行首。

陰面第八行末「名件亦」三字移至第九行首。

卷十二第八葉　陰面第十一行末「心」字移至九葉一行首。

卷十二第九葉　陽面第十行首「一」字移至九行末。

卷十二第九葉　陽面第十一行首「三」字移至十行末。

卷十三第二葉　陽面第一行末「用」字移至二行首。

卷十三第二葉　陽面第四行末「溝」字移至五行首。

卷十三第二葉　陽面第五行末注文「瓦並」二字移至六行首。

卷十三第四葉　陽面第一行首「間」字移至第三葉十一行末。

卷十三第四葉　陽面第四行末「小」字移至第五行首。

卷十三第五葉　陽面第三行末「一」字移至第四行首。

卷十三第六葉　陽面第八行首「當火」二字移至第七行末。

卷十三第六葉　陽面第九行末「一」字移至第十行首。

卷十三第八葉　陽面第五行末「水」字移至第六行首。

卷十三第九葉　陰面第二行首注文「者高一尺」四字移至第一行末。

卷十三第十葉　陽面第八行末注文「增」字移至第九行首。

卷十三第十一葉　陽面第十一行首「丈之」二字移至第十行末。

卷十三第十一葉　陰面第十一行首「顱」字移至第十行末。

但上舉這些處差異大都是或向上一行之末前移一字，或向下一行之首下移一字，屬個別字在原有版面上的上提下錯，並未涉及整體版面，可能是鈔寫不嚴謹所致。校勘全書，還發現卷六脱失第六葉。故就整體而言，故宮本與南宋紹定本的版面相同，這也就證明它所出自的述古堂舊藏本也源出這個南宋本，是現存諸鈔本中既完整且最接近南宋紹定刊本面貌的善本。

如果以故宮本與現存其他鈔本比較，在內容方面也可見其優長之處。《營造法式》傳世的鈔本均為清代所鈔，除少量殘本和《四庫全書》本及其傳鈔本外，完整者主要有上海圖書館藏清道光元年（一八二一年）張蓉鏡鈔本，南京圖書館藏丁丙八千卷樓舊藏清鈔本（簡稱丁本），日本靜嘉堂文庫藏清郁松年宜稼堂、陸心源皕宋樓遞藏清鈔本（簡稱靜嘉堂本）三部完整的手鈔本。

丁本、靜嘉堂本都有影寫張蓉鏡本諸跋，實為張蓉鏡本的傳鈔本，故三者版式全同，都是半葉十行，每行二十二字。張蓉鏡本的版式雖與宋本不同，但其中卷六版門條缺文二十二行又恰為宋刊本一葉，可知張蓉鏡本仍是輾轉源出宋刊十一行本，只是改變了版式，由每半葉十一行改為十行而已。劉敦楨先生以故宫本校丁本，重要發現有：卷三補止扉石、水槽子二條，卷四補幔栱一條，卷六補版門條二十二行，卷二十三補壁藏十行等多處。在圖紙部分對殿堂中單槽草架側樣，廳堂中八架椽屋用三柱、六架椽屋用三柱、六架椽屋用四柱等側樣圖和裝飾圖案紋樣方面也都有重要校正，這表明源于述古堂本的故宫本較傳世其他鈔本為優，這是它在學術方面的重要價值。

在宋代崇寧刊本、紹興刊本已不存，紹定刊本只殘存三卷、述古堂舊藏本也不存的情況下，源于述古堂舊藏本的故宫本應是現存反映宋紹定刊本全貌的最重要傳本，文字、圖樣也比它本優勝，其中卷三十一至三十四圖樣中所繪裝飾紋樣、圖形比他本保存了較多宋代舊貌，至為重要。劉敦楨先生在《故宫鈔本營造法式校勘記》中說此本「宋刊面目躍然如見」正是這個意思，這是此書的重要價值所在。

在此本近年被正式列入首批國家珍貴古籍保護名錄，肯定了它的歷史和文化價值後，故宮博物院已於二〇〇九年將它出版，既可使這部有重名的善本能得到舉世共賞，通過用他校勘傳世各本。也有利於推動對《營造法式》學術研究的進一步發展。

〔1〕 在二〇〇九年故宮博物院印本中，卷三十第九葉中縫下腳原有小字所書「金榮」二字為刻工之名，在此次付印時被誤删去，但在二十世紀六十年代所拍的照片中此二字明顯可見。

〔2〕 見錢曾《讀書敏求記》卷二。

〔3〕 見錢謙益《有學集》卷四十六。

〔4〕 文津閣《四庫全書》在卷二十九「殿内鬭八第三」圖左下有刻工金榮名，「風字流杯渠」圖左下有刻工馬良二字。在卷三十一「殿堂等八鋪作雙槽草架側樣第十一」圖中縫下有刻工馬良臣名。這二刻工都見於紹定本《營造法式》。據《四庫全書總目提要》，《四庫全書》本源于范氏天一閣藏本，但其中卷三十一天一閣本缺，用《永樂大典》本補入。

據刻工名相同可知，范氏天一閣藏本和《永樂大典》本也都出於宋紹定本。遍檢故宮本全書，只在卷三十第九頁一處有金榮之名，其餘各卷均無，可知原鈔寫體例是省去刻工名，金榮之名是因在圖之下方而偶然留下的。據此可知，現存《永樂大典》本、《四庫全書》本和故宮本雖都源于宋代第三次所刊的紹定本。但故宮本獨保留宋紹定本的行款版式，可通過它大致推知宋紹定本全貌，在版本上的價值更勝他本。

上海圖書館藏清張蓉鏡鈔本《營造法式》簡介

本書為淡紅格紙鈔本，紙質較薄，對折後可映照見對頁字跡，每半葉十行，每行二十二字，注雙行同，白口，四周雙闌，版心雙魚尾，上魚尾下記卷次，下魚尾上記葉數（附圖三）。

卷首二葉為孫原湘所題書名，前隸書「景宋精鈔營造瀍式三十三弓」占三個半葉，其後半葉行書題「道光丙戌（道光六年，一八二六年）心青居士」，下鈐「孫印原湘」「天真閣」

營造法式卷第十一

通直郎管修蓋皇弟外第專一提舉修蓋班直諸軍營房等臣李誡奉

聖旨編修

小木作制度六

轉輪經藏

壁藏

轉輪經藏

造經藏之制共高二丈徑一丈六尺八棱每棱面廣六尺六寸六分內外槽柱外槽帳身柱上腰檐平坐坐上施天宮樓閣八面制度並同其名件廣厚皆隨逐層每尺之

營造法式卷十一　一

高積而為法

外槽帳身柱上用隔科歡門帳帶造高一丈二尺

帳身外槽柱長視高廣四分六厘厚四分疑辦造

隔科版長隨帳柱內其廣一寸六分厚一分二厘

仰托榥長同上廣三分厚二分

隔科內外貼長同上廣二分厚九厘

內外上下柱子上柱長四分下柱長三分廣厚同上

歡門長同隔科版其廣一寸二分厚一分二厘

帳帶長二寸五分方二分六厘

腰檐并結瓦共高二尺料槽徑一丈五尺八寸四分

附圖三　上海圖書館藏張蓉鏡鈔本《營造法式》书影

白文印二方。

其後為本書，依次為：劄子一葉、進新修營造法式序三葉、營造法式看詳十四葉、營造法式目錄十五葉。後為正文三十四卷，其中卷一至二十八為制度、工限、料例，卷二十九至三十四為圖。卷三十四末葉録有绍兴重刊题记，全文为：

「平江府今得。

紹聖營造法式舊本並目錄看詳共一十四冊

紹興十五年五月十一日校勘重刊

左文林郎平江府觀察推官陳綱校勘

寶文閣直學士右通奉大夫知平江軍府事提舉

勸農使開国子食邑五百戶

王�重刊」

此本排序為看詳在目錄之前，與故宮本目錄在看詳之前不同。

正文後依次為：錄李誡墓誌銘、錄錢曾撰《趙琦美傳鈔營造法式跋》、道光元年（一八二一年）張蓉鏡影寫《營造法式》手跋。

其後為張蓉鏡影寫成此書後請諸家所寫跋語：依次為道光戊子（八年，一八二八年）褚逢椿跋，道光七年（一八二七年）張金吾跋，道光八年（一八二八年）邵淵耀跋，道光戊子（八年，一八二八年）孫鋆跋（王婉蘭書），道光丙戌（六年，一八二六年）聞箏道人跋，道光甲午（十四年，一八三四年）蔣因培觀款，道光庚寅（十年，一八三〇年）陳鑾跋，嘉慶二十五年（一八二〇年）孫原湘跋，道光元年（一八二一年）黃丕烈跋，錢泳跋，道光甲午（十四年，一八三四年）錢天樹跋，道光七年（一八二七年）席存珍篆書跋。

最末為丁酉（道光十七年，一八三七年）鈍齋跋。稱「虞山張氏藏書之富稱愛日精廬、照曠閣，最後為芙川先生（張蓉鏡）小琅嬛福地。是冊乃先生手校，當時珍閟殆若球圖。今張氏所藏遭亂散佚，若月霄（張金吾）原本已亡，則是冊幾為孤本矣。丁酉十月得此於吳門因記。鈍齋」。下鈐「鈍齋」白文印。

據此跋可知，在道光十七年時張蓉鏡氏藏書已「遭亂散佚」，此本已自常熟張氏流散至蘇州，為鈍齋收得。其後宣城李氏瞿硎石室和郁松年宜稼堂相繼各傳鈔一本。李氏本後轉歸錢唐丁氏，即朱啟鈐石印之丁本。郁本後歸陸心源皕宋樓，清末歸日本岩崎氏靜嘉堂文庫，是張蓉鏡本的兩部有記載的傳鈔本。

此張蓉鏡本至清末為翁同龢收藏，後歸其五世孫翁興慶（萬戈）先生保存，至二十一世紀初，與翁氏世藏大量宋元珍本古籍共同入藏於上海圖書館。

冊中主要鈐印有：

卷前隸書書名葉右側鈐「張氏圖籍」「得者須愛護」「翁萬戈藏」朱文三印。正文前劄子右闌外鈐「小琅嬛福地繕鈔珍藏」「成此書費辛苦後之人其鑒諸」白、朱文二大印。闌內右下角鈐「虞山張蓉鏡芙川信印」朱文印。

看詳首葉右闌外有「蓉鏡私印」「琴川張氏小琅嬛館主繕鈔秘冊印」朱文二印。闌內有「張燮字子和號蕘友」朱文大印。

目錄首葉右方有「清河世家」朱文大印及「張伯元別字芙川」白文印。右闌外有「成此書費辛苦後之人其鑒諸」「小琅嬛福地」朱文二印。

正文卷一至二十八首尾葉均無印記。卷二十九至三十四圖樣部分除每卷首葉右闌外均鈐「小琅嬛福地繕鈔珍藏」「成此書費辛苦後之人其鑒諸」白、朱文二大印及張蓉鏡名、號諸印外，各卷每葉圖版右側邊闌外均鈐「琴川張氏小琅嬛清閟精鈔秘帙」朱文小印。據諸印可證此書為張蓉鏡小琅嬛館鈔本。而卷中偶鈐有張燮印章則可能是張蓉鏡為紀念其祖父張燮而補鈐者。

書後所附道光元年（一八二一年）張蓉鏡影寫營造法式手跋云：「……庚辰歲（嘉慶二十五年，一八二〇年）家月霄先生（張金吾）得影寫述古本（《營造法式》）于郡城陶氏五柳居，重價購歸，出以見示。以先祖（張燮，字子和）想慕未見之書，一日獲此眼福，欣喜過望，假歸手自影寫，圖樣界畫則畢仲愷高弟王君某任其事焉……道光元年辛巳夏六月，琴川張蓉鏡識於小琅嬛福地，時年二十歲。」下鈐「蓉」「鏡」二白文小印。據此，則此本應為道光元年（一八二一年）張蓉鏡據張金吾新收得的影寫錢曾述古堂影宋本《營造法式》影寫者。從所用之紙較薄，可映見對葉字跡和圖形，也表明此本確是據底本影寫而成的，由此可知其所據號稱「錢曾述古堂影宋本」的底本也應是半葉十行的手抄本，與半葉十一行的宋本不同。

把張蓉鏡本與現存諸本互校後，發現一些現象：

一、與現存南宋刊《營造法式》殘卷互校：

南宋刊本尚存三卷及若干殘葉，其版式為半葉十一行，每行二十二字，與此半葉十行之張蓉鏡鈔本版式完全不同。但張蓉鏡本卷六第二葉「身口版」條之後脫二十二行，又恰為宋本第二葉全葉，可證張蓉鏡本據以影鈔的「影寫述古本」仍源出十一行之南宋刊本，但不知何時、何故把其版式由十一行改為十行？

以現存宋本卷十一至十三校張本，雖因行數不同，每葉起止也不同，但因每行字數均為二十二字，故各條起止行數、每行起止之字絕大多數相同，個别差異主要是有將前行末字移為後一行首字處。（卷十一第一、三、七、九、十五、計五葉，卷十二第二、六、八、十四、計四葉，卷十三第三、四、六、八、十、十一、十二、計七葉均各有一二處將上行末字移為下行首字，即總計宋本四十一葉中，其中十六葉張本有將某行末字下移至次行之處。）這些一字之差明顯是抄寫不嚴謹所致。張本自稱據張金吾收得之述古堂影寫宋本「手自影寫」，這表明張金吾收得之「述古堂影寫宋本」即為十行本，且有鈔寫串行之誤，與宋本分行結字頗有不同之處。

二、將張本的圖與源出錢曾述古堂藏趙琦美鈔本的故宫本相對照，除卷四脱慢栱一条，卷三十一大木作側样中圖五、圖十三、圖十九、圖二十共四幅所載構架剖面圖有误外，裝飾部分的圖案的差異也較大，當是底本差異和傳鈔者水準所致。但在所注文字上卻有與故宮本誤字相同的情況，如：

卷三十第六葉「下昂上昂出跳分數第三」下圖注文「六鋪作重栱出單抄雙下昂」，兩本均誤「昂」為「昆」。

卷三十二第四葉版門附圖中「搕鏁柱」之「搕」字，兩本均脱失右上角之「去」字。

卷三十二第五葉格子門附圖中左圖注文「挑白球文格眼」，兩本均脱失「挑」字。

卷三十二第十六葉下注文「單撮項鉤闌」之「撮」字均誤為「㩭」字。

卷三十四第十葉標題「青綠疊暈三暈棱間裝」兩本均誤「三」為「玉」。

二本出現誤字相同的現象當非偶然，表明張本與源出述古堂藏趙琦美鈔本的故宮本之間也應存在一些間接的淵源。

在現存《營造法式》諸傳本中，宋本最古，但只存殘卷。與宋本淵源最接近的是故宫博物院所藏傳鈔錢曾述古堂藏本和傳鈔明范钦天一阁藏本的四庫全書本。張本雖號稱為「影寫述古堂本」，但版式已由宋本和傳鈔述古堂本之故宮本的半葉十一行改為半葉十行，屬於另一系統，為現存十行本系統中時代最古者，而「丁氏十萬卷樓本」和「郁氏宜稼堂本」則是其間接的傳本，（上文已述及，丁本一些脫文張本不脫）。故張本是現存十行本中淵源最古、學術價值最高的一種。承上海圖書館慨允，得以使用此珍本進行校勘，附此致謝。

南京圖書館藏銭唐丁氏舊藏本《營造法式》簡介

附：與張蓉鏡本之差異

南京圖書館藏清後期鈔本《營造法式》每半葉十行，每行二十二字，白口，四周雙闌，版心上魚尾下記卷數，下魚尾上記葉數（附圖四）。

全書首劄子，次序，次看詳，次目録，次正文三十四卷。各卷鈐印如下：

營造法式卷第十一
通直郎管修蓋皇弟外第專一提舉修蓋班直諸軍營房等臣李誡奉
聖旨編修
小木作制度六
轉輪經藏
壁藏
轉輪經藏
造經藏之制共高二丈徑一丈六尺八棱每棱面廣六尺六寸六分內外槽柱外槽帳身柱上腰檐平坐坐上施天宮樓閣八面制度並同其名件廣厚皆隨逐層每尺之高積而為法
外槽帳身柱上用隔枓歡門帳帶造高一丈二尺
帳身外槽柱長視高廣四分六釐厚四分歡門帳帶造。
隔枓版長隨帳柱內其廣一寸六分厚一分二釐。
仰托榥長同上廣三分厚二分。
隔枓內外貼長同上廣二分厚九釐。
內外上下柱子上柱長四分下柱長三分廣厚同上。
歡門長同隔枓版其廣一寸二分厚一分二釐。
帳帶長二寸五分方二分六釐。
腰檐并結瓷共高二尺枓槽徑一丈五尺八寸四分。

營造法式卷十一　一

附圖四　南京圖書館藏銭唐丁氏舊藏本《營造法式》書影

劄子首葉右下方自上而下依次鈐「八千卷樓藏閲書」「錢唐丁氏藏書」「宣城李氏瞿硎石室圖書印記」三印，本書卷一、卷六、卷十一、卷十六、卷二十二、卷二十九、卷三十三首葉（即分裝七册後各册的首葉）右下方自上而下依次鈐「嘉惠堂藏閲書」「宛陵李之郇藏書印」二印，其左側鈐「江蘇第一圖書館善本書之印記」印。其餘各卷首葉右下方均只鈐「宛陵李之郇藏書印」一印。

本書後録錢曾撰趙琦美鈔本《營造法式》跋，道光元年（一八二一年）張蓉鏡影鈔傳鈔述古堂本《營造法式》跋，道光戊子（一八二八年）褚逢椿跋，嘉慶二十五年（一八二〇年）孫原湘跋，道光元年（一八二一年）黄丕烈跋，道光庚寅（一八三〇年）陳鑾跋，道光七年（一八二七年）張金吾跋，道光八年（一八二八年）邵淵耀跋，道光戊子（一八二八年）孫埏跋，道光丙戌（一八二六年）聞箏道人跋，道光甲午錢天樹跋，錢泳跋。張蓉鏡跋後諸跋均照張蓉鏡影鈔本後之原跡臨摹，格式、書風相同，但無印記。

上述諸印記中「宣城李氏瞿硎石室圖書印記」和「宛陵李之郇藏書印」都鈐在各葉的右下角，表明李氏瞿硎石室應是此本最初的收藏者（或傳鈔者）。而「錢唐丁氏藏書」諸印都鈐在李氏藏印的上方或外側的情況則表明此書以後自李氏轉歸錢唐丁氏八千卷楼，最後再由錢唐丁氏轉歸江蘇省第一圖書館（即今之南京圖書館），因錢唐丁氏是清末有盛名的瞿、楊、丁、陸四大藏書家之一，丁丙又在其《藏書志》中有正式著錄，故世稱其為「錢唐丁本」，而其最初收藏或傳鈔者实为宛陵李之郇。

一九一九年，朱啟鈐先生在南京圖書館看到此本，驚為重要發現，遂用石印法印行，是現代第一個《營造法式》印行本，世稱「丁本」，一九二五年陶湘刊本就是在丁本基礎上參校他本后刊成的。

在故宮藏傳鈔述古堂舊藏本發現後，一九三四年經劉敦楨先生用故宮本校定丁本，丁本在文字上的缺失和圖樣上的錯誤已被基本厘清。

在發現了上圖藏張本後，用以校勘丁本，又發現一些情況：

丁本據內容、行款、跋記和丁丙著錄，明顯是源於張本，以二本逐葉對勘，各葉之起止、葉內各行之起止基本相同，只個別有換行時下移或上移一二字至另行之處，可視為抄寫時不嚴謹、字大小不勻所致。其中張本偶有用異體字處，丁本則大部改為正體，如卷二第四葉上二行張本「骵」字丁本改作「體」之類。

在互校後還發現，丁本中主要脫誤處如卷一城條考工記、卷三止扉石條、地栿條、水槽子條、馬台條脫文、卷五幔栱條脫文及卷六版門條脫文二十二行等處也與張蓉鏡本脫誤相同。卷三十一大木作圖樣中圖五、圖十三、圖十九、圖二十各圖中柱位誤植處亦相同，可證丁本應源出此張本。

但以張本與「丁本」細校，又發現「丁本」中有若干缺行、缺頁處張本並不缺，例如：

卷二　總釋下

第十一葉上第一、三兩行下丁本有脱文，而張本不缺。

卷九　小木作制度四

第二葉上，第三、四行佛道帳　車槽、上子澀二條，丁本下半段缺失，而張本不缺。

卷十　小木作制度五

首葉五行下丁本脱「九脊小帳」，張本不脱。

三葉上第二行下丁本脱「四厘其」三字，張本不脱。

三葉下第一行下丁本脱「心柱內其厚」五字，張本不脱。

七葉上第一行下丁本脱「下柱子長三分八」七字，張本不脱。

卷十九　大木作功限三

十一葉上第十行下丁本脱「六功。每增、減一尺，各加、減五分功。其廳堂、三門、亭臺」二十字，張本不脱。

卷二十　小木作功限一

九葉上第七、八、十三行下部丁本均為脱文，而張本不脱。

卷二十一　小木作功限二

六葉下第一行下丁本脱注文二十六字，張本不脱。

卷二十二　小木作功限三

首葉五、六兩行下丁本缺標題「牙腳帳」「壁帳」二條，張本不脱。

卷二十三　小木作功限四

七葉下丁本脱全文十行，張本不脱。

卷二十八　諸作用釘料例

五葉下丁本脱第三至第十行，張本不脱。

以上所舉是較重大的差異，個別文字的差誤即不一一列舉。

據丁本較張本有大量脱文和所摹之張本後諸跋的順序又與張本小異的情況，可知丁本應並非直接鈔自張本，而是從另一有殘損的傳鈔張本轉鈔的，應屬於張本的間接傳本。相較之下，張本誤處較少，較丁本有更高的學術價值。

國家圖書館藏《四庫全書》本《營造法式》簡介

據《四庫全書提要》所載，所收《營造法式》三十四卷據「浙江范懋柱天一閣藏本」錄入，但「其三十一卷當為木作制度圖樣上篇，原本已闕……檢《永樂大典》內亦載有此書，其所闕二十餘圖並在，今據以補足。」可知四庫本是據范氏天一閣藏本錄入，並據《永樂大典》本補入天一閣本所闕的卷三十一，成為完帙的。但四庫本按四庫全書規定的統一版式鈔錄，故與所據底本的行款版式不同。

查文津閣四庫全書本《營造法式》（附圖五），發現有六幅圖中錄有其底本的刻工姓名：

卷二十九，「殿內地面心鬭八」圖左下角有刻工名「金榮」二字。

卷二十九，「國字流杯渠」圖左下角有刻工名「徐珙」二字。

卷二十九，「風字流杯渠」圖左版心有刻工名「馬良」二字。

卷三十一，「殿堂等八鋪作雙槽草架側樣」圖下方有刻工名「馬良臣」三字。

卷三十二，「天宫樓閣佛道帳圖樣左下角有「行在呂信刊」小字一行。

卷三十二，「天宫壁藏」圖左下角有「武林楊潤刊」小字一行。

查宋代刻工姓名表〔1〕可知這五名刻工的時代和刊書情況：

欽定四庫全書

營造法式卷十一

宋　李誡　撰

小木作制度六

轉輪經藏

壁藏

轉輪經藏

造經藏之制共高二丈徑一丈六尺八棱每棱面廣六尺六寸六分内外槽柱外槽帳身柱上腰檐平坐坐上施天宫樓閣八面制度並同其名件廣厚皆隨逐層每尺之高積而為法

外槽帳身柱上用隔科欢門帳帶造高一丈二尺

帳身外槽柱長視高廣四分六釐厚四分歸瓣造

隔科版長隨帳柱内其廣一寸六分厚一分二釐

仰托榥長同上廣三分厚二分

欽定四庫全書　營造法式　卷十一

附圖五　文津閣四庫全書本《營造法式》書影

呂信：曾刊南宋中期台州本《荀子》、南宋本《南齊書》。

楊潤、金榮、徐珙：曾刊南宋本《南齊書》、紹定平江府刊《吳郡志》。

馬良臣：曾刊紹定四年平江府刊《磧砂藏》、紹定平江府刊《吳郡志》。

金榮、馬良臣还曾刊绍定本《營造法式》。

從這五人都是南宋後期（約十三世紀前半）活動于蘇州、杭州地區的刊工且其中二人曾刊绍定本《營造法式》，可知，《四庫全書》本所據的明范氏天一閣藏鈔本《營造法式》也出於南宋紹定刊本。

據《四庫全書總目》所載，因范氏天一閣藏本《營造法式》原缺卷三十一，以《永樂大典》本補入，而所補卷三十一諸圖中「殿堂等八鋪作副階六鋪作雙槽斗底槽准此，下雙槽同草架側樣第十一」圖下方所錄刊工名馬良臣也是宋紹定間刻工，則可推知明初編永樂大典時，所收的《營造法式》也出自南宋紹定本。

以文津閣四庫全書本《營造法式》中相應各卷與現存宋紹定殘本相校，文字極少不同，特別是殘宋本卷十二「雕剔地窪葉花」條注文中將「鋜腳版」誤為「鋌腳版」處，四庫本亦沿誤。以書中後六卷圖樣相較，也比他本更為接近，特別是卷三十一中圖五、圖十三、圖十九、圖二十共四幅圖所載構架剖面圖丁本、陶本均沿張本之誤，移動柱位，而四庫本不誤，與故宮本全同。再證以上述永樂大典本、范氏天一閣本均源出宋紹定本的情況，可知四庫本也間接出自宋紹定本。故在現存諸鈔本《營造法式》中，四庫本应為僅次於故宮本的重要善本。

以四庫本校丁本、陶本，改正頗多，特別是卷六第二葉故宮本、瞿本、丁本俱脱，只此四庫本僅存，陶本即據此本補完。其中卷三十一大木作圖樣下，天一閣本原缺，館臣以永樂大典本補入，以校丁本、故宮本，仍有所匡助，其可供校改處已收入合校本校注中。

但四庫本也有脱誤處：除個別誤字外，較大者有二處：

其一：卷二十六「石作」脱最末一行「灌鼓夘縫……」。此下脱「大木作」四十行，「竹作」全部四十三行，其後之「瓦作」自「麥䴸一十八觔」起，前脫首十六行。此卷共脫九十九行。

其二：卷二十七「泥作料例」在「茶爐子」條第二行後把前卷脫失的「大木作」「竹作」全部及「瓦作」前十六行之脫文，共九十六行誤置於此。

其三：卷三十一「大木作制度圖樣下」脫圖二四「四架椽屋通簷用二柱」一幅圖。

在館臣所寫四庫本提要中也有個別誤處，如稱所據天一閣本卷三十一原缺，「以看詳一卷錯入其中」，在以永樂大典本補入此卷後，「而仍移看詳於卷首」，但實際上在四庫本中，看詳是以「營造法式附錄」附於全書之末的。

〔1〕 王肇文．古籍宋元刊工姓名索引[M]．上海：上海古籍出版社版，一九九〇。

常熟瞿氏鐵琴銅劍樓舊藏清中葉鈔本《營造法式》簡介

國家圖書館藏常熟瞿氏鐵琴銅劍樓舊藏清鈔本《營造法式》實際由三部分合成：

其一：為卷一至十七鈐有汪士鐘藏印部分，其中卷一至十二，卷十四第七葉以後至卷十七每半葉十行，每行二十一二字不等，行格與丁本相同。

其二：為卷十三及卷十四前七葉每半葉十一行，每行二十二三字不等，行格與故宮本相同，與宋本微有不同，也鈐有汪士鐘藏印，可知此書在汪士鐘收藏時已明顯是由不同來源的幾個鈔本拼合而成的。清後期轉歸常熟瞿氏鐵琴銅劍樓。

其三：為卷十七至卷三十四，無汪士鐘藏印，是近代鈔配本，以校陶本，其異處悉同，圖樣亦然，當是歸常熟瞿氏鐵琴銅劍樓後於一九二五年以後據陶本摹寫配成完帙者。

此書《鐵琴銅劍樓藏書目錄》中有著錄，論及此書之卷次，摘錄如下：

「案：目錄為三十四卷，而看詳內稱書總三十六卷，或疑制度一門闕二卷，當為後人所並。其實目錄一卷看詳中已言之，《敏求記》亦言目錄、看詳各一卷，合之正三十六卷也。看詳中制度十五卷，「五」當作「三」，傳鈔致誤。此書雖輾轉影鈔，實祖宋本，圖樣界畫最為精整，遵王所見之本當不是過也」。

汪士鐘為清嘉道間大藏書家，故此本中有汪士鐘藏印的兩部分應為清前中期寫本，其中十行本可能與張本同出一源，而十一行本則可能與故宮本同出一源。大約歸常熟瞿氏鐵琴銅劍樓後，其後半部毀於太平天國之役，故瞿氏後人不得不摹寫陶本卷十七至三十四，以補成全帙。

一九六四年二月，余用赭色筆校北京圖書館藏鐵琴銅劍樓瞿氏舊藏本《營造法式》于自藏丁本上。丁本誤處瞿本亦大多與之相同，如亦缺卷四幔栱條、卷六亦脱第二葉，據陶本補入，其餘脱行脱字處亦多相同，能訂補處頗少。

此外，國家圖書館還藏有清劉喜海、翁同龢遞藏鈔本《營造法式》，為朱述之于咸豐元年（一八五一年）據文瀾閣四庫全書本鈔贈劉喜海者，半葉八行二十一字，行款與四庫本同。因此本已採用文津四庫本校，即未取校，記此備考。

陶湘仿宋刻本《營造法式》簡介

《營造法式》是我國現存最早的由官方編定的建築技術規範專書，全面反映了宋代的建築設計、結構、構造、施工和工料定額等多方面的特點和水準，是現存最重要的中國古代建築典籍之一。此書在近代流行最廣的傳本是陶湘一九二五年刊成的仿宋刻本。

在此之前，朱啟鈐先生於一九一九年在南京圖書館看到清末大藏書家钱塘丁氏八千卷樓舊藏的傳鈔張本《營造法式》，驚為重要發現，遂用石印製版印行，是現代第一個印行本，世稱「丁本」。但朱啟鈐先生認為丁本並不完善，遂同時又委託陶湘先生用諸本匯校丁本後刊板。陶氏在卷末所附刊書《識語》中說，此書「以文淵、文溯、文津（四庫全書）三本互勘，復以晁（宋晁載之《續談助》）、莊（宋莊季裕《雞肋編》）、陶（元陶宗儀《說郛》）、唐（明唐順之《稗編》）摘刊本、蔣氏（蔣汝藻密韻樓）所藏舊鈔本對校……至於行款字體均仿崇寧刊本精繕鋟木」。（當時誤認為內閣大庫發現之殘宋本是北宋崇寧本，現據刻工名考證，是南宋紹定間平江府重刊本，應予糾正。）於一九一九年起刻版，一九二五年畢工後刷印行世。卷前冠以朱啟鈐撰「重刊營造法式後序」，卷末附陶湘的「識語」。這是現代的第二個印行本。刊書發起者是朱啟鈐，但因具體主持校刻的是陶湘，世稱「陶氏仿宋刊本」或「陶本」（附圖六）。（但陶本在扉頁後的刻書牌記中說「依據影鈔紹興本按崇寧本格式校刻」則是不確

營造法式卷第十一

通直郎管修蓋皇弟外第專一提舉修蓋班直諸軍營房等臣李誡奉聖旨編修

小木作制度六

轉輪經藏　壁藏

轉輪經藏

造經藏之制共高二丈徑一丈六尺八棱每棱面廣六尺六寸六分內外槽柱外槽帳身柱上腰檐平坐坐上施天宮樓閣八面制度並同其名件廣厚皆隨逐層每尺之高積而為法

外槽帳身柱上用隔枓歡門帳帶造高一丈二尺

帳身外槽柱長視高廣四分六厘厚四分（歸瓣造）

隔枓版長隨帳柱內其廣一寸六分厚一分二厘

仰托榥長同上廣三分厚二分

隔枓內外貼長同上廣二分厚九厘

內外上下柱子上柱長四分下柱長三分廣厚同上

歡門長同隔枓版其廣一寸二分厚一分二厘

帳帶長二寸五分方二分六厘

腰檐并結瓦共高二尺枓槽徑一丈五尺八寸四分（枓槽及出檐在外）內外並六鋪作重栱用一寸材（厚六分六厘）每瓣補間鋪作五朵外跳單抄重昂裏跳並卷頭其柱上先用普拍方施枓栱

法式十一　一

附圖六　陶湘仿宋刻本《營造法式》書影

的，實際是對丁丙舊藏傳鈔張本進行校勘後按南宋紹定本格式刻印的。）此書的木版後售與商務印書館，館方大量刷印行世，一九三三年商務印書館又縮印收入《萬有文庫》中，中華人民共和國成立後又曾在一九五四年重印萬有文庫本，故流傳頗廣。陶本誤字較丁本少，大字清朗，圖樣細緻，雕工精美，代表了近代木刻板書籍和版畫的高度水準，是近代學界廣泛使用、最有影響的一個本子。

但數十年來經學者研究，大量印行的陶本既有其優點，也尚有些明顯的缺失不足之處。

在文字方面，其優點是彌補了丁本中的一些缺失。較明顯處是丁本卷三第十一葉缺「水槽子」正文二行，「馬台」標題一行；卷六缺第二葉全葉，共二十二行；卷二十八第五葉缺八行；陶本均為補全。

但陶本本身也有一些文字缺失，最重要處是卷四第三葉沿丁本之誤，缺「五曰幔栱」一條，共三行四十六字。這是此本最明顯的缺憾。另在卷三石作制度中，於城門心將軍石之後脫止扉石一條，凡一行二十字。

同時，陶本在圖樣上也有沿續丁本之誤處。劉敦楨先生用「故宮本」校勘陶本時，在圖樣上發現一些錯誤。最明顯處是卷三十一大木作圖樣部分中四幅圖有誤。其一是圖五標題「殿堂五鋪作單槽草架側樣第十三」的圖上多畫了一根內柱；其二是圖十三標題「八架椽屋乳栿對六椽栿用二柱」的「二柱」為「三柱」之誤，圖上也少畫了一根內柱；其三是圖十九標題「六架椽屋乳栿對四椽栿用四柱」的「四柱」為「三柱」之誤，圖上又多畫了一根內柱；其四是圖二十標題「六架椽屋前後乳栿劄牽用四柱」圖中的左側內柱應向外移一步架。這些都是很關鍵的錯誤。陶本均沿其誤，未加校正。

在陶本卷末所附一九二五年陶湘刊書識語中說：「桂辛氏以前影印丁本未臻完善，屬湘蒐集諸家傳本詳校付梓……以（《四庫全書》）文淵、文溯、文津三本互勘，復以晁、莊、陶、唐摘刊本、蔣（汝藻）氏所藏舊抄本對校。丁本之缺者補之，誤者正之」。表示此本是经过多本反复校勘而後刊成的。

但是檢閱文津阁四庫全书本《營造法式》，發現在文字方面，卷四幔栱條和卷三止扉石條均完然不缺。在图样方面，其卷三十一大木作圖樣部分中的四幅圖也均正确無誤。故陶本是否真如陶湘所說的用三個四庫本合校過，就很值得懷疑了。因為如此明顯的巨大差誤，如經過認真的全文校勘，是不可能不發現的。故所說「以文淵、文溯、文津三本互勘」可能只是進行了粗淺的初步核對，並未認真負责地校勘全書，以致留下这些重大遺憾。

在劉敦楨先生據「故宮本」發現幔栱條後，朱啟鈐先生非常重視，即與陶湘商酌，按原式重刻了第四卷的第三至十一葉，補入「幔栱」一條，用來替換舊版。但對圖樣之誤則未能改刻。所補「幔栱」部分刻成後曾用紅色刷印，分送給收藏陶湘最初印本者（當時慣例，初印本均用紅色或蓝色刷印，正式發行始用黑色），以彌此憾。但因書版前已售去，故商務印書館印行的各本均未能補入此條，所以這個補刻部分只在較小的範圍內流傳，甚至未能引起學界的注意。

此外，在陶本的六卷圖樣中，卷三十、三十一大木作兩卷和三十三、三十四彩畫兩卷之後各有附卷。大木作兩卷是陶湘請當時老工匠按清式特點重繪，以進行宋式、清式的比較，但因工匠不懂宋式，都畫成清式；彩畫兩卷是按圖案旁所注顏色填色另繪，因鈔本原書圖案不准确、標注顏色的位置不明確，彩畫填色也不能準確地反映宋代彩畫特點，均屬於畫蛇添足，並無學術價值，且易將初學者引入歧途，故在一九五四年商務印書館重印萬有文庫本中就已經删除了這部分。

侭管陶本有這些缺點，但大字清朗，便於閱覽，如能稍加改正，仍屬較適用之本。故建築科學研究院建築歷史研究所設法找到陶氏補刊的第四卷的第三至十一葉以取代舊本，並據故宮本圖改正了卷三十一大木作圖樣部分中的四幅誤圖，重新按原式印行。這改補後的新陶本遂成為目前較為完善的《營造法式》印本。

晁載之《續談助》摘鈔《營造法式》簡介

《續談助》五卷，北宋晁載之編，內收錄之書為：《十洲記》《洞冥記》《琵琶錄》《北道刊誤志》《乘軺錄》《文武兩朝獻替記》《牛羊日曆》《聖宋掇遺》《沂公筆錄》《竹譜》《筍譜》《硯錄》《三水小牘》《漢武故事》《漢武內傳》《殷芸小說》《大業雜記》《營造法式》《綠珠傳》《膳夫經手錄》，共二十種。

晁氏摘錄之《營造法式》編入《續談助》的第五卷（附圖七）。

附圖七　明姚咨抄本宋晁載之《續談助》中摘錄之北宋崇寧本《營造法式》書影

卷前首標「營造法式　李誡」：

然後摘録「牆」「柱礎」至「階」「塼」等，共三十六條，（在全书卷一、卷二總釋中）「牆」「柱礎」「踏道」「馬台」共四條，（在卷三中）「總鋪作次序」一條，（在卷四中）「柱」「椽」「簷」等三條，（在卷五中）「板門」「破子欞窗」「井屋子」等三條，（在卷六中）；「胡梯」一條，（在卷七中）「叉子」「牌二條，（在卷八中）下記：「卷九佛道帳無鈔。卷十牙腳帳等，卷十一、十二並無鈔」。其後又摘録「用瓦」「壘屋脊」「壘牆」「立灶」「茶爐」「壘射垛」等六條，（在卷十三中）「壘階基」「鋪地面」「牆下隔減」「踏道」「慢道」「馬槽」等六條，（在卷十五中）共六十二條。其後記云：「自卷十六至二十五並土木等功限，自卷二十六至二十八並諸作用釘、膠等料用例，自卷二十九至三十四並制度圖樣，並無鈔。」

最後署：「右鈔崇寧二年正月通直郎試將作少監李誡所編營造法式。其宮殿、佛道龕帳非常所用者皆不敢取。五年十一月二十三日，潤州通判廳西樓北齋伯宇記。時蔡晉如通判潤州事。」

總計在《營造法式》全書中，晁氏自卷一总释起摘录，至卷八、卷十三、卷十五共十卷中摘鈔了六十二條，基本屬於民用工程範圍。其餘卷九、十、十一、十二、十四及卷十六至三十四共二十四卷因晁氏認為內容是「宮殿、佛道龕帳非常所用者，皆不敢取」，故沒有摘鈔。

此書較通行本為《粵雅堂叢書》本，而現存最重要善本是國家圖書館所藏明嘉靖壬戌（四十一年，一五六二年）著名藏書家姚咨據宋本《續談助》手抄之本。該本卷末有姚咨手跋云：

「《續談助》五卷宋刻本為故友秀水令江陰徐君子寅家藏，子寅歿後，其家人售于秦汝立氏。汝立乃余門人汝操之弟，青年癖古，儲蓄甚富，亦友于余。暇假而手錄，閱三逾月始訖事。惜乎斷簡缺文未敢謬補，藏之茶夢閣以俟善本云。

嘉靖壬戌（一五六二年）之秋八月二日，皇山人姚咨識，時年六十有八。」下鈐「韋布之士」朱文方印。

據此，則此本為唯一直接鈔自宋刊本《續談助》者，而宋本所載晁載之所摘鈔的《營造法式》據晁氏題識，摘錄於崇寧五年（一一〇六年），去崇寧二年（一一〇三年）《營造法式》首次刊行時只三年，則所錄為《營造法式》最初頒行之崇寧小字本，比現存南宋紹定（一二二八至一二三三年）刊本要早一百二拾五年，它反映了《營造法式》始發行時的面貌，具有重要的史料價值。承國家圖書館鼎力支持，慨允使用此珍稀善本進行校勘，特此致謝。

據此北宋崇寧五年摘鈔本至少可解決近年學界的兩個較大的疑問：

其一，卷首標：「營造法式 李誡」，卷末标「右鈔崇寧二年正月通直郎試將作少監李誡所編營造法式，两处记作者名均为「李誡」，與南宋刊本相同，可知「誡」字不误。《營造法式》的作者是「李誡」而非「李誡」在此本也得到證實。

其二，崇寧五年摘鈔本《營造法式》中在鈔録卷八「义子」「牌」二條後説：「卷九佛道帳無鈔，卷十牙腳帳等、卷十一十二並無鈔」。卷末，在鈔録卷十五「壘階基」等六條後又説：「自卷十六至二十五並土木等功限，自卷二十六至二十八並諸作用釘膠等料用例，自卷二十九至卷三十四並制度圖樣，並無鈔。」據此可知最初刊行的崇甯本《營造法式》正文共三十四卷，所录諸卷的卷次和各卷内容都與傳世之本相同，不包括序、劄子、看詳、目録，可證傳世之三十四卷本在卷次、卷數上並無缺失。

據《續談助》也可校改一些通行本中誤字：

因是摘鈔本，内容有限，但與他本比較，除不避北宋欽宗、南宋高宗的名諱反映了该本的時代特點外，還有少量可校改今本之處：

卷第一

材：「傅子構大廈者先擇匠而後簡材」

晁載之《續談助》錄崇寧本《營造法式》即為「構」字，而故宮本、丁本均以小注「犯御名」代替「構」字，應是南宋翻刻時避高宗趙構名諱所改。故從崇寧本。

枓：「語：山節藻棁。」

晁載之《續談助》節鈔北宋崇寧本《營造法式》即无「論」字。

柱：「又，三家視桓楹。注：四植曰桓。」

此條故宮本、丁本「桓」字均作「淵聖御名」，為南宋重刊本避欽宗名趙桓之「桓」字而改，而《續談助》錄自崇寧原本《營造法式》，均作「桓」。

卷第二

棟：「釋名：檼，隱也，所以隱桷也。」

「桷」，陶本、故宮本均誤「桶」，據晁載之《續談助》卷五錄崇寧本《營造法式》應作「桷」。

華表：「説文：桓，亭郵表也。」

故宫本、丁本「桓」字均作注文「淵聖御名」，避宋欽宗諱，當出自南宋紹興或紹定本，今據《續談助》引崇寧本《營造法式》改。

卷第四

總鋪作次序：「每補間鋪作一朵不得過一尺。」劉批：「依文義應作『丈』」。

晁載之《續談助》卷三摘録北宋崇寧本《營造法式》録有此句，亦作「每補間鋪作一朵不得過一尺」。故應從「尺」。

卷第五

檐：「上一瓣長五分。」丁本「五」作「一」。劉批：「應作『五』」。

晁載之《續談助》摘鈔北宋崇寧本《營造法式》亦作「五」，當從「五」。

卷第六

破子櫺窗：「造破子櫺窗之制」

諸本脱「檽」字，作「造破子窗」，晁載之《續談助》摘鈔北宋崇寧本《營造法式》有「檽」字，故據改。

卷第八

叉子

晁載之《續談助》摘鈔北宋崇寧本《營造法式》、故宮本、瞿本均作「二十七檽」。故不改

牌：注文「令牌面下廣，謂牌長五尺，即上廣四尺，下廣四尺五分之類。」丁本「謂」作「與」。晁載之《續談助》摘鈔北宋崇寧本《營造法式》、四庫本《營造法式》均作「謂」，故應從《續談助》本。

卷第十三

壘牆

宋本注文作「斜收白上」，「白」誤「向」。

晁載之《續談助》摘鈔北宋崇寧本《營造法式》作「斜收向上」，可知崇宁初刻本不误。

卷第十五

牆下隔減

「若廊屋之類，廣三尺至二尺五寸，高二尺至一尺六寸。」

晁載之《續談助》摘鈔北宋崇寧本《營造法式》作「一尺五寸」，今從《續談助》摘鈔北宋本。

踏道：「……兩頰各廣一尺二寸……」

丁本「頰」誤「類」，據晁載之《續談助》摘鈔北宋崇寧本《營造法式》改作「頰」。

馬槽

據晁載之《續談助》摘鈔北宋崇寧本補入注文「其方塼後隨斜分斫貼之，次壘三重。」一段。

綜括上述可知，《續談助》雖是摘鈔本，卻對瞭解《營造法式》最初印行本的全貌和改正一些脫文誤字頗有幫助。

劉敦楨先生校故宮本《營造法式》跋

故宮圖書館藏鈔本《營造法式》原庋南書房，溥儀出宮後移藏文獻館，現歸圖書館保存。書存二函，函六冊，內圖式三冊，版心高二八·八公分，闊一八·八公分，每面十一行，行二十二字。首冊鈐有「虞山錢曾遵王藏書」圖記一方。書中順序首進書劄子，次自序，次總目，次看詳，以下本書三十四卷，末葉紹興十五年王晚重刊題名，字數體裁與紹興本〔1〕殘葉一致。唯錢氏圖章極不可靠，紙色質地亦多疑點，恐非《讀書敏求記》以四十千購自絳雲樓之真本也。又，此本卷六小木作版門脫落廿二行，卷三十二天宮樓閣佛道帳與天宮壁藏後無「行在呂信刊」及「武林楊潤」題名，仍系輾轉重鈔，非直接影鈔宋本者。但卷四大木作未脫幔栱第五一條，甚足珍異，卷六脫簡廿二行，適為同卷第二葉全葉，疑系抄手偶爾遺漏，或所據之本即無此葉，以視丁本以訛傳訛，不可同日而語。餘如圖繪精美，標注詳明，宋刊面目躍然如見，直可與倫敦《永樂大典》殘本媲美，遠非四庫本、丁本所可企及也。

民國廿二年四月上浣，與謝剛主、單士元二君以石印丁本校故宮鈔本，凡六日畢事。

新甯劉敦楨記。

〔1〕　一九六三年七月，承劉敦楨先生概允，敬謹以綠色筆過録劉先生校故宮本于自藏丁本上，並録劉先生原跋，字體位置一如原校本。學生傅熹年敬識。

圖書在版編目（CIP）數據

合校本《營造法式》/（宋）李誡編修；傅熹年校注．－－北京：中國建築工業出版社，2020.6

ISBN 978-7-112-21873-8

Ⅰ．①合…　Ⅱ．①李…②傅…　Ⅲ．①建築史－中國－宋代

Ⅳ．①TU-092.44

中國版本圖書館CIP數據核字(2018)第036791號

策劃編輯：王莉慧

責任編輯：李　鴿

書籍設計：付金紅

合校本《營造法式》

（宋）李　誡　編修

傅熹年　校注

中國建築工業出版社出版、發行（北京海淀三里河路9號）

各地新華書店、建築書店經銷

北京三月天地科技有限公司制版

北京雅昌藝術印刷有限公司印刷

*

開本：787×1092毫米　1/16　印張：54¾　字數：382千字

2020年6月第一版　2020年6月第一次印刷

定價：397.00圓

ISBN 978-7-112-21873-8

（31656）